Windows 10+Office 2016

计算机基础教程

主　编　石春菊　许冬燕　孙丽霞

副主编　杨绘绵　徐　宏　迟殿委

中国石油大学出版社
CHINA UNIVERSITY OF PETROLEUM PRESS

山东·青岛

图书在版编目(CIP)数据

计算机基础教程 / 石春菊，许冬燕，孙丽霞主编
. -- 青岛：中国石油大学出版社，2020. 7（2021. 9 重印）
ISBN 978-7-5636-6782-6

Ⅰ. ①计… Ⅱ. ①石… ②许… ③孙… Ⅲ. ①电子计算机－高等学校－教材 Ⅳ. ① TP3

中国版本图书馆 CIP 数据核字(2020)第 136438 号

书　　名：计算机基础教程
　　　　　JISUANJI JICHU JIAOCHENG
主　　编：石春菊　许冬燕　孙丽霞

责任编辑：杨海连(电话　0532－86981535)
封面设计：蓝海设计工作室

出 版 者：中国石油大学出版社
　　　　　(地址：山东省青岛市黄岛区长江西路 66 号　邮编：266580)
网　　址：http://cbs.upc.edu.cn
电子邮箱：305383791@qq.com
排 版 者：胡俊祥
印 刷 者：沂南县汇丰印刷有限公司
发 行 者：中国石油大学出版社(电话　0532－86983437)
开　　本：787 mm × 1 092 mm　1/16
印　　张：13
字　　数：352 千字
版 印 次：2020 年 7 月第 1 版　2021 年 9 月第 2 次印刷
书　　号：ISBN 978-7-5636-6782-6
定　　价：39.00 元

前言 PREFACE

随着信息技术的发展,大部分企事业单位已实现无纸化办公,如利用计算机管理信息、处理数据、存储数据等。对于大学生而言,计算机也成为常用的学习工具,如用于文档的整理、某个主题的宣讲、数据的管理、知识的拓展等。“计算机基础课程”作为大学的第一门计算机类型的课程,也是大学生学习其他课程的先导课程,其中所涉及的办公软件等是大学生必须掌握的技能。

本书主要面向对象是职业本科的学生,这部分学生的培养目标是毕业即定岗的高素质技能型人才,因此,本书在注重实践的同时,加强了理论知识的拓展,可满足学生对计算机知识的需求。本书内容浅显易懂、循序渐进,用案例说话,便于学生学习。

《教育部关于深化职业教育教学改革 全面提高人才培养质量的若干意见》中指出:职业院校要加强与职业技能机构、行业企业的合作,积极推行“双证书”制度,把职业岗位所需要的知识、技能和职业素养融入相关专业教学中,将相关课程考试考核与职业技能鉴定合并进行。本书使用的是 Windows 10 操作系统和 Office 2016 办公软件,除了采用工作和生活中常用的软件版本外,为了满足学生对全国计算机等级考试(二级 Office)的需求,还加入了全国计算机等级考试(二级 Office)的知识点,将课程的设置与职业考证相对应,实现课、证结合。本书同时兼顾信息技术发展,加入了常用的工具软件和人工智能相关知识点,能够满足学生对新技术的探索需求。

本书编者长期在教学一线从事计算机基础课程教学和教育研究工作。在编写过程中,我们参考了教育部制定的《大学计算机基础课程教学基本要求》和《高职高专教育计算机公共基础课程教学基本要求》等相关文件,并将长期优化过的教学资源、经典案例以及积累的经验和体会融入书的各个部分,采用情景化案例教学的理念设计课程标准并组织全书内容。同时,本书除了收入了全国计算机等级考试(二级 Office)的相关考试知识点和案例内容外,还参考了全国大学生计算机应用能力与信息素养大赛的竞赛大纲,拓展了相关知识点,使学生可以做到掌握技能与获取证书的有机统一。

本书由石春菊、许冬燕、孙丽霞主编,其中第 1 章由弭妍编写,第 2 章由杨超智编写,第 3 章由杨绘绵编写,第 4 章由石春菊编写,第 5 章由徐宏编写,第 6 章由许冬燕编写,第 7 章由孙丽霞编写,第 8 章由迟殿委编写。全书由石春菊统稿。

在本书的编写过程中,我们参阅了大量的资料,在此对这些参考资料的作者表示衷心感谢。

由于编者水平有限，书中难免有不足之处，敬请读者批评指正，以期再版时得到完善和提高。

编　者

2020 年 4 月

扫描二维码了解本书配套资源

本书建有配套教学资源网站

https://www.itjichu.com/jsjjcjc/pc

目录 CONTENTS

CHAPTER 1

第1章 信息技术基础

计算机是一种能高速且高效地自动完成大量数据计算的电子设备，它能按照预先设定的程序，对输入的数据进行指定的数值运算或逻辑运算来求解各种问题，也能通过对信息的加工处理、存储或传送来解决各种数据处理问题。在信息技术飞速发展的今天，计算机作为一种先进的信息处理工具，在帮助人们处理信息、掌握知识、促进生产力发展等方面起着任何其他生产工具都无法替代的作用。掌握计算机知识已成为当代人（特别是高等学校的学生）知识结构中不可缺少的部分，是劳动者素质的一种体现。本章从计算机基础知识入手，涉及计算机概述、计算机系统、计算机中信息的表示、微型计算机系统四个方面。

学习目标

1. 了解计算机的发展简史及各代计算机的基本特点。
2. 了解微型计算机的系统概念及硬件系统的构成。
3. 了解系统软件及应用软件的概念。
4. 了解运算器、控制器、存储器、输入设备、输出设备的基本功能。
5. 掌握二、八、十、十六进制数制的概念、特点及表示方法，熟练进行二、八、十、十六进制数之间的换算。

1.1 计算机概述

1.1.1 计算机的起源与发展

计算机也称为“电脑”，是一种具有计算功能、记忆功能和逻辑判断能力的机器设备。它不仅能接收数据、保存数据，还能按照预定的程序对数据进行处理，并提供和保存处理结果。

1. 计算机的起源

计算工具随着生产的发展和社会的进步，经历了从简单到复杂、从低级到高级的发展过程。现代计算机是从古老的计算工具逐步发展而来的，计算工具的演变经历了一个漫长的历史过程。早在春秋战国时期，我们的祖先已经使用竹筹完成计数。公元600多年，我国出现了算盘。17世纪，欧洲出现了计算尺和机械式计算机。19世纪中期，英国数学家查尔斯·巴贝奇（Charles Babbage，1791—1871年）最先提出通用数字计算机的基本设计思想，把机械计算器具与顺序控制设备的发展结合起来；他于 1832 年开始设计一种基于计算自动化程序控制的分析机，在该机的设计中，他提出了几乎是完整的计算机设计方案，被称为“计算机之父”。

基础理论的研究与先进思想的出现也推动着计算机科学的发展。19 世纪中叶，英国数学家乔治•布尔（George Boole，1815—1864 年）成功地将形式逻辑归结为一种代数运算，即布尔代数。从此，数学进入思维领域。1937 年，英国数学家阿兰•麦席森•图灵（Alan Mathison Turing，1912—1954 年）提出了著名的“图灵机”模型，探讨了计算机的基本概念，证明了通用数字计算机是可以制造出来的。为了纪念图灵对计算机科学的重大贡献，美国计算机协会（Association for Computing Machinery，ACM）设有图灵奖，每年授予在计算机科学领域做出特殊贡献的人。

1946 年 2 月 14 日，世界上第一台电子计算机 ENIAC（Electronic Numerical Integrator And Calculator）在美国的宾夕法尼亚大学研制成功，如图 1-1 所示。ENIAC 共使用了 1 500 多个继电器，18 800 多个电子管，占地约 140 平方米，功率约 170 千瓦，重达 30 吨，用十进制计算，每秒可进行 5 000 次加法或 400 次乘法运算。虽然它的功能只相当于现在的普通计算器，但它的问世，标志着计算机时代的到来。

图 1-1　世界上第一台电子计算机（ENIAC）

2. 计算机的发展历史

从 1946 年 ENIAC 诞生至今，计算机发生了翻天覆地的变化。根据计算机采用的主要元件的不同，可以将电子计算机的发展划分为电子管计算机、晶体管计算机、集成电路（IC）计算机、大规模和超大规模集成电路（LSI 和 VLSI）计算机及新一代计算机五个阶段，见表 1-1。

表 1-1　电子计算机的发展

年　代	名　称	元　件	语　言	应　用
第一代 （1946—1958 年）	电子管计算机	电子管	机器语言 汇编语言	科学计算
第二代 （1958—1964 年）	晶体管计算机	晶体管	高级程序 设计语言	数据处理
第三代 （1964—1971 年）	集成电路计算机	中小规模集成电路	操作系统和 会话式语言	广泛应用于 各个领域
第四代 （1971 年以后）	大规模和超大规模集成电路 计算机	大规模集成电路 超大规模集成电路	面向对象的 高级语言	网络时代
新一代	新一代计算机	光子、量子、DNA 等		

（1）第一代（1946—1958 年）。

电子管计算机，也叫真空管计算机，主要元件采用电子管，其体积较大，运算速度较慢，仅为每秒几千次，存储容量仅几千字节，程序设计语言采用机器语言和汇编语言。这一代计算机主要用于科学计算，只在重要部门或科学研究部门使用。代表机型主要有 IBM 公司自 1952 年起研发的 IBM 700 系列。

（2）第二代（1958—1964 年）。

晶体管计算机，主要元件采用晶体管，其运算速度比第一代计算机的速度提高了近百倍，体积为原来的几十分之一。在软件方面开始使用计算机算法语言，出现了 ALGOL、FORTRAN 和 COBOL 等高级程序设计语言，极大简化了编程工作；出现了程序员、分析员和计算机系统专家等新职业，软件产业由此诞生。这一代计算机不仅用于科学计算，还用于数据处理和事务处理及工业控制。代表机型有 IBM 7094 和 Honeywell 800 等。

（3）第三代（1964—1971 年）。

集成电路计算机，主要元件采用中小规模集成电路，并且出现了操作系统，使计算机的功能越来越强，应用范围越来越广。它们不仅用于科学计算，还用于文字处理、企业管理、自动控制等领域，出现了计算机技术与通信技术相结合的信息管理系统，可用于生产管理、交通管理、情报检索等领域。

（4）第四代（1971 年以后）。

大规模和超大规模集成电路计算机，主要元件采用大规模集成电路和超大规模集成电路，如 80386 微处理器，在面积约为 10 mm×10 mm 的单个芯片上，可以集成大约 32 万个晶体管。在软件方面，可以采用面向对象的高级语言编程，出现了数据库管理系统和网络管理系统等。

（5）新一代。

新一代计算机是把信息采集、存储、处理、通信和人工智能结合在一起，具有形式推理、联想、学习和解释能力的计算机系统。它的系统结构将突破传统的冯•诺依曼机器的概念，实现高度的并行处理。

我国从 1956 年开始研制计算机，1958 年研制出第一台电子管计算机，1964 年研制成功晶体管计算机，1971 年研制成功集成电路计算机，1983 年研制成功每秒运算 1 亿次的“银河-I”巨型机。我国先后自主研发了“银河”“曙光”“深腾”和“神威”等系列高性能计算机，取得了令人瞩目的成果。

在 2019 年 11 月全球超级计算机 TOP 500 排行榜中，我国的“神威•太湖之光”超级计算机和“天河二号”超级计算机位居第三名和第四名。以“联想”“清华同方”“方正”和“浪潮”等为代表的我国计算机制造业非常发达，已成为世界计算机主要制造中心之一，我国也是重要的计算机软件生产国家，但我国在计算机的软硬件生产领域存在原创技术少，一些计算机核心技术（如中央处理器、操作系统等）仍掌握在西方发达国家手中等亟待解决的问题。

1.1.2 计算机的特点和分类

1. 计算机的特点

（1）运算速度快。

计算机的运算部件采用的是电子元件，它具有神奇的运算速度，其速度已达到每秒几十亿次乃至上百亿次，而且运算速度还以每隔几个月提高一个数量级的速度在快速提高。例如，为了将圆周率 π 的近似值计算到 707 位，一位数学家曾为此花十几年的时间，而如果用现代的计算机来计算，可能瞬间就能完成，同时可达到小数点后200万位。

（2）计算精度高。

计算机的可靠性很高，差错率极低，它具有人类无法达到的高精度控制或高速操作。一般来说，只在那些人工介入的地方才有可能发生错误。

（3）存储容量大。

计算机的存储性是计算机区别于其他计算工具的重要特征。在计算机中有容量很大的存储装置，它不仅可以长久性地存储大量的文字、图形、图像、声音等信息资料，还可以存储指挥计算机工作的程序。

（4）具有逻辑判断能力。

借助于逻辑运算，可以让计算机做出逻辑判断，分析命题是否成立，并根据命题成立与否采取相应的措施。

（5）工作自动化。

计算机是由内部控制和操作的，只要将事先编制好的应用程序输入计算机，计算机就能自动按照程序规定的步骤完成预定的处理任务。

（6）通用性强。

通用性是计算机能够应用于各种领域的基础，任何复杂的任务都可以分解为大量的基本的算术运算和逻辑操作。

2. 计算机的分类

计算机的分类方法较多，根据处理的对象、用途和规模不同可有不同的分类方法，下面介绍常用的分类方法。

（1）根据处理的对象划分。

根据处理的对象划分，计算机可分为模拟计算机、数字计算机和混合计算机。

① 模拟计算机。

模拟计算机是指专用于处理连续的电压、温度、速度等模拟数据的计算机。其特点是参与运算的数值用不间断的连续量表示，其运算过程是连续的。由于受元件质量影响，其计算精度较低，应用范围较窄。模拟计算机目前已很少生产。

② 数字计算机。

数字计算机是指用于处理数字数据的计算机。其特点是数据处理的输入和输出都是数字量，参与运算的数值用非连续的数字量表示，具有逻辑判断等功能。

③ 混合计算机。

混合计算机是指将模拟计算机与数字计算机结合在一起的电子计算机。其输入和输出既可以是数字数据，也可以是模拟数据。

（2）根据用途划分。

按照用途，计算机可分为专用计算机和通用计算机。

① 专用计算机。

专用计算机是为了解决一些专门的问题而设计制造的，具有单纯、使用面窄甚至专机专用的特点，因此，它可以增强某些特定的功能，而忽略一些次要功能，从而能够达到高速度、高效率地解决某些特定问题的目的。一般来说，模拟计算机通常都是专用计算机。在军事控制系统中，广泛使用专用计算机。

② 通用计算机。

通用计算机具有功能多、配置全、用途广、通用性强等特点，我们通常所说的以及本书所介绍的就是通用计算机。

（3）根据规模划分。

计算机的规模用计算机的一些主要技术指标来衡量，如运算速度、字长、存储容量、输入和输出能力、软件配置等。按照规模，计算机可分为巨型机、大型机、小型机、微型机和工作站等。

① 巨型机。

巨型机又称超级计算机，是运算速度最快、存储容量最大、体积最大、造价也最高的计算机，实际上是一个巨大的计算机系统。巨型机长于数值计算，主要应用于国民经济和国家安全的尖端科技领域，特别是国防领域，如模拟核爆炸、密码破译、天气预报、核能探索、地震探测以及研究洲际导弹、宇宙飞船等，主要用来承担国家重大科学研究、国防尖端技术和国民经济领域的大型计算课题等任务。

“天河三号”是中国新一代百亿亿次超级计算机，由国家超级计算天津中心与国防科技大学联合研制。2018 年 7 月 22 日，“天河三号 E 级原型机系统”已在国家超级计算天津中心完成研制部署。“天河三号 E 级原型机系统”采用全自主创新，飞腾 CPU、天河高速互联通信、麒麟操作系统，实现了可适应科学计算和数据处理多应用需求的柔性体系结构，突破了计算、访存、通信三方平衡的高性能计算结点技术，可支持十万结点规模的高速互联和光电混合高速信号传输技术、高效靶向散热冷却技术、用户透明的高性能计算环境软件支撑技术等。这些技术经过几十年的积累和不断创新，在“天河”超级计算机系统核心关键技术上已实现了整体自主可控。

② 大型机。

大型计算机硬件配置高，性能优越，可靠性高，具有较快的运算速度和较大的存储容量，但价格高昂。大型机主要用于金融、证券等大中型企业数据处理或用作网络服务器。

大型机研制周期长，设计技术与制造技术非常复杂，耗资巨大，需要相当数量的设计师协同工作。大型机在体系结构、软件、外设等方面又有极强的继承性，因此，国外只有少数公司能够从事大型机的研制、生产和销售工作。美国的 IBM、DEC，日本的富士通、日立等都是大型机的主要厂商。

③ 小型机。

小型机也是处理能力较强的系统，面向中小企业的应用。与大中型计算机相比，小型计算机性能适中，价格相对较低，容易使用和管理，适合用作中小企业、学校等单位的服务器。

④ 微型机。

微型计算机简称微机，又叫个人计算机，它通用性好、软件丰富、价格低廉，主要在办公室和家庭中使用，是目前发展最快、应用最广泛的一种计算机。由于计算机网络的发展以及集群技术的出现，个人计算机能进一步发挥更大的作用。

⑤ 工作站。

工作站是一种主要面向专业应用领域，具备强大的数据运算与图形、图像处理能力的高性能计算机。工作站通常配有多个中央处理器、大容量内存储器和高速外存储器，配备高分辨率的大屏幕显示器等高档外部设备，具有较强的信息处理功能和高性能的图形、图像处理功能以及联网功能。

目前，多媒体等各种新技术已普遍集成到工作站中，使其更具特色。工作站的应用领域已从最初的计算机辅助设计扩展到商业、金融、办公领域，并频频充当网络服务器的角色。

1.1.3 计算机的应用和发展趋势

1. 计算机的应用

目前，计算机的应用可概括为以下几个方面：

（1）科学计算（数值计算）。

科学计算是指科学和工程中的数值计算，是计算机应用最早的领域。目前，科学计算仍然是计算机应用的一个重要领域，如应用于高能物理、工程设计、地震预测、气象预报、航天技术等。由于计算机具有高运算速度和精度以及逻辑判断能力，因此，出现了计算力学、计算物理、计算化学、生物控制论等新的学科。

（2）过程控制。

利用计算机对工业生产过程中的某些信号进行自动检测，并把检测到的数据存入计算机，再根据需要对这些数据进行处理，这样的系统称为计算机检测系统。特别是仪器仪表引进计算机技术后所构成的智能化仪器仪表，将工业自动化推向了一个更高的水平。

（3）信息管理（数据处理）。

信息管理是目前计算机应用最广泛的一个领域。例如，利用计算机来加工、管理与操作任何形式的数据资料，如企业管理、物资管理、报表统计、账目计算、信息情报检索等。近年来，国内许多机构纷纷建立了自己的管理信息系统（MIS），生产企业也开始采用企业资源计划（ERP），商业流通领域则逐步使用电子数据交换（EDI），即所谓的无纸贸易。

（4）计算机辅助系统。

计算机辅助设计（CAD）是指利用计算机来帮助设计人员进行工程设计，以提高设计工作的自动化程度，节省人力和物力。目前，此技术已经在电路、机械、土木建筑、服装等设计中得到广泛的应用。

计算机辅助制造（CAM）是指利用计算机进行生产设备的管理、控制与操作。它提高了产品质量，降低了生产成本，缩短了生产周期，并且大大改善了制造人员的工作条件。

计算机辅助测试（CAT）是指利用计算机进行复杂而大量的测试工作。

计算机辅助教学（CAI）是指利用计算机帮助教师讲授和帮助学生学习的自动化系统，使学生能够轻松自如地从中学到所需要的知识。

（5）人工智能。

人工智能（AI）是研究怎样让计算机做一些通常认为需要智能做的事情，又称机器智能，主要研究智能机器所执行的通常与人类智能有关的功能，如判断、推理、证明、识别、感知、理解、设计、思考、规划、学习和问题求解等思维活动。人工智能是计算机当前和今后相当长的一段时间的重要研究领域，目前在语言处理、自动定理证明、智能数据检索、视觉系统、问题求解以及自动程序设计等领域取得了一些重要成果。例如，开发了专家系统、自然语言理解、博弈和机器人等具有不同程度的人工智能的计算机系统。

（6）计算机网络与通信。

利用通信技术，将不同地理位置的计算机互联，可以实现世界范围内的信息资源共享，并能交互式地交流信息，可谓“一线联五洲”，这是传统通信手段难以达到的。Internet 的建立和应用使世界变成了一个“地球村”，它正在深刻地改变着我们的生活、学习和工作方式。目前，基于 Internet 的物联网技术是新一代信息技术的重要组成部分，其目的是实现物与物、物与人、所有的物品与网络的连接，方便识别、管理和控制。

（7）多媒体技术应用系统。

多媒体技术是指利用计算机、通信等技术将文本、图像、声音、动画、视频等多种形式的信息综合起来，使之建立逻辑关系并进行加工处理的技术。多媒体系统一般由计算机、多媒体设备和多媒体应用软件组成。多媒体技术被广泛应用于通信、教育、医疗、设计、出版、影视娱乐、商业广告和旅游等领域。

（8）嵌入式系统。

嵌入式系统是以应用为中心，以计算机技术为基础，软硬件能灵活变化以适应所嵌入的应用系统。

2. 计算机的发展趋势

未来的计算机将以超大规模集成电路为基础，向巨型化、微型化、网络化和智能化的方向发展。

（1）巨型化。

巨型化是指为了适应尖端科学技术的需要，不断研制运算速度更高、存储容量更大和功能更强的超级计算机。目前，最先进的巨型计算机的运算速度可达每秒百亿亿次。人们对计算机的依赖性越来越强，特别是在军事和科研教育方面，对计算机存储空间和运行速度等方面的要求越来越高。此外，计算机的功能也更加多元化。

（2）微型化。

一方面，随着微型处理器的出现，计算机中开始使用微型处理器，使计算机体积缩小了，成本降低了。另一方面，软件行业的飞速发展提高了计算机内部操作系统的便捷性，计算机外部设备也趋于完善。计算机理论和技术的不断完善，促使微型计算机很快渗透社会的各行各业，并成为人们生活和学习的必需品。计算机的体积不断缩小，如台式机、笔记本电脑、掌上电脑、平板电脑的大量使用，为人们提供了便捷的服务。因此，未来计算机仍会不断趋于微型化，体积将越来越小。

（3）网络化。

互联网将世界各地的计算机连接在一起，从此进入了互联网时代。计算机网络化彻底改变了人类世界，人们可以通过互联网进行沟通、交流（QQ、微信等）、教育资源共享（文献查阅、远程教育等）、信息查阅共享（百度、谷歌）等，特别是无线网络的出现，极大地提高了人们使用网络的便捷性。因此，未来计算机将会进一步向网络化方面发展。

（4）智能化。

智能化是指使计算机具有模拟人的感觉和思维过程的能力。智能化是计算机发展的一个重要方向，新一代计算机将可以模拟人的感觉行为和思维过程的机理，进行“看”“听”“说”“想”“做”，具有逻辑推理、学习与证明的能力。智能化的研究包括模拟识别、物形分析、自然语言的生成和理解、博弈、定理自动证明、自动程序设计、专家系统、学习系统和智能机器人等。

同时，一些新的计算机正在加紧研制，如超导计算机、纳米计算机、光计算机、DNA 计算机和量子计算机等。

1.2 计算机系统

一个完整的计算机系统由硬件系统和软件系统两大部分组成，并按照“存储程序”的方式工作。

1.2.1 计算机工作原理

1. 指令

指令是指示计算机执行某种操作的命令，它由一串二进制数码组成，这串二进制数码包括操作码和地址码两部分。操作码规定了操作的类型，即进行什么样的操作；地址码规定了要操作的数据（操作对象）存放在什么地址中，以及操作结果存放到哪个地址中去。计算机的指令和数据都是采用二进制形式编码的，二进制编码只需要两个状态，实现 0 和 1 的表示就可以，系统简单稳定，物理实现容易。

一台计算机有许多指令，作用也各不相同，所有指令的集合称为计算机指令系统。计算机系统不同，指令系统也不同，目前常见的指令系统有复杂指令系统（CISC）和精简指令系统（RISC）。

2. “存储程序”工作原理

计算机能够自动完成运算或处理过程的基础是“存储程序”工作原理。“存储程序”工作原理是美籍匈牙利科学家约翰·冯·诺依曼（John von Neumann）提出来的，故称为冯·诺依曼原理，其基本思想是存储程序与程序控制。

存储程序是指人们必须事先把计算机的执行步骤序列（即程序）及运行中所需的数据，通过一定方式输入并存储在计算机的存储器中；程序控制是指计算机运行时能自动地逐一取出程序中的一条条指令，加以分析并执行规定的操作。

到目前为止，尽管计算机发展到了第四代，但其基本工作原理仍然没有改变。根据存储程序和程序控制的概念，在计算机运行过程中，实际上有数据流跟控制信号两种信息在流动。数据流包含原始数据和指令，它们在程序运行前已经预先送至内存中，在运行程序时数据被送往运算器参与运算，指令被送往控制器。控制信号是由控制器根据指令的内容发出的，指挥计算机各部件执行指令规定的各种操作或运算。

3. 计算机的工作过程

计算机系统的各个部件能够有条不紊地协调工作，都是在控制器的控制下完成的。计算机的工作过程可以归结为以下几步：

（1）取指令。

按照指令计数器中的地址，从内存储器中取出指令，并送到指令寄存器中。

（2）分析指令。

对指令寄存器中存放的指令进行分析，确定执行什么操作，并由地址码确定操作数的地址。

（3）执行指令。

根据分析的结果，由控制器发出完成该操作所需要的一系列控制信息，去完成该指令所要求的操作。

(4) 上述步骤完成后,指令计数器加 1,为执行下一条指令做好准备。

1.2.2 计算机硬件系统

计算机硬件系统是指构成计算机的所有实体部件的集合,通常这些部件由电路(电子元件)、机械等物理部件组成。直观地看,计算机硬件是一大堆设备,它们都是看得见、摸得着的,是计算机进行工作的物质基础,也是计算机软件发挥作用、施展技能的舞台。未配置任何软件的计算机叫裸机。

计算机硬件的基本功能是接受计算机程序的控制来实现数据输入、运算、输出等一系列根本性的操作。虽然计算机的制造技术从计算机出现至今已经发生了极大的变化,但在基本的硬件结构方面,一直沿袭着冯•诺依曼的传统框架,即计算机硬件系统由运算器、控制器、存储器、输入设备、输出设备五大部件构成。

图 1-2 所示为构成计算机硬件系统的五大组成部分框图。图中,实线代表数据流,虚线代表控制流,计算机各部件之间的联系就是通过这两股信息流动来实现的。原始数据和程序通过输入设备送入存储器,在运算处理过程中,数据从存储器读入运算器进行运算,运算的结果存入存储器,必要时再经输出设备输出。指令也以数据形式存于存储器中,运算时指令由存储器送入控制器,由控制器控制各部件的工作。

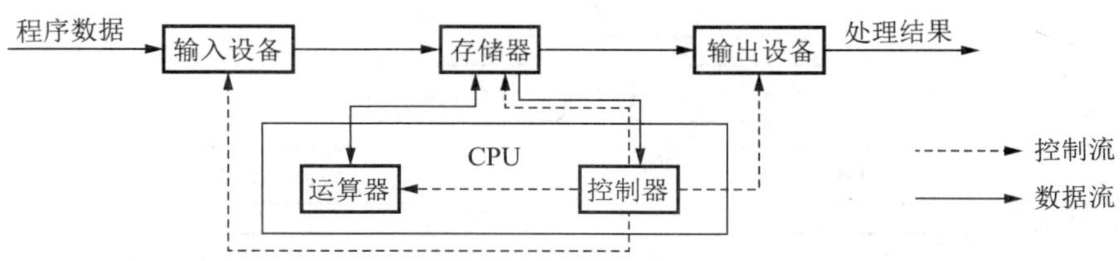

图 1-2 硬件系统五大组成部分框图

由此可见,输入设备负责把用户的信息(包括程序和数据)输入计算机中;输出设备负责将计算机中的信息(包括程序和数据)传送到外部媒介,供用户查看或保存;存储器包括内存储器和外存储器,负责存储数据和程序,并根据控制命令提供这些数据和程序;运算器负责对数据进行算术运算和逻辑运算(即对数据进行加工处理);控制器负责对程序所规定的指令进行分析,控制并协调输入、输出操作或对内存的访问。

1. 输入设备

输入设备是外界向计算机输送信息的装置。输入设备的主要功能是,把原始数据和处理这些数据的程序转换为计算机能够识别的二进制代码,通过输入接口输入计算机的存储器中,供 CPU 调用和处理。常用的输入设备有鼠标、键盘、扫描仪、数字化仪、数码摄像机、条形码阅读器、数码相机、A/D 转换器等。在微型计算机系统中,常用的输入设备是键盘和鼠标。

2. 运算器

运算器又称算术逻辑单元(Arithmetic Logic Unit, ALU),是计算机对数据开展加工处理的部件,包括算术运算(加、减、乘、除等)和逻辑运算(与、或、非、异或、比较等)。它的速度决定了计算机的运算速度。参加运算的数(称为操作数)按照控制器指示从存储器或寄存器中取出到运算器。

3. 控制器

控制器是整个计算机系统的控制中心，它指挥计算机各部件协调工作，保证计算机按照预先规定的目标和步骤有条不紊地进行操作及处理。

控制器从存储器中取出指令，并对指令进行译码；根据指令的规定，按时间先后顺序，向其他各部件发出控制信号，保证各部件协调一致地工作，一步一步地完成各种操作。控制器主要由指令寄存器、译码器、程序计数器、操作控制器等组成。

硬件系统的核心是中央处理器(Central Processing Unit，CPU)。它主要由控制器、运算器等组成，并采用大规模集成电路工艺制成芯片，称为微处理器芯片，其工作速度等性能对计算机的整体性能有决定性的影响。

4. 存储器

存储器是计算机的记忆和存储部件，用来存放信息。对存储器而言，容量越大，存储速度越快。计算机中的操作，大量的是与存储器交换信息，存储器的工作速度相对于 CPU 的运算速度要慢很多，因此，存储器的工作速度是制约计算机运算速度的主要因素之一。

计算机存储器一般分为两大类：内存储器和外存储器，简称内存和外存。内存储器又称为主存储器，外存储器又称为辅助存储器。常见的存储器分类如图 1-3 所示。

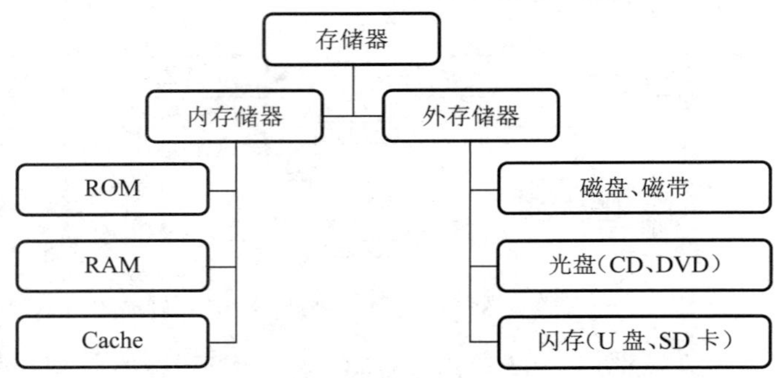

图 1-3　存储器分类

(1) 内存。

内存直接和运算器、控制器交换数据，虽然容量小，但存取速度快，用于存放那些正在处理的数据或正在运行的程序；计算机工作时所执行的指令和操作数都是从内存中取出，处理结果也放在内存中。内存和 CPU 一起构成了计算机的主机部分。

内存常用的存储单位有位、字节和字(详见本章 1.3 → 1.3.3)。保存信息到存储单元的操作称作“写”操作，从存储单元中获取信息的操作称作“读”操作，“读”“写”时一般都以字节为单位。“读”操作不会影响存储单元中的信息，“写”操作以新的信息取代存储单元中原有的信息。

内存储器分为 ROM、RAM 和 Cache。

① 只读存储器(ROM)。

ROM 中的数据或程序一般是在将 ROM 装入计算机前事先写好的。一般情况下，计算机工作过程中只能从 ROM 中读出事先存储的数据，而不能改写。ROM 常用于存放固定的程序和数据，并且断电后仍能长期保存。ROM 的容量较小，一般存放系统的基本输入输出系统(BIOS)等。

② 随机存储器(RAM)。

随机存储器的容量与 ROM 相比要大得多,目前个人计算机一般配置 8 GB 左右。CPU 从 RAM 中既可读出信息又可写入信息,但断电后所存的信息就会丢失。

计算机中的内存一般指随机存储器,其类型主要有 SDRAM、DDR SDRAM 和 RDRAM 三种。其中,DDR SDRAM 是 Double Data Rate SDRAM 的缩写,是双倍速率同步动态随机存储器的意思,人们习惯称为 DDR 内存,目前已发展至第五代内存(即 DDR4),在当前市场中 DDR4 内存成为主流;SDRAM 内存规格已不再发展,处于被淘汰的行列;RDRAM 则始终未成为市场的主流,只有部分芯片组支持,而这些芯片组也逐渐退出了市场,因此,RDRAM 前景并不被看好。

③ 高速缓存(Cache)。

随着 CPU 主频的不断提高,CPU 对 RAM 的存取速度加快了,而 RAM 的响应速度相对较慢,造成了 CPU 等待,降低了处理速度,浪费了 CPU 的能力。为协调二者之间的速度差,在内存和 CPU 之间设置一个与 CPU 速度接近的、高速的、容量相对较小的存储器,把正在执行的指令地址附近的一部分指令或数据从内存调入这个存储器,供 CPU 在一段时间内使用。这对提高程序的运行速度有很大的作用。这个介于内存和 CPU 之间的高速、小容量的存储器称作高速缓冲存储器(Cache),一般简称为缓存。

(2) 外存。

外存是内存储器的补充,不能和 CPU 直接交换数据,间接和运算器、控制器交换数据,存取速度慢,但存储容量大,价格低廉,用来存放暂时不用的数据,一旦需要,可成批地与内存交换信息。硬盘、光盘、优盘、SD 卡等均属于外存储器。

5. 输出设备

输出设备是指从计算机中输出信息的设备,其功能是将计算机处理的数据、计算结果等内部信息转换成人们习惯接受的信息形式(如字符、图形、声音等),然后将其输出。常用的输出设备是显示器、打印机和音箱,还有绘图仪、各种数模转换器(D/A)等。

从信息的输入输出角度来说,磁盘驱动器和磁带机既可以看作输入设备,又可以看作输出设备。

1.2.3 计算机软件系统

输入计算机的信息一般有两类,一类称为数据,一类称为程序。计算机是通过执行程序所规定的各种指令来处理各种数据的。

1. 软件的分类

软件是指使计算机运行所需的程序、数据和有关文档的总和。计算机是按照一定的指令进行工作的,通常一条指令对应一种基本操作。计算机所能实现的全部指令集合称为该计算机的指令系统。程序是解决某一问题的指令序列的集合。数据是程序处理的对象。文档是与程序的研制、维护和使用有关的资料。

计算机软件通常分为系统软件和应用软件两大类。其中,系统软件一般由软件厂商提供,应用软件是为解决某一问题而由用户或软件公司开发的。

软件系统的分类如图 1-4 所示。

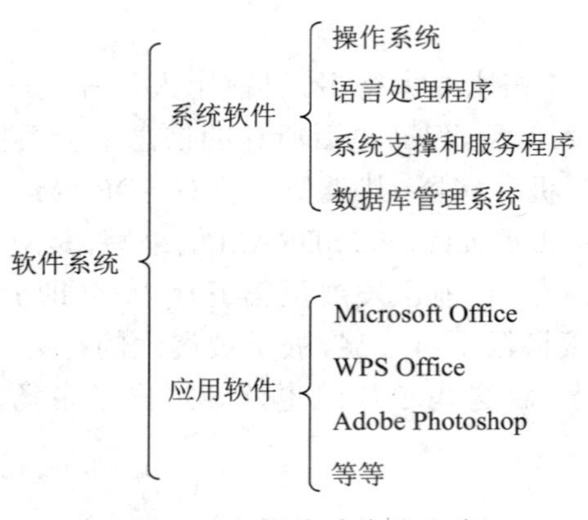

图 1-4 软件系统的分类

（1）系统软件。

系统软件是管理、监控和维护计算机资源（包括硬件和软件）、开发应用软件的软件。系统软件居于计算机系统中最靠近硬件的一层，主要包括操作系统、语言处理程序、系统支撑和服务程序、数据库管理系统等。

① 操作系统（Operating System，OS）。

操作系统是一组对计算机资源进行控制与管理的系统化程序集合，它是用户和计算机硬件系统之间的接口，为用户和应用软件提供了访问和控制计算机硬件的桥梁。

操作系统是直接运行在裸机上的最基本的系统软件，任何其他软件必须在操作系统的支持下才能运行。计算机中常用的操作系统有 Windows、Linux、UNIX、Mac OS 等。

② 语言处理程序。

用各种程序设计语言（如汇编语言、VB 等）编写的源程序，计算机是不能直接执行的，必须经过翻译（对汇编语言源程序是汇编，对高级语言源程序则是编译或解释）才能执行，这些翻译程序就是语言处理程序，包括汇编程序、编译程序和解释程序等，它们的基本功能是把用面向用户的高级语言或汇编语言编写的源程序翻译成机器可执行的二进制语言程序。

③ 系统支撑和服务程序。

系统支撑和服务程序又称为工具软件，如系统诊断程序、调试程序、排错程序、编辑程序、查杀病毒程序等，都是为维护计算机系统的正常运行或支持系统开发所配置的软件系统。

④ 数据库管理系统。

数据库管理系统主要用来建立存储各种数据资料的数据库，并进行操作和维护。常用的数据库管理系统有微机上的 FoxPro、FoxBASE+、Access 等和大型数据库管理系统如 Oracle、DB2、Sybase、SQL Server 等，它们都是关系型数据库管理系统。

（2）应用软件。

为解决计算机各类应用问题而编写的软件称为应用软件。应用软件具有很强的实用性。随着计算机应用领域的不断拓展和计算机应用的广泛普及，各种各样的应用软件与日俱增，如办公类软件 Microsoft Office、WPS Office、永中 Office、谷歌在线办公系统，图形处理软件 Photoshop、illustrator，三维动画软件 3DS Max、Maya，即时通信软件 QQ、微信、MSN、UC 和 Skype，等等。

2. 程序设计语言

（1）程序的基本概念。

程序是为实现特定目标或解决特定问题而用计算机语言编写的命令序列的集合。它是为实现预期目的而进行操作的一系列语句和指令。

算法和数据结构是程序最主要的两个方面，通常可以认为：程序 = 算法 + 数据结构。

算法可以看作是由有限个步骤组成的用来解决问题的具体过程，实质上反映的是解决问题的思路。其主要性质表现为有穷性、确定性和可行性。

数据结构是从问题中抽象出来的数据之间的关系，它代表信息的一种组织方式，用来反映一个数据的内部结构，其目的是提高算法的效率。它通常与一组算法的集合相对应，通过这组算法集合可以对数据结构中的数据进行某种操作。典型的数据结构包括线性表、栈和队列等。

（2）程序设计语言。

程序设计语言经历了三个阶段：机器语言、汇编语言和高级语言。

① 机器语言。

机器语言是计算机系统唯一能识别的、不需要翻译直接供机器使用的程序设计语言。用机器语言编写程序难度大、直观性差、容易出错，修改、调试也不方便。由于不同计算机的指令系统不同，针对某一种型号的计算机所编写的程序就不能在另一种计算机上运行，所以机器语言的通用性和移植性较差。用机器语言编写的程序具有充分发挥硬件功能的特点，程序也容易编写得紧凑，程序运行速度快。

② 汇编语言。

为克服机器语言编程的困难，人们发明了汇编语言。汇编语言是机器语言的“符号化”。汇编语言和机器语言基本上是一一对应的，但在表示方法上做了改进，用一种助记符来代替操作码，用符号来表示操作数地址（地址码）。例如，用“ADD”表示加法，用“MOV”表示传送等。用助记符和符号地址来表示指令，容易辨认，给程序的编写带来了很大的方便。

汇编语言比机器语言直观，容易记忆和理解，用汇编语言编写的程序比用机器语言编写的程序易读、易检查、易修改。但是它仍然属于面向机器的语言，依赖于具体的机器，很难在系统间移植，所以这样的程序的编写仍然比较困难，程序的可读性也比较差。

机器语言和汇编语言一般称为低级语言。

③ 高级语言。

为更方便地进行程序设计工作，Basic、Fortran、C、Java、Python 等高级语言问世了。这些高级语言屏蔽了机器的细节，与具体的计算机指令系统无关，表达方式接近于人们对求解过程或问题的描述方式，易于理解和掌握。高级语言分为两类，分别是解释型和编译型。

a. 解释程序。

解释程序接收用某种程序设计语言（如 Basic 语言）编写的源程序，然后对源程序的每条语句逐句进行解释并执行，最后得出结果。也就是说，解释程序对源程序是一边翻译，一边执行，不产生目标程序。

b. 编译程序。

编译程序是翻译程序，它将用高级语言编写的源程序翻译成与之等价的用机器语言表示的目标程序，其翻译过程称为编译。

编译型语言系统在执行速度上优于解释型语言系统。但是，编译程序比较复杂，这使得开发和维护费用较高。

目前，软件开发大都借助于 JBuilder、Visual Studio、Eclipse、PyCharm 等可视化编程工具，通过调用各种控件，直接在窗口中进行用户界面的布局设计。

1.3 计算机中信息的表示

信息表示广义来说泛指信息的获取、描述、组织全过程，狭义来说指其中的信息描述过程。

用于信息表示的符号系统有以下三个基本特点：

第一，存在一个基本的有限符号集，符号集中符号的数目多于一个。

第二，不同符号有明显的差别，便于人们识别和感知这些符号。

第三，存在一组规则，按照规则可以将基本符号组成更复杂的结构，如符号串。

在计算机内部，所做的工作都是基于对信息进行存储、处理、传输的。无论信息是数字、文字符号、图形还是声音，在计算机中都用二进制数来表示。这是因为二进制只需要两个数字符号“0”和“1”，而计算机电路中反映的两种物理状态：脉冲有无、电位高低或磁性正负，正好可以来表示“0”和“1”，如用低电平表示“0”和高电平表示“1”。

1.3.1 数制及其转换

1. 计数制

计数制也称为数制，即进位计数制，是人们利用数字符号按进位原则进行数据大小计算的方法。在日常生活中，人们习惯于用十进制计数。但是，在实际应用中，还使用其他的计数制，如二进制(两只鞋为一双)、十二进制(12 个信封为 1 打)、二十四进制(24 个小时为 1 天)、六十进制(60 秒为 1 分钟，60 分钟为 1 小时)等。这种逢几进一的计数法，称为进位计数法。这种进位计数法的特点是由一组规定的数字来表示任意的数，如在一个用二进制数表示的数字中，它只能包含 0 和 1 两个数码，一个十进制数只能用 0、1、2、…、8、9 十个数码来表示，一个十六进制数用 0、1、2、…、8、9 和 A～F 十六个数码来表示。

无论哪种进制形式，都包含两个基本要素：基数和位权。基数是指该进位制中允许使用的数码个数，比如十进制中允许使用 0～9 共 10 个数码，故十进制的基数为 10；位权是指以该进制的基数为底，以数码所在位置的序号为指数的整数次幂。序号从小数点起，往左第一位为 0 号位，第二位为 1 号位，以此类推，往右第一位为 -1 号位，第二位为 -2 号位。以此类推，如十进制数 111. 1，则个位上的 1 的权值为 10^0，十位上的 1 的权值为 10^1，百位上的 1 的权值为 10^2，小数点后 1 的权值为 10^{-1}。表 1-2 中给出了数制、基数、数制规则及数码之间的关系。

表 1-2　数制、基数、数制的规则及数码之间的关系

数　制	基　数	数制的规则	数　码
二进制	2	逢二进一	0、1
八进制	8	逢八进一	0、1、2、3、4、5、6、7
十进制	10	逢十进一	0、1、2、3、4、5、6、7、8、9
十六进制	16	逢十六进一	0、1、2、3、4、5、6、7、8、9、A、B、C、D、E、F

（1）十进制（Decimal System）。

十进制由 0、1、2、…、8、9 十个数码组成，即基数为 10。

十进制的特点为：逢十进一，借一当十。用字母 D 表示。

（2）二进制（Binary System）。

二进制由 0、1 两个数码组成，即基数为 2。

二进制的特点为：逢二进一，借一当二。用字母 B 表示。

（3）八进制（Octal System）。

八进制由 0、1、2、3、4、5、6、7 八个数码组成，即基数为 8。

八进制的特点为：逢八进一，借一当八。用字母 O 表示。

（4）十六进制（Hexadecimal System）。

十六进制由 0、1、2、…、8、9、A、B、C、D、E、F 十六个数码组成，即基数为 16。

十六进制的特点为：逢十六进一，借一当十六。用字母 H 表示。各种进制之间的对应关系见表 1-3。

表 1-3　各种进制之间的对应关系

十进制	二进制	八进制	十六进制	十进制	二进制	八进制	十六进制
0	0	0	0	9	1001	11	9
1	1	1	1	10	1010	12	A
2	10	2	2	11	1011	13	B
3	11	3	3	12	1100	14	C
4	100	4	4	13	1101	15	D
5	101	5	5	14	1110	16	E
6	110	6	6	15	1111	17	F
7	111	7	7	16	10000	20	10
8	1000	10	8	17	10001	21	11

2. 数制的转换

（1）二进制、八进制、十六进制数转化为十进制数。

对于任何一个二进制数、八进制数、十六进制数，可以先写出它的位权展开式，然后按十进制进行计算，将其转换为十进制数。

例如：

$(1111.01)_2 = 1 \times 2^3 + 1 \times 2^2 + 1 \times 2^1 + 1 \times 2^0 + 0 \times 2^{-1} + 1 \times 2^{-2} = 15.25$

$(A11E.8)_{16} = 10 \times 16^3 + 1 \times 16^2 + 1 \times 16^1 + 14 \times 16^0 + 8 \times 16^{-1} = 41\,246.5$

注意：在不至于产生歧义时，可以不注明十进制数的进制，如上例。

（2）十进制数转化为二进制数。

十进制数的整数部分和小数部分在转换时需做不同的计算，分别求值后再组合。整数部分采用除 2 取余法，即逐次除以 2，直至商为 0，得出的余数倒排，即为二进制各位的数码。小数部分采用乘 2 取整法，即逐次乘以 2，从每次乘积的整数部分得到二进制数各位的数码。

例如：将十进制数 100.125 转化为二进制数。

先求整数部分：

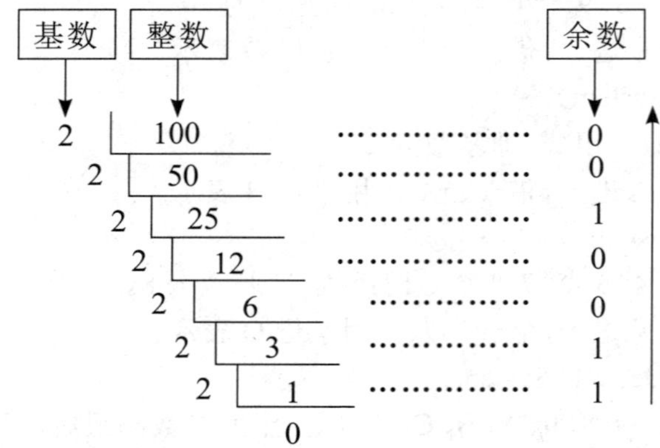

由上得出，100D = 1100100B。

之后求小数部分：

$0.125 \times 2 = 0.25$　　0……a_{-1}

$0.25 \times 2 = 0.5$　　0……a_{-2}

$0.5 \times 2 = 1$　　1……a_{-3}

由上得出，0.125D=0.001B。

将整数和小数部分组合，得出：100.125D=1100100.001B。

（3）二进制数与八进制数的相互转换。

二进制数转换成八进制数的方法是：将二进制数从小数点开始，对二进制整数部分向左每3位分成一组，不足3位的向高位补0凑成3位；对二进制小数部分向右每3位分成一组，不足3位的向低位补0凑成3位。每一组有3位二进制数，分别转换成八进制数码中的一个数字，全部连接起来即可。

例如：把二进制数10011101.111转化为八进制数。

二进制3位分组	010	011	101.	111
转换为八进制数	2	3	5.	7

所以，10011101.111B = 235.7O。

将八进制数转换成二进制数，只要将每一位八进制数转换成相应的3位二进制数，依次连接起来即可。

（4）二进制数与十六进制数的相互转换。

二进制数转换成十六进制数，只要以小数点为分界，分别向左和向右把每4位分成一组，再分别转换成十六进制数码中的一个数字，不足4位的分别向高位或低位补0凑成4位，全部连接起来即可。

十六进制数转换成二进制数，只要将每一位十六进制数转换成4位二进制数，然后依次连接起来即可。

例如：将1100010.111B转换为十六进制数。

二进制4位分组	0110	0010.	1110
转换为十六进制数	6	2.	E

结果为 1100010.111B=62.EH。

1.3.2 二进制的运算规则

1. 算术运算规则

加法规则：0 + 0 = 0；0 + 1 = 1；1 + 0 = 1；1 + 1 = 10（向高位进位）。

减法规则：0 − 0 = 0；10 − 1 = 1（向高位借位）；1 − 0 = 1；1 − 1 = 0。

乘法规则：0 × 0 = 0；0 × 1 = 0；1 × 0 = 0；1 × 1 = 1。

除法规则：0 / 1 = 0；1 / 1 = 1。

2. 逻辑运算规则

非运算（NOT）：$\bar{1} = 0$；$\bar{0} = 1$。

与运算（AND）：0 ∧ 0 = 0；0 ∧ 1 = 0；1 ∧ 0 = 0；1 ∧ 1 = 1。

或运算（OR）：0 ∨ 0 = 0；0 ∨ 1 = 1；1 ∨ 0 = 1；1 ∨ 1 = 1。

异或运算（XOR）：0 ⊕ 0 = 0；0 ⊕ 1 = 1；1 ⊕ 0 = 1；1 ⊕ 1 = 0。

异或运算实现的是按位加运算，只有两个逻辑值不相同时，结果才为 1。

1.3.3 信息的编码表示

1. 计算机中数据的单位

（1）位（bit）。

位，也称为比特，简记为 b，是度量数据的最小单位，表示一位二进制数字。一个二进制位只能表示 0 或 1。

（2）字节（Byte）。

字节来自英文 Byte，简记为 B。规定一个字节由 8 位二进制数字组成（1 Byte = 8 bit）。字节是信息组织和存储的基本单位，也是计算机体系结构的基本单位。我们还经常使用其他的度量单位，如 KB、MB、GB 和 TB，其换算关系为：

1 KB = 2^{10} B = 1 024 B　　　　1 MB = 2^{20} B = 1 024 KB

1 GB = 2^{30} B = 1 024 MB　　　　1 TB = 2^{40} B = 1 024 GB

（3）字（Word）。

字是计算机硬件设计的一个指标，它代表了机器的精度。一个字通常由一个字节或若干个字节组成。由于字长是计算机一次所能处理的实际位数长度，所以字长是衡量计算机性能的一个重要指标。

2. 计算机中数值的表示

（1）机器数。

各种数据在计算机中表示的形式称为机器数，其特点是采用二进制数。通常规定一个数的最高位作为符号位，“0”表示正，“1”表示负。与机器数对应的用正、负符号加绝对值来表示的实际数值称为真值。例如，作为有符号数，机器数 01111111 的真值是 +1111111，也就是 +127。

（2）8421BCD 码。

在计算机系统中，各种数据要转换为二进制代码才能进行处理，而人们习惯于使用十进制数，所以在计算机系统的输入、输出中仍采用十进制数，这样就产生了用 4 位二进制数表示一位十进制数的方法，这种用于表示十进制数的二进制代码称为二-十进制代码（Binary Coded Decimal），简称为 BCD 码。BCD 码具有二进制数的形式，既可满足计算机系统的要求，又具有十进制的特点（只有 10 种有效状态）。在某些情况下，计算机也可以对这种形式的数直接进行运算。在所有的 BCD 码中，8421BCD 码使用最为广泛。8421BCD 码是一种有权码，其各位的权分别是（从最高有效位开始到最低有效位）8、4、2、1。其有效的编码仅 10 个，即 0000～1001，见表 1-4。

表 1-4　十进制数与 8421BCD 码对应关系

十进制数	8421BCD 码
0	0000
1	0001
2	0010
3	0011
4	0100
5	0101
6	0110
7	0111
8	1000
9	1001

例如，十进制数 563.97 对应的 8421BCD 码为 0101 0110 0011.1001 0111。

3. 计算机中文字信息的表示

（1）字符编码。

目前采用的字符编码主要是 ASCII 码，它是 American Standard Code for Information Interchange（美国标准信息交换代码）的缩写，已被国际标准化组织（ISO）采纳，作为国际通用的信息交换标准代码。ASCII 码是一种西文机内码，有 7 位 ASCII 码和 8 位 ASCII 码两种，7 位 ASCII 码称为标准 ASCII 码，8 位 ASCII 码称为扩展 ASCII 码。标准 ASCII 码用一个字节（8 位）表示一个字符，并规定其最高位为 0，实际只用到 7 位，因此，可表示 128 个不同字符。对于同一个字母的 ASCII 码值，小写字母比大写字母大 32（20H）。

（2）汉字编码。

① 汉字交换码。

由于汉字数量极多，一般用连续的两个字节（16 位）来表示一个汉字。1980 年，我国颁布了第一个汉字编码字符集标准，即《信息交换用汉字编码字符集基本集》（GB 2312—80）。该标准编码简称国标码，是我国内地及新加坡等海外华语区通用的汉字交换码。GB 2312—80 收录了 6 763 个汉字以及 682 个符号，共 7 445 个字符，奠定了中文信息处理的基础。

② 汉字机内码。

国标码不能直接在计算机中使用，因为它没有考虑与基本的信息交换代码 ASCII 码的冲突。比如："大"的国标码是 3473H，与字符组合"4S"的 ASCII 码相同，"嘉"的汉字编码为 3C4EH，与码值为 3CH 和 4EH 的两个 ASCII 字符"，"和"N"混淆。为了能区分汉字与 ASCII

码，在计算机内部表示汉字时，把汉字交换码（国标码）两个字节的最高位改为 1，称为汉字机内码。

这样，当某字节的最高位是 1 时，必须和下一个最高位同样为 1 的字节合起来代表一个汉字，而某字节的最高位是 0 时，就代表一个 ASCII 码字符。

③ 汉字字形码。

所谓汉字字形码，实际上就是用来将汉字显示到屏幕上或打印到纸上所需要的图形数据。

汉字字形码记录汉字的外形，是汉字的输出形式。记录汉字字形通常有两种方法：点阵法和矢量法，分别对应两种字形编码：点阵码和矢量码。所有不同字体、字号的汉字字形构成汉字库。

点阵码是一种用点阵表示汉字字形的编码，它把汉字按字形排列成点阵，常用的点阵有 16 × 16、24 × 24、32 × 32 或更高。汉字字形点阵构成和输出简单，但信息量很大，占用的存储空间也非常大，一个 16 × 16 点阵的汉字要占用 32 个字节，一个 32 × 32 点阵的汉字则要占用 128 个字节。另外，点阵码缩放困难，且容易失真。

矢量码表示方式：存储的是描述汉字字形的轮廓特征，当要输出汉字时，通过计算机的计算，由汉字字形描述生成所需大小和形状的汉字。矢量化字形描述与最终文字显示的大小、分辨率无关，因此，可产生高质量的汉字输出。

④ 汉字输入码。

目前，我国的汉字输入码编码方案有上千种，但是在计算机上常用的只有几种。根据编码规则，这些汉字输入码可分为流水码、音码、形码和音形结合码四种。搜狗拼音输入法、谷歌拼音输入法等汉字输入法为音码，五笔字型输入法为形码。音码重码多、单字输入速度慢，但容易掌握；形码重码较少，单字输入速度较快，但是学习和掌握较困难。

目前，以搜狗拼音输入法、谷歌拼音输入法、微软拼音输入法和智能 ABC 输入法等音码输入法为主流汉字输入方法。

1.4 微型计算机系统

1.4.1 微型计算机分类

微型计算机简称微机，按其性能、结构、技术特点等可分为以下几类：

1. 单片机

将微处理器（CPU）、一定容量的存储器以及 I/O 接口电路等集成在一个芯片上，就构成了单片机。它一般用于专用机器或者控制仪表、家用电器等。

2. 单板机

将微处理器、存储器、I/O 接口电路安装在一块印刷电路板上，就成为单板机。单板机上一般还配有简易键盘、显示器，以及外存储接口等。它广泛用于工业控制、微机教学和实验等。

3. PC (Personal Computer，个人计算机)

供单个用户使用的计算机一般称为PC。PC是目前使用最多的一种微机，一般配有显示器、键盘、鼠标、主机箱、光驱等。

4. 便携式计算机

便携式计算机包括笔记本电脑和个人数字助理(PDA)等,也包括目前流行的智能手机、平板电脑等。便携式计算机可以直接用电池供电。

1.4.2 微机的主要性能指标

1. 字长

字长是指计算机能直接处理的二进制信息的位数。字长越长,可以表示的有效位数就越多,运算精确度越高,处理速度越快。

2. 主频

主频是指计算机的时钟频率,它是 CPU 在单位时间(秒)内平均要“动作”的次数。由于 CPU 和计算机内部的逻辑电路均以时钟脉冲作为同步信号触发电子元件工作,所以主频在很大程度上决定了计算机的工作速度。主频以 MHz 或 GHz 为单位。主频越高,计算机的运算速度就越快。

3. 运算速度

运算速度一般用每秒能执行多少条指令来表示,主频越高,速度越快。但主频并不是决定运算速度的唯一因素。常用来标识计算机运算速度的单位是 MIPS(Million Instructions Per Second,每秒 10^6 条指令)和 BIPS(Billion Instructions Per Second,每秒 10^9 条指令)。

4. 内存容量

内存容量是指 RAM 存储容量的大小,它决定了可运行程序的大小和程序运行的效率。随着各种应用软件对内存要求的不断提高,特别是操作系统的不断升级,要求配置的内存容量越大越好。

5. 内核数

CPU 内核数是指 CPU 内执行指令的运算器和控制器的数量。所谓多核心处理器,简单地说就是在一块 CPU 基板上集成两个或两个以上的处理器核心,并通过并行总线将各处理器核心连接起来。多核心处理技术的推出,大大地提高了 CPU 的多任务处理性能,并已成为市场的主流。

6. 其他性能指标

衡量微机的性能指标很多,除了上面列举的五项主要指标外,还应考虑机器的兼容性(包括数据和文件的兼容、程序兼容、系统兼容和设备兼容),系统的可靠性(平均无故障工作时间 MTBF),系统的可维护性(平均修复时间 MTTR)等。

另外,性能价格比也是一项综合性的评价计算机性能的指标。

1.4.3 常见微型计算机的硬件设备

微型计算机和一般计算机硬件系统一样,也包含五大组成部件,不过,它更为紧凑和集中。

微机的主体是主机箱，里面一般有主板、CPU、内存、电源、显卡、声卡、网卡、硬盘驱动器、光盘驱动器和插在主板 I/O 总线扩展槽上的各种系统功能扩展卡等；外部设备一般有显示器、鼠标、键盘、音箱、打印机等。

1. 微处理器

CPU 的中文名称是中央处理器，又称为微处理器，其内部是由几十万个到几百万个晶体管元件组成的十分复杂的电路，是利用大规模集成电路技术，把整个运算器、控制器集成在一块芯片上的集成电路，如图 1-5 所示。CPU 内部可分为控制单元、逻辑单元和存储单元三大部分。这三大部分相互协调，进行分析、判断、运算并控制计算机各部分协调工作，是整个微机系统的核心。

目前，微处理器的生产厂家有 Intel 公司、AMD 公司、IBM 公司和我国台湾的威盛公司等。Intel 公司生产 x86 系列处理器，以及目前的主流产品酷睿系列等；AMD 公司目前的主流产品有锐龙系列等。

图 1-5　微处理器

2. 存储器

（1）内存。

微机中的内存一般指 RAM。目前，常用的内存有 SDRAM 和 DDR SDRAM 两种。

SDRAM 是英文 Synchronous Dynamic Random Access Memory 的缩写，中文名称是“同步动态随机存储器”。它的带宽为 64 bit，电压为 3. 3 V，曾在 Pentium Ⅱ ～ Pentium Ⅲ 中广泛使用。目前，在计算机中配置的主流内存是 DDR 内存。

DDR SDRAM 是 Double Data Rate SDRAM 的缩写，是双倍数据传输速率同步动态随机存储器的简称。传统的 SDRAM 只能在信号的上升沿进行数据传输，而 DDR SDRAM 却可以在信号的上升沿和下降沿都进行数据传输，所以 DDR 内存在每个时钟周期都可以完成两倍于 SDRAM 的数据传输量，这也是 DDR 的意义——双倍数据速率。举例来说，DDR266 标准的 DDR SDRAM 能提供 2. 1 GB/s 的内存带宽，而传统的 PC133 SDRAM 却只能提供 1. 06 GB/s 的内存带宽。DDR 是内存采用的主要技术标准。

实际的内存是由多个存储器芯片组成的插件板（俗称内存条），如图 1-6 所示，将其插入主板的插槽中，就与 CPU 一起构成了计算机的主机。

图 1-6　内存条

（2）外存。

① 硬盘。

硬盘是微机上最重要的外存储器，有机械硬盘（HDD）、固态硬盘（SSD）和混合硬盘

(SSHD)之分。机械硬盘采用磁性碟片来存储，价格上有优势；固态硬盘采用闪存颗粒来存储，读写速度上有优势；混合硬盘是把磁性硬盘和闪存集成到一起的一种硬盘，目前用的人比较少。

下面对机械硬盘和固态硬盘进行介绍。

a. 机械硬盘。

机械硬盘即传统的普通硬盘，如图 1-7 所示。它主要由盘片、磁头、盘片转轴及控制电机、磁头控制器、数据转换器、接口、缓存等部分组成。

图 1-7　机械硬盘

磁头可沿盘片的半径方向运动，加上盘片每分钟几千转的高速旋转，磁头就可以定位在盘片的指定位置上进行数据的读写操作。信息通过离磁性表面很近的磁头，由电磁流来改变极性方式被电磁流写到磁盘上，信息可以通过相反的方式读取。硬盘作为精密设备，尘埃是其大敌，所以进入硬盘的空气必须过滤。

b. 固态硬盘。

固态硬盘是用固态电子存储芯片阵列而制成的硬盘，由控制单元和存储单元(FLASH 芯片、DRAM 芯片)组成。固态硬盘在接口的规范与定义、功能及使用方法上与传统硬盘完全相同，在产品外形和尺寸上也完全与传统硬盘一致，但 I/O 性能相对于传统硬盘大大提升。新一代的固态硬盘普遍采用 SATA-3 接口、M.2 接口、MSATA 接口、PCI-E 接口、SAS 接口、CFast 接口和 SFF-8639 接口。固态硬盘采用闪存作为存储介质，是目前存取速度最快的外存。图 1-8 所示为 SATA-3 接口固态硬盘，图 1-9 所示为 M.2 接口固态硬盘。

图 1-8　SATA-3 接口固态硬盘

图 1-9　M.2 接口固态硬盘

② 闪存。

目前，一种用闪存(Flash Memory)作为存储介质的半导体集成电路制成的电子盘已成为主流的可移动外存。电子盘又称“U 盘”，可反复存取数据，不需要另外的硬件驱动设备，使用时只要插入计算机的 USB 接口即可。

③ 光存储器。

光存储器是利用激光技术存储信息的装置。目前用于计算机系统的光盘可分为只读光盘(CD-ROM、DVD-ROM)，追记型光盘(CD-R、DVD＋R、DVD-R)和可改写型光盘(CD-RW、DVD-RW、MO)等。光盘存储介质具有价格低、保存时间长、存储量大等特点，已成为微机的标准配置。

3. 微机常见总线标准

总线(Bus)是计算机各功能部件之间传送信息的公共通信干线，它是由导线组成的传输线束。微机内部信息的传送是通过总线进行的，各功能部件通过总线连在一起。微机中的总线一般分为数据总线、地址总线和控制总线，分别用来传输数据、数据地址及控制信号。常见的总线标准有 PCI 总线、AGP 总线、USB 总线、PCI-Express 等。

（1）PCI 总线。

PCI 总线是由 Intel、IBM、DEC 公司推出的一种局部总线，它定义了 32 位数据总线，且可扩展为 64 位。PCI 是迄今为止最成功的总线接口规范之一。PCI 总线与 CPU 之间没有直接相连，而是经过桥接（Bridge）芯片组电路连接。该总线的稳定性和匹配性出色，提升了 CPU 的工作效率，最大传输速率可达 132 MB/s。

（2）AGP 总线。

AGP 是加速图形端口的缩写，是为提高视频带宽而设计的总线结构，它是一种显示卡专用的局部总线，使图形加速硬件与 CPU 和系统存储器之间直接连接，无须经过繁忙的 PCI 总线，提高了系统实际数据传输速率和随机访问内存时的性能。目前，AGP 8X 的总线传输率达到 2.1 GB/s。

（3）USB 总线。

USB 总线即通用串行总线，是一种广泛采用的接口标准。它连接外设简单快捷，支持热拔插，成本低、速度快、连接设备数量多，广泛应用于计算机、摄像机、数码相机和手机等各种数码设备上。目前，USB 3.0 的最大传输速率高达 5.0 Gb/s。

（4）PCI-Express。

PCI-Express 是取代 PCI 总线的第三代 I/O 总线技术。它采用了目前业内流行的点对点串行连接，比起 PCI 以及更早期的计算机总线的共享并行架构，每个设备都有自己的专用连接，不需要向整个总线请求带宽。它的优势是数据传输速率高，目前可达 10 GB/s 以上，而且还有相当大的发展潜力。

4. 主板

主板是装在主机箱中的一块最大的多层印刷电路板，有时又称为母板或系统板，是一块带有各种插口的大型印刷电路板（PCB），如图 1-10 所示。

图 1-10　主板

主板的中心任务是维系 CPU 与外部设备之间的协同工作，使之不出差错。主板上面分布着构成微机主系统电路的各种元件和接插件。尽管它的面积不同，但基本布局和安装孔位都有严格的标准，使其能够方便地安装在任何标准机箱中。主板的性能不断提高而面积并不增大，主要原因是采用了集成度极高的专用外围芯片组和非常精细的布线工艺。

主板是微机的核心部件,它的性能和质量基本决定了整机的性能和质量。主板上装有多种集成电路,如中央处理器(CPU)、专用外围芯片组、只读存储器基本输入输出系统软件(ROM-BIOS)、随机读写存储器(RAM)等,还有若干个不同标准的系统输入输出总线的扩展插槽和各种标准接口等。目前,市面上常见的芯片组有 Intel、AMD 等公司的产品。

5. **输入设备**

输入设备是向计算机输入信息的外部设备,它可以将外部信息(如文字、数字、声音、图像、程序等)转变为二进制数据输入计算机,以便进行加工、处理。微型计算机最基本的输入设备是键盘、鼠标。另外,扫描仪、手写笔、数码相机、摄像头、麦克风、语音识别系统等也属于输入设备。

(1) 键盘。

键盘是微机必备的输入设备,用来向微机输入命令、程序和数据,如图 1-11 所示。目前,微机中普遍使用的是通用扩展键盘。键盘由一组按阵列方式装配在一起的按键开关组成,不同按键上标有不同的字符,每按一个键就相当于接通了相应的开关电路,随即将该键符所对应的字符代码通过接口电路送入微机。

图 1-11 键盘

目前,市面上常见的键盘接口有 PS/2 接口和 USB 接口。按照与主机的连接方式不同,键盘可分为有线键盘和无线键盘。

(2) 鼠标。

鼠标的主要功能是快速移动光标、选中图像或文字等对象、执行命令等,如图 1-12 所示。鼠标可分为机械式鼠标、光电式鼠标、无线遥控式鼠标等。目前,光电式鼠标使用率最高。光电式鼠标的内部结构比较简单,其中没有橡胶球、传动轴和光栅轮,精度为机械式鼠标的两倍,所以被广泛使用。

图 1-12 鼠标

(3) 数码相机。

数码相机(Digital Camera, DC)是一种利用电子传感器把光学影像转换成电子数据的照相机(图 1-13)。数码相机与普通照相机在胶卷上靠溴化银的化学变化来记录图像的原理不同，数码相机的传感器是一种光感应式的电荷耦合器件（CCD）或互补金属氧化物半导体（CMOS）。图像传输到计算机之前，通常会先储存在数码存储设备中（通常是使用闪存 SD 卡）。按用途不同，数码相机可分为单反相机、微单相机、卡片相机和长焦相机等。

分辨率是数码相机最重要的性能指标。目前，一般数码相机的分辨率都在 2 000 万像素以上，专业相机在 3 000 万像素以上。

图 1-13　数码相机

6. **输出设备**

输出设备的主要作用是把计算机处理的数据、计算结果等内部信息转换成人们习惯接收的信息形式（如字符、图像、表格、声音等）输出，或者以其他机器所能接收的形式输出。最常用的输出设备有显示器和打印机。另外，还有绘图仪、投影仪、音响和耳机等输出设备。

（1）显示系统。

显示系统由显示器和显示适配器（又称显示卡或显卡）两部分组成。显示系统的主要性能指标有显示分辨率、颜色质量和刷新速度等，目前显示器的分辨率（指像素点的大小）一般在 1 440×900 以上，主要有阴极射线管显示器、液晶显示器和等离子显示器等。目前，市场上大多数是宽屏显示器，规格尺寸为 19～27 英寸，常见的显示比例有 16∶9、16∶10，如图 1-14 所示；而标准比例屏幕（4∶3）已逐渐被市场淘汰。液晶显示器这几年发展很快，价格也直线下降，具有无辐射、体积小、耗电量低等优点，是个人用户显示器的首选。

显示器与主机之间需要通过接口电路（即显卡）连接，显卡通过信号线控制屏幕上的字符及图形的输出。目前主流的显卡一般是 AGP（图形加速端口）接口的，能够满足三维图形和动画的显示要求，如图 1-15 所示。

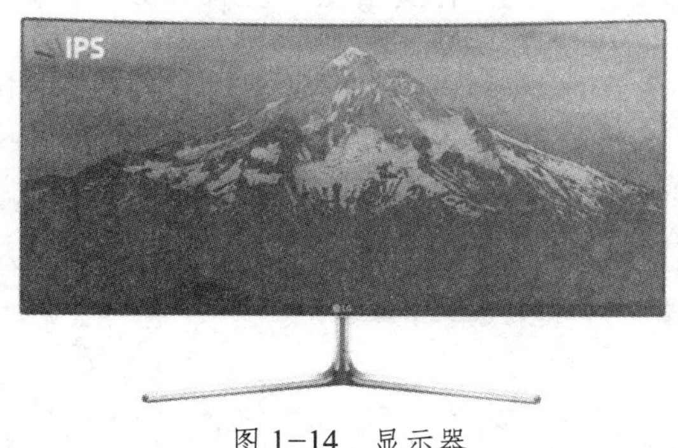

图 1-14　显示器

图 1-15　显卡

（2）打印机。

打印机是计算机最常用的输出设备，也是各种智能化仪器的主要输出设备之一，其功能是将计算机处理结果输出为可见的字符和图像。打印机的种类很多，分类也有多种。按照打印机的工作原理，可以将打印机分为点阵打印机、喷墨打印机、激光打印机和热敏打印机等。

① 点阵打印机。

点阵打印机，又称为针式打印机，如图 1-16 所示。针式打印机在打印头上装有两列 24 针，打印时，随着打印头在纸上的平行移动，由电路控制相应的针动作或不动作。由于打印的字符由点阵组成，动作的针头接触色带击打纸面形成墨点，不动作的针在相应位置留下空白，这样移动若干列后，就可打印出字符。针式打印机的优点是耗材成本低、可打印蜡纸，缺点是速度较慢、打印质量较差、噪声较大。

② 喷墨打印机。

喷墨打印机是将特制的墨水通过喷墨管射到普通打印纸上打印信息的，如图 1-17 所示。喷墨打印机的优点是价格较低、噪声较小、打印质量较好等，缺点是耗材成本较高、使用寿命较短等。

图 1-16　点阵（针式）打印机

图 1-17　喷墨打印机

③ 激光打印机。

激光打印机是激光技术和电子照相技术的复合产物，如图 1-18 所示。它将计算机输出信号转换成静电磁信号，磁信号使磁粉吸附在纸上形成有色字符。激光打印机打印质量高，字符光滑美观，打印速度快，打印噪音小，但是价格稍高一些。常见的激光打印机品牌有惠普（HP）、佳能（Canon）和理光（Ricoh）等。

④ 热敏打印机。

热敏打印机的工作原理是打印头上安装有半导体加热元件，打印头加热并接触热敏打印纸后就可以打印出需要的图案，如图 1-19 所示。图像是通过加热产生高温，在热敏纸上的热敏涂层中产生化学反应而生成的。热敏打印技术最早用在传真机上，现已在 POS 终端系统、银行系统、快递物流、医疗仪器等领域得到广泛应用。

图 1-18　激光打印机

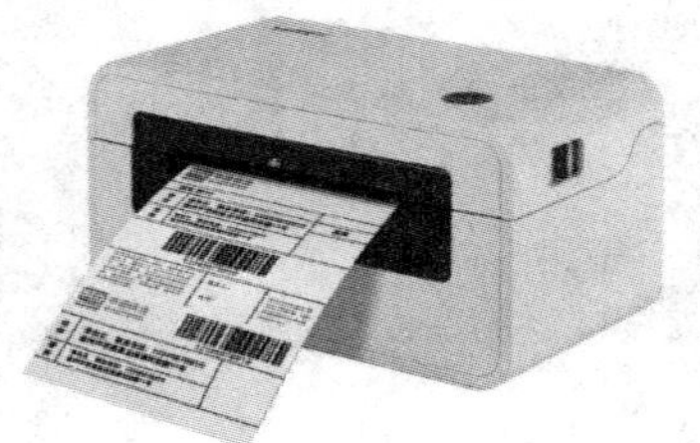

图 1-19　热敏打印机

（3）声音系统。

音频信号是连续的模拟信号，而计算机处理的只能是数字信号，因此，计算机要对音频信号进行处理，首先必须进行模/数（A/D）转换。这个转换过程实际上就是对音频信号的采样和量化过程，即把时间上连续的模拟信号转变为时间上不连续的数字信号，只要在连续量上等间隔地取足够多的点，就能逼真地模拟出原来的连续量。这个“取点”的过程我们称为采样（Sampling），采样精度越高（“取点”越多），数字声音越逼真。

采样频率是指每秒钟对音频信号的采样次数。单位时间内采样次数越多，即采样频率越高，数字信号就越接近原声。采样频率只要达到信号最高频率的两倍，就能精确描述被采样的信号。一般来说，人耳的听力范围在 20 Hz 到 20 kHz 之间，因此，只要采样频率达到 40 kHz，就可以满足人们的要求。现时大多数声卡的采样频率都已达到 44. 1 kHz 或 48 kHz，即达到 CD 音质或 DVD 音质水平了。

CHAPTER 2

Windows 10 操作系统 第 2 章

操作系统是管理和控制计算机软件资源、硬件资源的系统软件,是用户与计算机打交道的桥梁。Windows 10 操作系统由微软公司设计研发,是当前最流行的基于图形界面的操作系统之一。在系统中,用户可以通过控制鼠标和键盘操作计算机,对文件资料和数据信息进行处理。智能手机、平板电脑、桌面计算机都能使用 Windows 10 操作系统,且操作方式与交互逻辑都相同,用户可以无缝切换平台。

学习目标

1. 了解操作系统的功能和分类。
2. 掌握 Windows 10 的启动与退出。
3. 掌握文件资源管理器的使用方法。
4. 具备使用控制面板对系统进行设置和管理的能力。

2.1 操作系统概述

操作系统是用于管理和控制计算机所有的硬件和软件资源的一组程序。操作系统提供了计算机硬件与其他软件的接口,用户和计算机的接口。

2.1.1 操作系统的功能

从资源管理的角度来说,操作系统的主要任务是对系统中的硬件、软件实施有效的管理,以提高系统资源的利用率。计算机硬件资源主要指处理机、主存储器和外部设备,软件资源主要指信息(文件系统)和各类程序,因此,操作系统的主要功能相应地就有进程管理、存储管理、设备管理、文件管理和作业管理。

1. 进程管理

进程管理描述和管理程序的动态执行过程,包括进程的组织、进程的状态、进程的控制、进程的调度和进程的通信等控制管理功能。

2. 存储管理

存储管理是操作系统中用户与主存储器之间的接口,其目的是合理利用主存储器空间并且方便用户。存储管理主要包括如何分配存储空间,如何扩充存储空间,如何实现虚拟操作,以及怎样实现共享、保护和重定位等功能。

3. 设备管理

设备管理是操作系统中用户和外部设备之间的接口，其目的是合理地使用外部设备并且方便用户。设备管理主要包括如何管理设备的缓冲区、进行 I/O 调度、实现中断处理及虚拟设备等功能。

4. 文件管理

文件管理是操作系统中用户与外部存储设备之间的接口，它负责管理和存取文件信息。不同的用户共同使用同一个文件，即文件共享，以及文件本身需要防止文件或其他用户有意或无意的破坏，即文件的保护等，也是文件管理要考虑的。

5. 作业管理

用户需要计算机完成某项任务时要求计算机所做工作的集合称为作业。作业管理的主要功能是把用户的作业装入内存并投入运行。一旦作业进入内存，就称为进程。作业管理是操作系统的基本功能之一。

2.1.2 操作系统的分类

按照操作系统的功能特征，操作系统一般可分为三种基本类型，即批处理系统、分时系统和实时系统。根据使用环境不同，又可分为嵌入式操作系统、个人计算机操作系统、网络操作系统和分布式操作系统。下面对部分操作系统进行介绍。

1. 批处理操作系统

批处理(Batch Processing)操作系统的工作方式是：用户将作业交给系统操作员，系统操作员将许多用户的作业组成一批作业，之后输入计算机，在系统中形成一个自动转接的连续的作业流，然后启动操作系统，系统自动执行每个作业，最后由操作员将作业结果交给用户。

2. 分时操作系统

分时操作系统是支持多用户同时使用计算机的操作系统。分时操作系统是多用户、多任务的操作系统，UNIX 是国际上最流行的分时操作系统，也是操作系统的标准。

分时系统具有多路性、交互性、独占性和及时性的特征，它将 CPU 的运行划分成若干个片段，称为时间片。操作系统以时间片为单位，轮流为每个终端用户服务。由于时间片非常短，所以每个用户感觉不到其他用户的存在。

3. 实时操作系统

在某些应用领域，要求计算机能对数据进行迅速处理，这种有响应时间要求的计算机操作系统就是实时操作系统。实时操作系统对外部请求在严格时间范围内做出反应，具有高可靠性和完整性。

4. 嵌入式操作系统

嵌入式操作系统(Embedded Operating System，EOS)是指用于嵌入式系统的操作系统。嵌入式操作系统是一种用途广泛的系统软件，通常包括与硬件相关的底层驱动软件、系统内核、设备驱动接口、通信协议、图形界面和标准化浏览器等。嵌入式操作系统负责嵌入式系统的全部软、硬件资源的分配、任务调度，控制、协调并发活动。它必须体现其所在系统的特征，能够通过装卸某些模块来达到系统所要求的功能。嵌入式操作系统通常具有系统内核小、专用性强、系统精简、高实时性、多任务的操作系统及需要开发工具和环境等特点。目前，在嵌入式领域广泛使用的操作系统有嵌入式 Linux、Windows Embedded、VxWorks 等，以及应用在智能手机和平板电脑的 Android、iOS 等。

5. 网络操作系统

计算机网络是通过通信线路将地理上分散且独立的计算机连接起来实现资源共享的一种系统。能进行计算机网络管理、提供网络通信和网络资源共享功能的操作系统称为网络操作系统。

2.1.3 常用的操作系统

1. DOS 操作系统

20 世纪 90 年代最流行的微机操作系统。

2. Windows 操作系统

图形用户界面，目前最流行的微机操作系统。

3. UNIX 系统

多任务、多用户的分时操作系统，用于服务器/客户机体系。

4. Linux 系统

由 UNIX 发展而来，源代码开放，有着强大的网络功能。

5. 平板电脑操作系统

2010 年，苹果 iPad 在全世界掀起了平板电脑热潮，其对传统 PC 产业，甚至是整个 3C 产业都带来了革命性的影响。随着平板电脑的快速发展，其在 PC 产业的地位将愈发重要。目前市场上所有的平板电脑基本使用三种操作系统，分别是 iOS、Android、Windows 10。

iOS 是由苹果公司开发的手持设备操作系统。苹果的 iOS 系统是封闭的、不开放的，所以使用 iOS 的平板电脑也只有苹果的 iPad 系列。

Android 是 Google 公司推出的基于 Linux 核心的软件平台和操作系统，主要用于移动设备。目前，Android 已成为 iOS 最强劲的竞争对手。Android 是国内平板电脑最主要的操作系统。

Windows 10 系统支持来自 Intel、AMD 和 ARM 的芯片架构，其宗旨是让人们的日常电脑操作更加简单和快捷，为人们提供高效易行的工作环境。

2.2 Windows 10 基础

2.2.1 Windows 10 的启动和退出

1. Windows 10 的启动

开启计算机电源之后，Windows 10 被装载入计算机内存，并开始检测、控制和管理计算机的各种设备，这一过程叫作系统启动。

2. Windows 10 的退出

在计算机数据处理工作完成以后，需要退出 Windows 10 才能切断计算机的电源。直接切断计算机电源的做法，对 Windows 10 系统有损害。

（1）关闭计算机。

在关闭计算机之前，首先要保存正在做的工作并关闭所有打开的应用程序，然后单击“开始”按钮，在弹出的“开始”菜单中选择“电源”选项，在子菜单中单击“关机”按钮。

（2）其他的关机项。

重启：重新启动计算机，即按正常程序关闭计算机，并重新开启计算机。

锁定：系统将自动向电源发出信号，切断除内存之外的所有设备的供电。

睡眠：当执行“睡眠”时，内存数据将被保存到硬盘上，然后切断除内存之外的所有设备的供电，可以将“睡眠”看作“锁定”的保险模式。

注销：Windows 允许多个用户登录计算机，注销就是向系统发出请求，清除现在登录的用户，以便其他用户登录系统。

切换用户：和注销类似，也是允许另一个用户登录计算机，但前一个用户的操作依然被保留在计算机中，其请求并不会被清除。

2.2.2 Windows 10 桌面

计算机启动完成后，显示器上显示的整个屏幕区域称为桌面（Desktop）。桌面是用户与计算机交互的工作窗口。桌面有自己的背景图案，可以布局各种图标，其底部的条状区域叫任务栏，任务栏上有“开始”按钮、任务按钮和其他显示信息，如时钟等，如图 2-1 所示。

图 2-1　Windows 10 桌面

1. Windows 10 的图标

桌面上显示了一系列常用项目的程序图标，包括“此电脑”“网络”“控制面板”“回收站”和“浏览器”等。图标可以代表一个文档、一段程序、一个网页或一段命令，当双击一个图标时，就可以执行图标所对应的程序或打开对应的文档。

左下角带有弧形箭头的图标称为快捷方式。快捷方式是一种特殊的文件类型，它提供了对系统中一些资源对象的快速简便访问方式。

2. Windows 10 的**任务栏**

任务栏是指位于桌面最下方的小长条，如图 2-2 所示。任务栏的最左端是“开始”按钮，之后依次有搜索栏、快速启动区、托盘区和语言选项带等，在任务栏的最右端是“显示桌面”按钮。

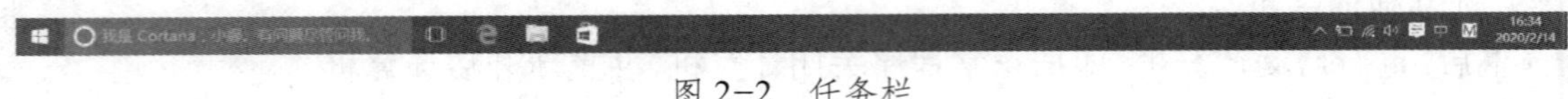

图 2-2　任务栏

任务栏在默认情况下总是位于 Windows 10 工作桌面的底部，而且不被其他窗口覆盖，其高度只能容纳一行的按钮。但也可以对任务栏的状况进行调整或改变，称之为定制任务栏。

3. Windows 10 的**“开始”菜单**

单击任务栏左端的“开始”按钮，会弹出“开始”菜单。“开始”菜单集成了 Windows 10 中大部分的应用程序和系统设置工具，是启动应用程序最直接的工具，Windows 10 的几乎所有功能设置项都可以从“开始”菜单中找到。

Windows 10 的“开始”菜单也可以进行一些自定义的设置，通过对“开始”菜单的定制，可以更方便灵活地使用 Windows 10。定制“开始”菜单需通过“任务栏和「开始」菜单属性”对话框来完成。“开始”菜单如图 2-3 所示（不同版本的显示可能会有出入）。

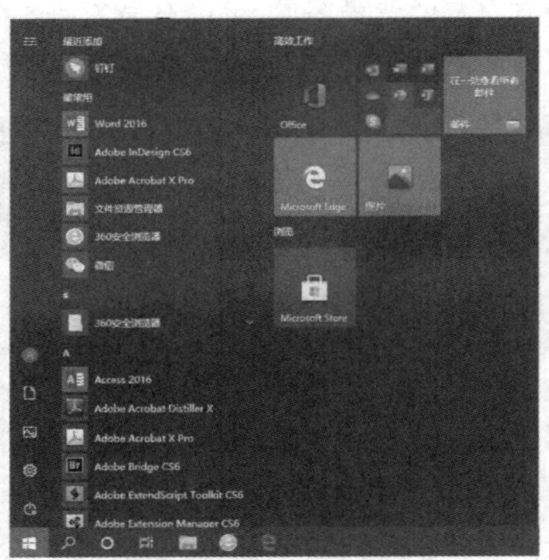

图 2-3　“开始”菜单

2.2.3 Windows 10 的窗口

1. Windows 10 **窗口的组成**

典型的 Windows 10 窗口由标题栏、菜单栏、地址栏、搜索栏、状态栏、工作区和导航窗格等部分组成，如图 2-4 所示。

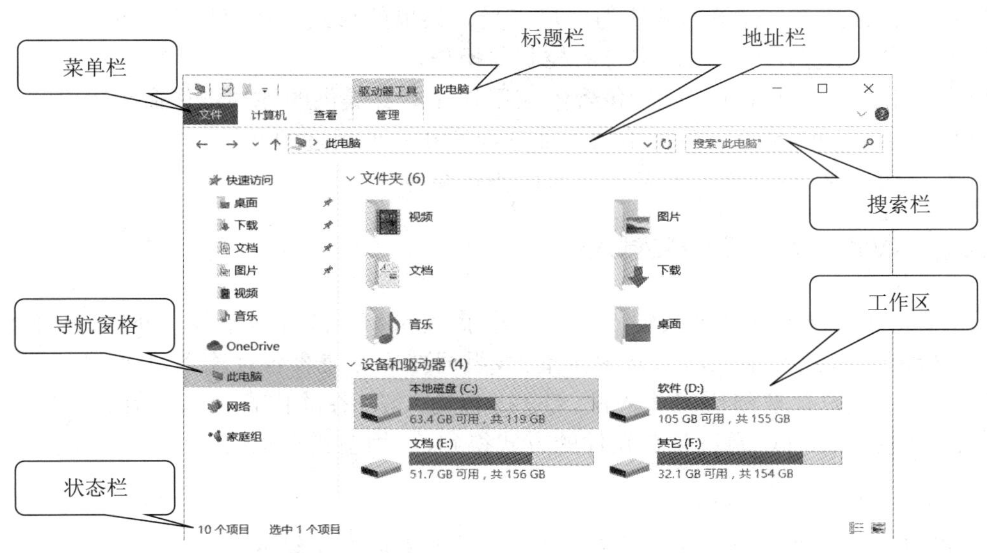

图 2-4 Windows 10“此电脑”窗口

2. Windows 10 窗口的操作

Windows 10 窗口的操作包括：

（1）窗口的最大化/还原、最小化、关闭。

（2）改变窗口的大小。

（3）移动窗口。

（4）窗口之间切换。

（5）在桌面上排列窗口。排列窗口包括“层叠窗口”“堆叠显示窗口”和“并排显示窗口”。

3. Windows 10 的对话框

对话框是一种特殊的窗口，它没有控制菜单图标、“最大化”/“最小化”按钮。对话框的大小不能改变，但可以用鼠标拖动移动它或关闭它。Windows 对话框中通常有以下几种控件。

（1）文本框（输入框）：接收用户输入信息的区域。

（2）列表框：列出可供用户选择的各种选项，单击某个选项，即可选中它。

（3）下拉列表框：可以看作右端带有一个指向下按钮的文本框，单击该下拉按钮会展开一个列表，在列表选中某一条目，会使文本框中的内容发生变化。

（4）单选按钮：在一组相关的选项中，必须选中一个且只能选中一个选项。

（5）复选框：给出一些具有开关状态的设置项，可选定其中一个或多个，也可一个也不选。

（6）微调框（旋转框）：一般用来接收数字，可以直接输入数字，也可以单击微调按钮来增大数字或减小数字。

（7）命令按钮：在对话框中选择了各种参数，进行了各种设置之后，单击命令按钮，即可执行相应命令或取消退出命令状态。

2.2.4 Windows 10 的菜单

在 Windows 10 中，菜单是一种用结构化方式组织的操作命令的集合，通过菜单的层次布局，复杂的系统功能才能有条不紊地为用户接受。菜单的形式主要有以下几种。

（1）控制菜单：包含了对窗口本身的控制与操作。

（2）菜单栏或工具栏级联菜单：包含了应用程序本身提供的各种操作命令。

（3）“开始”菜单：包含了可使用的大部分程序和最近用过的文档。

（4）右键快捷菜单：包含了对某一对象的操作命令。

2.2.5 Windows 10 中文输入

Windows 10 提供了多种中文输入方法。除了 Windows 自带的输入法外，还有许多第三方开发的中文输入法，这些输入法通常词库量大，组词准确并兼容各种输入习惯，因此，得到广泛的应用，比较著名的有搜狗拼音输入法、QQ 拼音输入法、谷歌拼音输入法等。一般这类第三方的中文输入法软件可以通过免费软件的方式得到，使用前需要安装。

1. 中文输入法的调用及切换

利用键盘：使用 Ctrl＋ Space 组合键，可以启动或关闭中文输入法。

利用组合键：使用 Ctrl ＋ Shift 组合键，可以在英文及各种中文输入法之间切换。

利用鼠标：单击任务栏中的输入法指示器，屏幕上会弹出选择输入法菜单，在选择输入法菜单中列出了当前系统已安装的所有中文输入法。选择某种要使用的中文输入法，即可切换到该中文输入法状态下。

2. 中文输入法界面

选用一种中文输入法后，屏幕上会出现输入法状态栏，如图 2–5 所示。

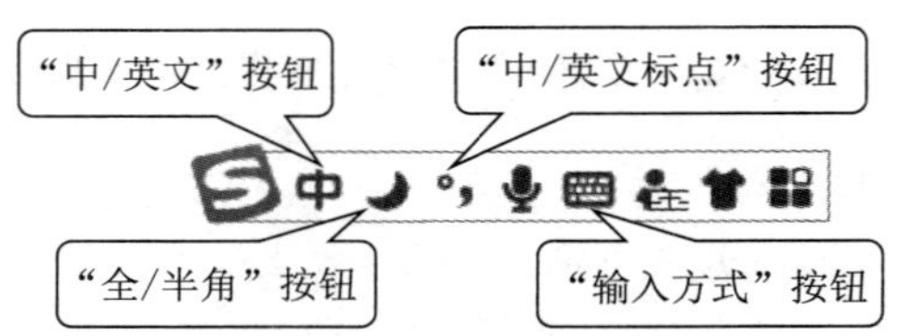

图 2–5　输入法状态栏

“中 / 英文”按钮：单击“中 / 英文”按钮，或直接按 Shift 键，可以实现中文、英文输入法的切换。当然，也可以简单地使用 Ctrl ＋ Space 组合键来实现打开 / 关闭中文输入的切换。

“全 / 半角”按钮：单击“全 / 半角”按钮，可以进行全 / 半角切换。按钮标识为“●”时为全角状态。图 2–5 中的标识为半角状态。

“中 / 英文标点”按钮：单击“中 / 英文标点”按钮，可在中文标点与英文标点之间切换。当按钮上的标点较大时，输入的标点符号将是中文标点符号。相反，按钮上的标点较小时，输入的标点符号将是英文标点符号。

“输入方式”按钮：单击“输入方式”按钮，可选择不同的输入方式，如语音输入、手写输入、特殊符号或软键盘。

2.2.6 Windows 10 中 Cortana 的搜索功能

在 Windows 10 中，有许多方法可以在计算机中搜索文件，如使用文件资源管理器中的搜索栏，或者使用个人智能助理 Cortana 的搜索功能。其中，Cortana 可以为电脑中的内容建立索引来帮助用户在搜索电脑中的文件、电子邮件或其他本地内容时能够更快地获得结果。

Cortana 默认出现在任务栏的左侧，可以直接单击这一区域进行使用，也可以通过按 Win + S 组合键进行启动。用户只需要在该文本框中输入文件名或文件名的一部分（如画图），Cortana 就会查找与输入相匹配的文件或应用，同时为用户提供更加深入的搜索选项，如图 2-6 所示。

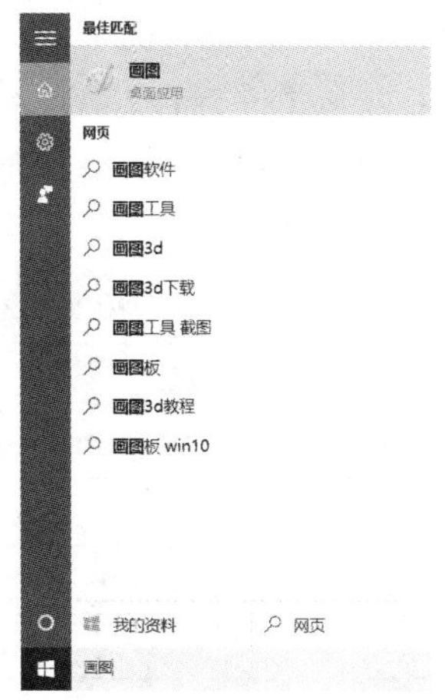

图 2-6　Windows 10 的 Cortana 搜索功能

2.3 Windows 10 的文件管理

Windows 操作系统由各种类型的文件组成，用户平时使用的数据都是以文件的形式存储在计算机中的。对文件的操作和管理是 Windows 操作系统中进行的最频繁的操作，因此，熟练掌握文件和文件夹的相关操作至关重要。在 Windows 10 中，可以使用“此电脑”“文件资源管理器”等窗口界面来完成对文件、文件夹或其他资源的管理。

2.3.1 文件管理的基本概念

1. 文件

文件是计算机中一个非常重要的概念，它是操作系统用来存储和管理信息的基本单位。在文件中可以保存各种信息，它是具有名字的一组相关信息的集合。编制的程序、编辑的文档以及用计算机处理的图像、声音信息等，都要以文件的形式存放在磁盘中。

每个文件都必须有一个确定的名字，这样才能做到对文件进行按名存取的操作。通常文件名称由文件名和扩展名两部分组成，文件名和扩展名之间用“.”分隔。

文件名是自动生成或用户自定义的用于标识当前文件的名称。下面是 Windows 文件命名的几项规则，用户在创建文件时必须注意：

（1）文件名（包括扩展名）最多可由 255 个字符组成。

（2）文件名中除开头字符外都可以有空格。

（3）在文件名中不能包含的英文符号：\、/、:、*、"、?、<、>、|。

（4）文件名不区分大小写，如 SPEAK 同 speak 被认为是同一个文件。

（5）在同一文件夹中不能有相同的文件名。

（6）系统保留的设备名不能用作文件名，如 AUX、COM1、LPT2 等。

文件扩展名是 Windows 用来识别文件的方式，用来辨别文件属于哪种格式，用什么程序进行操作。需要注意的是，如果扩展名修改不当，系统有可能无法识别该文件，或者无法实现打开操作。所以，系统出于安全考虑，默认隐藏了扩展名。在修改扩展名时，系统也会提出警告。

2. 文件类型

计算机中所有的信息都是以文件的形式进行存储的，由于不同类型的信息有不同的存储格式与要求，相应地就会有多种不同的文件类型，这些不同的文件类型一般通过扩展名来标明。不同文件类型的拓展名及含义见表 2-1。

表 2-1　不同文件类型的拓展名及含义

扩展名	含　义	扩展名	含　义
exe	可执行文件	html	网页文件
docx	Word 文件	xlsx	Excel 电子表格文件
pptx	演示文稿文件	rar	RAR 格式的压缩文件
txt	文本文件	obj	目标文件
c	C 语言源程序	psd	Photoshop 源文件
cpp	C++ 语言源程序	java	Java 语言源程序
bak	备份文件	sys	系统文件

3. 文件属性

文件属性用于反映该文件的一些特征的信息。常见的文件属性一般分为以下几类。

（1）时间属性：包括文件的创建时间、文件的修改时间、文件的访问时间。

（2）空间属性：包括文件的位置、文件的大小、文件所占的磁盘空间。

（3）操作属性：包括文件的只读属性、文件的隐含属性、文件的存档属性。

4. 文件通配符

在文件操作中，“*”和“?”非常有用，称为文件通配符。在文件搜索等操作中，通过灵活地使用通配符，可以很快匹配出含有某些特征的多个文件。

“*”：在文件操作中使用它，代表任意多个字符。

“?”：在文件操作中使用它，代表任意一个字符。

2.3.2 浏览文件与文件夹

文件资源管理器是管理文件和文件夹的重要程序，可以实现文件或文件夹的创建、打开、移动、复制、删除或重命名等。

1. 打开“文件资源管理器”窗口

打开“文件资源管理器”窗口有多种方法，比如：

（1）双击桌面上的“此电脑”图标或“网络”图标，启动“文件资源管理器”，如图 2-7

所示。

（2）单击“开始”菜单，选择“文件资源管理器”命令。

（3）右击“开始”菜单，在弹出的菜单中选择“文件资源管理器”。

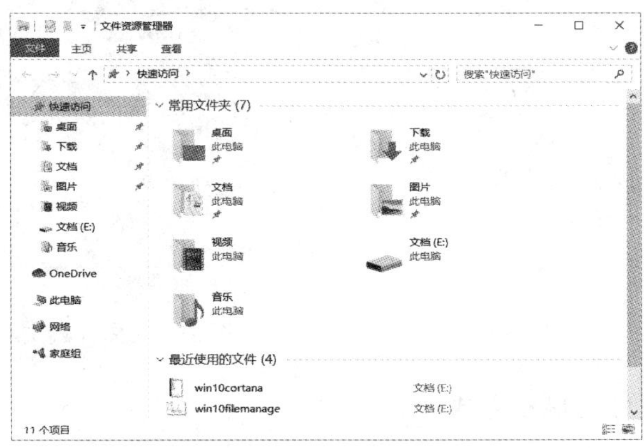

图 2-7 Windows 10“文件资源管理器”窗口

2. 在“文件资源管理器”窗口中查看文件夹和文件

（1）进入不同的文件夹。

对文件进行管理和操作，最常见的是逐层打开文件夹，直至找到需要操作的文件。通常的操作方法是：在导航窗格中选中“此电脑”，然后在主窗口中双击需要操作的盘符，之后继续找到需要操作的文件夹并双击，以此类推，直至找到需要操作的文件。

（2）导航窗格项目的展开和折叠。

在进行文件夹操作时，也可以在导航窗格中逐层打开盘区、文件夹、子文件夹、……此时文件夹会按照层次关系依次展开。用户可以根据需要，在导航窗格中展开需要的文件夹，折叠目前不需要的文件夹，然后根据需要在不同的文件夹之间方便地进行切换，达到对文件夹和文件操作的目的。

（3）通过地址栏切换文件夹。

通过文件资源管理器的地址栏，可以方便地在不同文件夹之间进行切换。

（4）通过“预览窗格”预览文件内容。

Windows 10 文件资源管理器的预览窗格可以在不打开文件的情况下直接预览文件内容。

（5）通过“详细信息窗格”显示选中对象的详细信息。

在菜单栏中单击“查看”，然后单击菜单中的“详细信息窗格”，可以在文件资源管理器窗口中显示文件的详细信息。

3. 设置文件夹或文件的显示选项

（1）文件夹内容的显示方式。

文件资源管理器提供了 8 种视图模式来显示文件或文件夹的图标，用户可以在快捷菜单中选择自己需要的显示方式，如图 2-8 所示。快捷菜单可以在文件视图主界面中通过右击打开。

（2）文件或文件夹的排序方式。

在文件资源管理器中，可以按照文件的名称、修改时间、类型和大小对文件进行排序显示，以方便对文件的管理。在“文件资源管理器”窗口中右击，在弹出的快捷菜单中选择“排序方式”，然后在 4 种排序方式中选择一种方式来排序显示文件和文件夹，如图 2-9 所示。

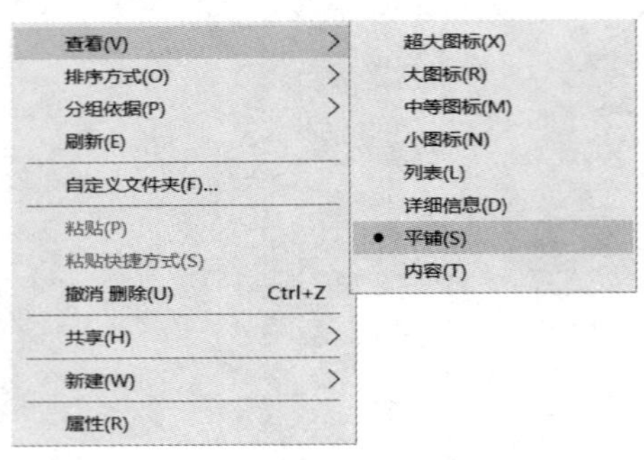

图 2-8 文件或文件夹的查看方式

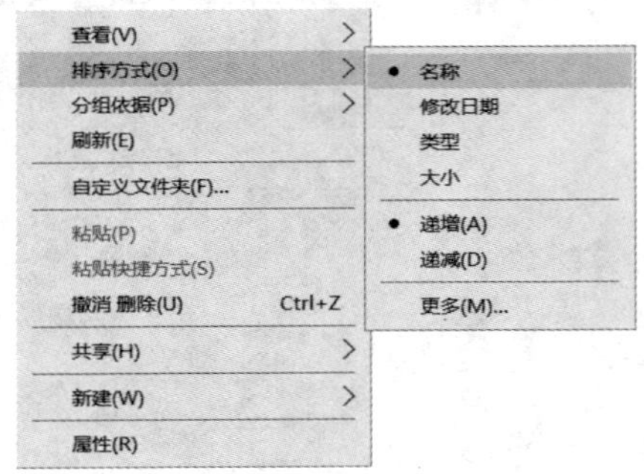

图 2-9 文件或文件夹的排序方式

4. 设置文件夹或文件的显示方式

(1) 显示隐藏的文件。

① 在菜单栏的“查看”菜单中选择“选项”命令，打开“文件夹选项”对话框。

② 选择“查看”选项卡。

③ 在“高级设置”中的“隐藏文件和文件夹”的两个单选按钮中选中“显示隐藏的文件、文件夹和驱动器”，如图 2-10 所示。

(2) 显示文件的扩展名。

通常情况下，在文件夹窗口中看到的大部分文件只显示了文件名的信息，而其扩展名并没有显示。如果想看到所有文件的扩展名，可以在图 2-10 所示的“文件夹选项”对话框的“查看”选项卡中取消选中“隐藏已知文件类型的扩展名”复选框。

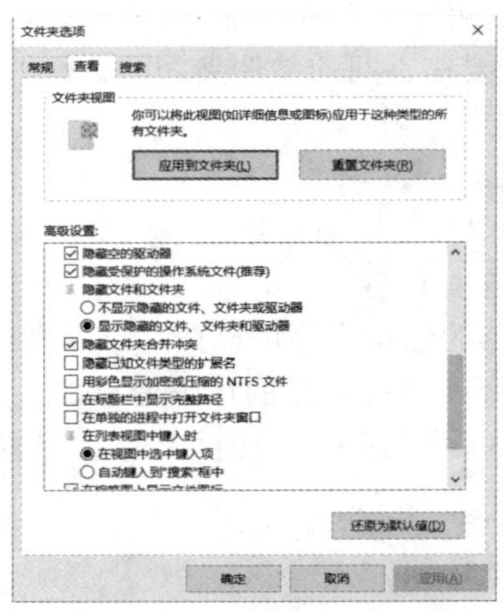

图 2-10 “文件夹选项”对话框

2.3.3 文件和文件夹的基本操作

1. 选定文件或文件夹

在 Windows 中进行操作，通常遵循这样一个原则，即先选定对象，再对选定的对象进行操作。因此，进行文件或文件夹操作之前，首先要选择被操作的对象。

（1）单个文件对象的选择。

单击要选择的对象（文件或文件夹）或者键入对象标题的第一个字符（字母或者汉字）。

（2）多个文件对象的选择。

如果要选择的文件或文件夹在用户窗口中的位置是连续的，则可以在第一个（或最后一个）要选定的文件或文件夹上单击，然后按下 Shift 键不放，再单击最后一个（或第一个）要选定的文件或文件夹，此时，从第一个文件或文件夹到最后一个文件或文件夹所构成的连续区域中的所有文件和文件夹都被选定；如果是不连续的对象的选定，则需要先按下 Ctrl 键，再单击相应文件或文件夹的图标。如果是矩形区域内对象的选定，可按住鼠标左键并拖动形成矩形区域，即可全部选中。

（3）全部对象的选择。

如果要选定某个文件夹中的所有文件或文件夹，可以单击“主页”菜单，然后选择“全部选择”，或者按 Ctrl＋A 组合键。

（4）取消选定。

如果只取消一个被选定的文件或文件夹，则按住 Ctrl 键不放，然后单击要取消的文件或文件夹；如果要取消所有被选定的文件或文件夹，则在工作区的任意空白处单击即可。

2. 新建文件夹

在“主页”菜单上直接单击“新建文件夹”；或者右击想要创建文件夹的工作区，在弹出的快捷菜单中选择“新建”，在出现的级联菜单中选择“文件夹”命令，如图 2-11 所示，此时弹出文件夹图标并允许为新文件夹命名（系统默认文件夹名为“新建文件夹”）。

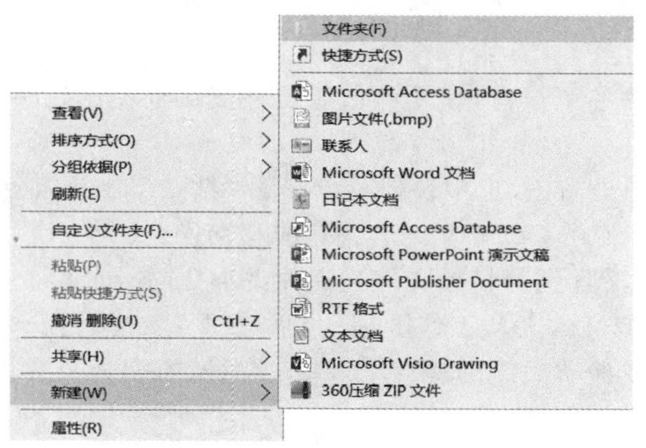

图 2-11 “新建”级联菜单

3. 复制文件和文件夹

文件或文件夹的复制步骤完全相同，不过，在复制文件夹时，该文件夹内的所有文件和子文件夹以及子文件夹内的文件都将被复制，即文件和文件夹的复制可以同步进行。文件或文件夹的复制有多种方法，不仅可以使用文件资源管理器，还可以利用剪贴板来完成。下面我们以使用文件资源管理器为例介绍文件或文件夹复制的具体步骤。

（1）打开文件资源管理器。

（2）在导航窗格中打开源文件或文件夹所在的磁盘，依次展开各个节点，最后使源文件或文件夹在工作区中显示出来。

（3）在工作区中选定要被复制的文件或文件夹，右击，在快捷菜单中选择“复制”命令，或者使用“主页”菜单下的“复制”按钮，又或者直接使用 Ctrl＋C 组合键，都可以将被选中的文件或文件夹复制到剪贴板。

（4）展开目标磁盘的各个节点，使要存放源文件或文件夹的目标文件夹在导航窗格中显示出来。

（5）在工作区的空白处右击，单击快捷菜单中的“粘贴”命令，或者使用“主页”菜单下的“粘贴”命令，又或者直接使用 Ctrl ＋V 组合键完成操作。

注意：如果源文件或文件夹与目标文件或文件夹在同一个盘上，则按下 Ctrl 键不放，然后用鼠标将选定的文件或文件夹从工作区拖动到导航窗格中的目标文件夹上，释放鼠标左键和 Ctrl 键，可以直接完成复制操作；如果源文件或文件夹与目标文件或文件夹不在同一个盘上，则直接拖动即可完成复制操作。

4. 移动文件或文件夹

移动文件或文件夹就是将文件或文件夹从一个位置移动到另外一个位置。和复制操作不同，执行移动操作后被操作的文件或文件夹在原先的位置不再存在。移动文件和移动文件夹的操作步骤和方法与复制操作基本相同，具体步骤为：

（1）打开文件资源管理器。

（2）打开源文件或文件夹所在的磁盘，展开各个节点，打开存放源文件或文件夹的父文件夹，使源文件或文件夹在工作区中显示出来。

（3）选中要被移动的文件或文件夹，右击，在快捷菜单中选择“剪切”命令，或者使用“主页”菜单下的“剪切”按钮，又或者直接使用 Ctrl＋X 组合键，则被选中的文件或文件夹就被剪切到了剪贴板。

（4）展开目标磁盘的各个节点，使要存放源文件或文件夹的目标文件夹在导航窗格中显示出来。

（5）在工作区的空白处右击，选中快捷菜单中的“粘贴”命令，或者使用“主页”菜单下的“粘贴”命令，又或者直接使用 Ctrl ＋V 组合键完成移动操作。

注意：如果源文件或文件夹与目标文件或文件夹不在同一个盘上，则按下 Shift 键不放，然后用鼠标将选定的文件或文件夹从工作区拖动到导航窗格中的目标文件夹上，释放鼠标左键和 Shift 键，可以直接完成移动操作；如果源文件或文件夹与目标文件或文件夹在同一个盘上，则直接拖动即可。

5. 重命名文件或文件夹

在进行文件或文件夹的操作时，有时需要更改文件或文件夹的名字，这时可以按照下述方法之一进行操作。

（1）选中要重命名的对象，然后单击对象的名字。

（2）选中要重命名的对象，然后按 F2 键。

（3）右击要重命名的对象，在弹出的快捷菜单中选择“重命名”命令。

（4）选中要重命名的对象，然后在“主页”菜单中选择“重命名”命令

注意：如果当前的显示状态为不显示文件扩展名，在为文件改名时，不要输入扩展名。

6. 删除文件或文件夹

当存放在磁盘中的文件不再需要时，可以将其删除以释放磁盘空间。为了安全起见，Windows 建立了一个特殊的文件夹，命名为“回收站”。选择要删除的对象，然后在键盘上按 Delete 键。

注意：一般情况下，Windows 并不是真正地删除文件，而是将被删除的项目暂时放到回收站，如果发现删除有误，可以通过回收站恢复，称为逻辑删除。

如果按住 Shift 键的同时按 Delete 键删除，则被删除的文件不进入回收站，是真的从物理上被删除了，称为物理删除。

7. 撤销操作

在执行了如移动、复制、重命名或删除等操作后，如果改变了主意，可以撤销该操作。在刚刚进行了某项操作后，右击工作区，在弹出的快捷菜单中会出现“撤销 ××”(其中 ×× 就是刚才的操作名称)命令，选择该命令即可撤销刚刚的操作。此外，还可以按 Ctrl＋Z 组合键进行撤销。

8. 设置文件或文件夹的属性

设置文件和文件夹的属性的具体步骤如下：

首先选中要设置属性的对象(如“文档”文件夹)，然后右击对象，在弹出的快捷菜单中选择“属性”命令，打开“文档属性”对话框，如图 2-12 所示，在该对话框中选择需要设置的属性即可。

“文档属性”对话框中还显示了文件或文件夹的许多统计信息，如文件的大小、创建或修改的时间、位置、类型等。

图 2-12 “文档属性”对话框

2.3.4 文件的搜索

在 Windows 10“文件资源管理器”窗口的右上方有搜索栏，借助搜索栏可以快速搜索当前地址栏所指定的地址(文件夹)中的文档、图片、程序甚至网络等信息。

Windows 10 系统的搜索是动态的，当用户在搜索栏中输入第一个字符时，搜索工具就已经开始工作，随着用户不断地输入文字，Windows 10 会不断缩小搜索范围，直至搜索到用户所需的结果，由此大大提高了搜索效率。

在搜索栏中输入待搜索的文件时，可以使用通配符“*”和“?”，借助通配符，用户可以很快找到符合指定特征的文件。

除了搜索速度十分快之外，Windows 10 的文件资源管理器搜索栏还为用户提供了大量的搜索筛选器，使用户可以设置条件限定搜索的范围。

2.3.5 设置快捷方式图标

安装完程序后，会在桌面上生成快捷方式图标，双击就可以运行程序，十分方便。同样，文件和文件夹也可以在桌面上生成快捷方式。

1. 创建文件或文件夹的快捷方式

将文件或文件夹的快捷方式发送到桌面上，使用起来相当方便、快捷。下面介绍创建文件或文件夹快捷方式的具体步骤：

（1）选中需要创建快捷方式的文件或文件夹，右击，在弹出的快捷菜单中选择“发送到”→“桌面快捷方式”命令。

（2）此时，在桌面上将出现该文件或文件夹的快捷方式图标，双击即可打开。

2. 更改快捷方式图标

在桌面上为文件或文件夹创建快捷方式后，用户可以根据需要更改创建的快捷方式的图标样式。下面介绍更改快捷图标的具体操作步骤：

（1）在快捷方式图标上右击，从弹出的快捷菜单中选择“属性”命令。

（2）在弹出的对话框中单击“更改图标”按钮。

（3）在“更改图标”对话框中选择需要更换的新图标，选中后单击“确定”按钮。此时，桌面上将显示新的快捷方式图标。

2.4 Windows 10 中程序的运行

2.4.1 从“开始”菜单中运行程序

1. 使用“开始”菜单的所有应用级联菜单运行程序

单击“开始”按钮，打开“开始”菜单，在所有应用中包含一些安装在 Windows 中的程序名，此外，还包含若干包含下级菜单的菜单项，单击这些包含下级菜单的菜单项，即可打开其下级菜单，显示出该菜单项下的程序项目。找到需要运行的程序并单击，即可运行该程序（即打开相应程序窗口）。

2. 使用“运行”命令来运行程序

在“开始”菜单→“Windows 系统”中选择“运行”命令，打开“运行”对话框（也可以用 Win＋R 组合键），如图 2-13 所示，在“打开”组合框中输入要运行的程序或文档的完整路径及文件名，单击“确定”按钮，即可运行程序或打开文档。

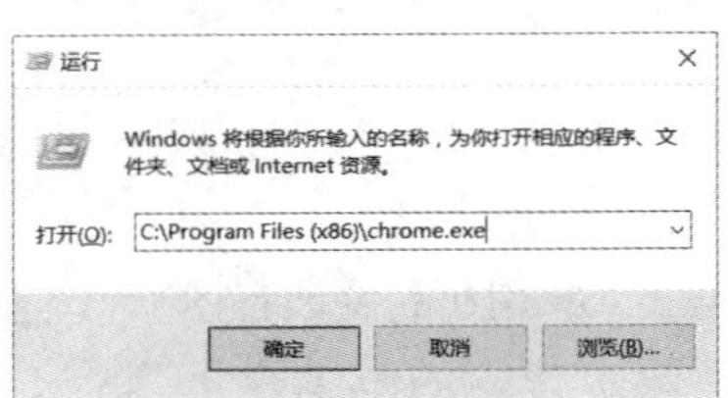

图 2-13 “运行”对话框

在有些情况下，使用“运行”命令会非常方便。例如，在打开“运行”对话框时，“打开”组合框中总是默认有上次操作时指定过的程序或文档，因此，重新运行或重新打开一个最近使用过的程序或文档时，直接执行即可。另外，“打开”组合框有一个下拉列表，其中有多个最近使用过的程序，可从中选择运行，也非常方便。

2.4.2 在文件资源管理器中直接运行程序或打开文档

1. 通过双击文件图标或名称来运行程序或打开文档

在 Windows 10 文件资源管理器中按照文件路径依次打开文件夹，找到需要运行的程序或文档，双击文件图标或直接双击文件名，将运行相应程序或打开文档。这也是运行程序或打开文档的一种常见方式。所谓打开文档，就是运行应用程序并在该程序中调入该文档。可见，打开文档的本质仍然是运行程序。

2. 关于 Windows 注册表及相关内容的介绍

当在 Windows 10 文件资源管理器中双击一个文档图标时，将运行相应的应用程序并调入该文档。系统之所以知道该文档与哪个应用程序相对应，是因为 Windows 注册表起到了重要作用。

Windows 注册表是由操作系统维护着的一份系统信息存储表，该表中除了包括许多重要信息外，还包括了当前系统中安装的应用程序列表及每个应用程序所对应的文档类型的有关信息。在 Windows 中，文档类型是通过文档的扩展名来加以区分的，当在 Windows 中安装一个应用程序时，该应用程序即在注册表中进行登记，并告知该应用程序所对应的文档使用的默认的扩展名。正是有了这些信息，当在 Windows 10 文件资源管理器中双击一个文档图标时，Windows 才能够启动相应的应用程序并调入该文档。

3. 为文档建立关联

当双击一个未建立关联的文件时，由于系统中未安装对应的应用程序，Windows 不知道用哪个程序打开该文件，因此，系统弹出提示对话框，如图 2-14 所示。此时，需要从 Windows 安装的应用程序中找到一个来打开该文件，即自己建立该文件与某个应用程序间的关联。为此，在提示对话框中单击“更多应用”按钮，然后选择相应的应用程序并单击“确定”按钮即可，如图 2-15 所示。

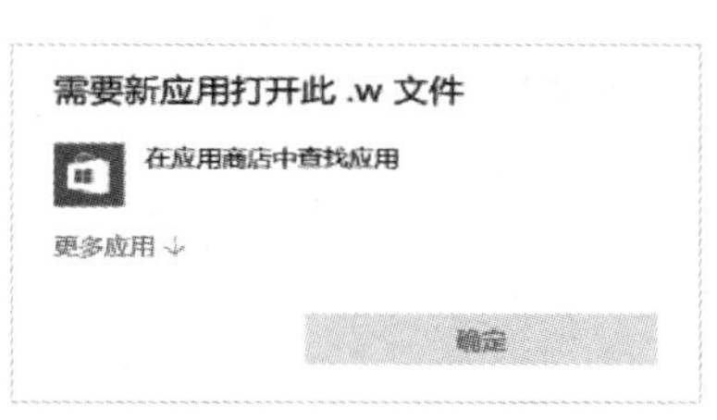

图 2-14 提示对话框

图 2-15 选择关联程序

2.4.3 创建和使用快捷方式

快捷方式是一种特殊类型的文件，它仅包含了与程序、文档或文件夹相链接的位置信息，而不包含这些对象本身的信息。因此，快捷方式是指向对象的指针，当双击快捷方式（图标）时，相当于双击了快捷方式所指向的对象（程序、文档、文件夹等）并进而执行之。

由于快捷方式是指向对象的指针，而非对象本身，这意味着创建或删除快捷方式并不影响相应的对象。可以将某个经常使用的程序以快捷方式的形式置于桌面上或某个文件夹中，这样每次执行时会很方便。当不需要该快捷方式时，将其删除，也不会影响程序本身。

创建快捷方式的方法有：

1. 通过鼠标右键拖动的方法创建快捷方式

在找到需要创建快捷方式的程序文件后，用鼠标右键拖动至目的地（桌面或某个文件夹中），将弹出一个菜单，在菜单中选择“在当前位置创建快捷方式”命令，则在目的地创建了以文件名为名称的快捷方式。

2. 利用向导创建快捷方式

在需要创建快捷方式的位置（桌面或某个文件夹中）右击，在弹出的快捷菜单中选择“新建”→“快捷方式”，在打开的“创建快捷方式”向导中，按需要指定文件名及快捷方式名称。

3. 利用剪贴板创建快捷方式

首先，选中要建立快捷方式的文件，然后在“主页”菜单中选择“复制”命令，或直接按Ctrl＋C组合键，将其复制到剪贴板；然后，在需要建立快捷方式的位置（桌面或某个文件夹中）右击，在弹出的快捷菜单中选择“粘贴快捷方式”命令，则在该处建立了以源文件名为名称的快捷方式。

2.5 Windows 10 控制面板

在 Windows 10 系统中有许多软件、硬件资源，如系统、网络、显示、声音、打印机、键盘、鼠标、字体、日期和时间、卸载程序等，用户可以根据实际需要，通过控制面板对这些软件、硬件资源的参数进行调整和配置，以便更有效地使用它们。

在 Windows 10 中有多种启动控制面板的方法，可以使用户在不同操作状态下方便使用。启动 Windows 10 的控制面板，可以采用以下几种方法：

（1）打开“开始”菜单，找到“Windows 系统”，单击打开其下级菜单，然后单击“控制面板”选项。

（2）右击“此电脑”图标，选择“属性”，在出现的“系统”窗口的左侧窗格中找到“控制面板主页”，单击进入。

（3）使用 Cortana 的搜索功能，输入“控制面板”，找到最佳匹配下的控制面板。

2.5.1 系统和安全

1. Windows Defender 防火墙

Windows Defender 防火墙能够检测来自 Internet 或网络的信息，然后根据防火墙设置来阻止或允许这些信息通过计算机。防火墙不仅可以防止黑客攻击系统或防止恶意软件、病毒、木马程序通过网络访问计算机，还有助于提高计算机的性能。

Windows Defender 防火墙的设置方法如下：

（1）在“控制面板”窗口中选择“系统和安全”，打开“系统和安全”窗口。

（2）单击“Windows Defender 防火墙”，打开“Windows Defender 防火墙”窗口。

（3）单击窗口左侧的“启用或关闭 Windows Defender 防火墙”链接，弹出“自定义设置”对话框，可以对专用网络和公用网络启用或者关闭防火墙。

2. 安全与维护

Windows 10 的安全性与维护功能，可以通过检查各个与计算机安全相关的项目来评估计算机是否处于优化状态。当被监视的项目发生改变时，操作中心会在桌面右下角显示一条信息来通知用户，同时建议用户采取相应的措施。用户单击其中的提示信息选项，将进入“安全和维护”界面，从而可以查看到更详细的介绍。另外，用户也可以在“控制面板”打开“系统和安全”，单击“安全和维护”链接进入“安全和维护”界面，来控制系统需要弹出的提示消息。但对于新手来说，许多提示并不需要进行操作，而且不正确的操作往往会带来更严重的系统故障，因此，应谨慎操作。

2.5.2 外观和个性化

Windows 系统的外观和个性化包括对桌面、窗口、按钮、菜单等一系列系统组件的显示设置。系统外观是计算机用户接触最多的部分。

在“控制面板”窗口中选择“外观和个性化”，打开“外观和个性化”窗口，如图 2–16 所示。该窗口包含“任务栏和导航”“轻松使用设置中心”“文件资源管理器选项”和“字体” 4 个选项。下面对其中的部分选项进行介绍，并补充了关于“个性化”和“显示”的操作。

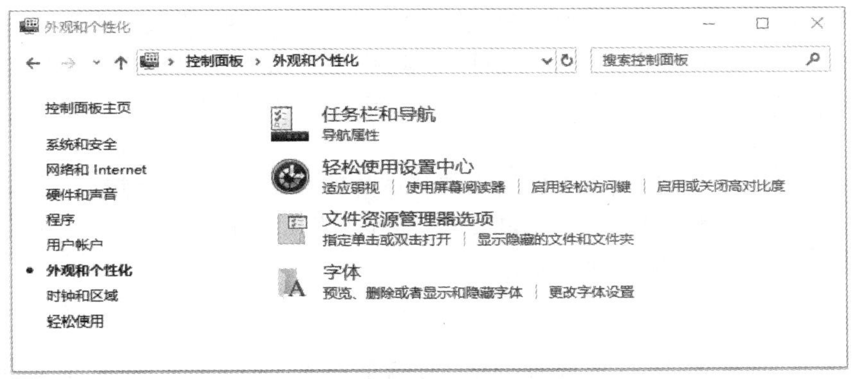

图 2–16 “外观和个性化”窗口

1. 任务栏和导航

在“外观和个性化”窗口中单击“任务栏和导航”，将弹出“任务栏”窗格。在该窗格中可以自定义“开始”菜单、自定义任务栏上的图标和更改任务栏在屏幕上的位置。

2. 字体

字体是屏幕上看到的、文档中使用的、发送给打印机的各种字符的样式。在 Windows 系统的“C:\Windows\fonts”文件夹中装有多种字体文件，用户可以添加和删除字体。字体文件的操作方式和其他文件操作方式相同，用户可以在“C:\Windows\fonts”文件夹中移动、复制或删除字体文件。系统中使用最多的字体主要有宋体、楷体、黑体和仿宋等。

在“外观和个性化”窗口中单击“字体”链接，可以打开“字体”窗口，窗口中显示系统中所有的字体文件。选中某一字体，单击工具栏的“预览”，可以显示该字体的样子。选中某一字体，单击“删除”，可以删除该字体文件。

3. 个性化

在“设置”窗口中，可以实现更改主题、更改桌面背景、更改窗口颜色和外观、更改声音效果及更改屏幕保护程序的设置。其打开方式为：在桌面空白处右击，在弹出的快捷菜单中选择“个性化”，打开“设置”窗口。

（1）更改主题。

所谓桌面主题，是背景加一组声音、图标以及只需要单击即可帮您个性化设置您的计算机的元素。通俗来说，桌面主题就是不同风格的桌面背景、操作窗口、系统按钮，以及活动窗口和自定义颜色、字体等的组合体。桌面主题可以是系统自带的，也可以通过第三方软件来实现，第三方主题需要安装对应主题软件。

在“设置”窗口中单击左侧菜单中的“主题”，可以看到 Windows 10 系统自带的部分主题。单击某个主题图标，系统即可将该主题对应的桌面背景、操作窗口、系统按钮、活动窗口和自定义颜色、字体等设置到当前环境中。

（2）更改桌面背景。

在默认情况下，桌面背景是一片蓝色中间带有微软的 logo，Windows 10 允许用户选择墙纸图案来美化桌面。

设置墙纸图案的步骤如下：

① 在“设置”窗口中，单击左侧菜单中的“背景”，右侧显示“背景”窗格。

② 在“背景”下拉列表框中选择“图片”选项，然后在下面的图片选项框中选择一张图片，可以快速配置桌面背景。也可以单击“浏览”按钮，在打开的对话框中选择指定的图像文件取代预设桌面背景。

③ 在“选择契合度”下拉列表框中可以选择图片的显示方式，如果选择“居中”，则桌面上的墙纸以原文件尺寸显示在屏幕中央；如果选择“平铺”，墙纸以原文件尺寸铺满屏幕；如果选择“拉伸”，则墙纸拉伸至充满整个屏幕。

4. 显示设置

在“设置”窗口中，可以进行调整分辨率、调整亮度、更改显示器设置等操作。屏幕分辨率是显示器的一项重要指标，其中常见的分辨率包括 800×600 像素、1 024×768 像素、1 280×600 像素、1 280×720 像素、1 280×768 像素、1 360×768 像素、1 366×768 像素、1 600×900 像素和 1 920×1 080 像素。显示器可用的分辨率范围取决于计算机的显示硬件，分辨率越高，屏幕中的像素点就越多，可显示的内容就越多，所显示的对象就越小。

其打开方式为：在桌面空白处右击，在弹出的快捷菜单中选择“显示设置”，打开“设置”窗口，右侧显示“显示”窗格。

（1）在“显示分辨率”下拉列表中可以设置分辨率的大小。

（2）在“显示方向”下拉列表中可以设置显示器的显示方向。

（3）在“更改文本、应用等项目的大小”下拉列表中可以放大屏幕上的文本及其他项目。

2.5.3 时钟、语言和区域

1. 日期和时间

Windows 10 默认的日期和时间格式是按照美国习惯设置的，用户可以根据自己国家的习惯来设置。具体方法是：

（1）在控制面板中打开“时钟、语言和区域”窗口，单击“日期和时间”链接，打开“日期和时间”对话框。

（2）在“日期和时间”选项卡中可以更改日期和时间，也可以更改时区。

（3）在“附加时钟”选项卡中可以设置显示其他时区的时钟。

（4）在“Internet 时间”选项卡中可以设置使计算机与 Internet 时间服务器同步。

2. 区域

Windows 10 默认的区域格式同样是按照美国习惯设置的，用户可以根据自己国家的习惯来设置。具体方法是：

（1）在“时钟、语言和区域”窗口中单击“区域”链接，打开“区域”对话框，如图 2-17 所示。

（2）在“格式”选项卡中可以设置日期和时间格式、数字格式等。

（3）在“位置”选项卡中可以设置当前位置。

（4）在“管理”选项卡中可以进行复制设置和更改系统区域设置。

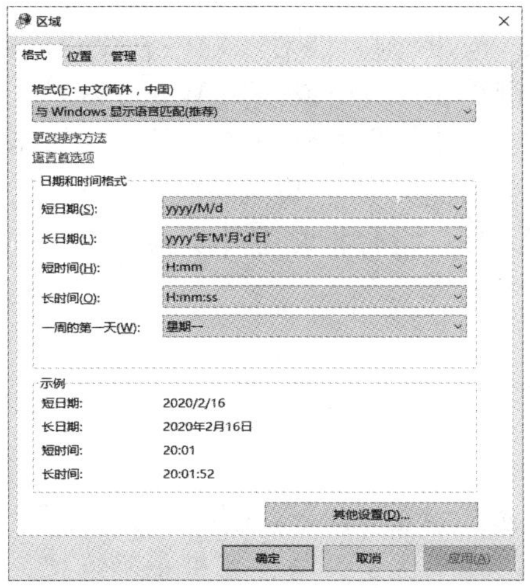

图 2-17 “区域”对话框

3. 语言

在“语言”选项卡中可以设置输入法、更改语言首选项和安装 / 卸载语言。

2.5.4 程 序

在 Windows 10 系统中，大部分的应用程序都需要安装到 Windows 10 系统中才能使用。在应用程序的安装过程中，会进行诸如程序解压缩、复制文件、在注册表中注册必要信息以及设置程序自动运行、注册系统服务等诸多工作。与安装相反的一个操作是卸载。所谓卸载，就是将不需要的应用程序从系统中去除。卸载并不是简单地删除应用程序文件，可以借助控制面板中的程序和功能工具来实现程序的卸载操作。

在“控制面板”窗口中单击“程序”，在打开的“程序”窗口中继续单击“程序和功能”，打开“程序和功能”窗口，窗口的列表框中列出了系统中安装的所有程序，如图 2-18 所示。

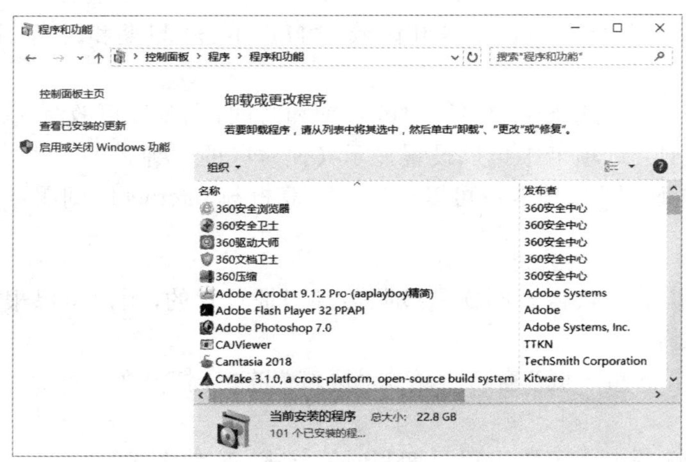

图 2-18 “程序和功能”窗口

在列表框中选中某个程序项目图标，如果此时工具栏中出现“卸载/更改”按钮，用户可以利用“更改”按钮重新启动安装程序，然后对安装配置进行修改；也可以利用“卸载”按钮卸载程序。若此时只显示“卸载”按钮，则只能对该程序进行卸载操作。

在“程序和功能”窗口左侧单击“启用或关闭 Windows 功能”链接，打开“Windows 功能”对话框。在对话框的“Windows 功能”列表框中显示了可用的 Windows 功能，当鼠标移到某一功能上时，会显示该功能的具体描述。勾选某项功能，单击“确定”按钮，即进行添加；如果取消组件的复选框，单击“确定”按钮，则会将此组件从操作系统中删除。

2.5.5 硬件和声音

1. 设备和打印机

（1）添加设备。

在 Windows 10 中，通过“添加设备”向导，使用户可以方便而迅速地安装新的打印机。在开始安装打印机之前，要先确认打印机是否与计算机正确连接，同时还要了解打印机的生产厂商和型号。如果要通过网络、无线或蓝牙使用共享打印机，应确保计算机已联网及无线或蓝牙打印已启用。具体步骤如下：

① 在“硬件和声音”窗口中单击“添加设备”链接，打开“添加设备”向导。

② 系统会自动搜索已经连接的设备或打印机，只需根据 Windows 的提示进行简单的操作，即可完成添加。

（2）鼠标。

鼠标是常用的外部设备，通过系统中对应选项的调节，可以使用户对这种设备的使用更加顺畅。在“硬件和声音”窗口中单击“鼠标”链接，打开“鼠标属性”对话框。在该对话框中可以对鼠标键、鼠标指针等进行设置：

① 在“按钮”选项卡可以设置鼠标的左右手使用、鼠标的双击速度等。

② 在“指针”选项卡可以选择某种指针方案。

③ 在“指针选项”选项卡可以设置鼠标移动速度等。

④ 在“滑轮”选项卡可以设置鼠标滑轮垂直滚动和水平滚动的参量。

2. 电源选项

电源管理不仅涉及开机、关机这样的常规操作，对于使用电池供电的笔记本或平板电脑来说，电源管理还决定着计算机的使用时间。对于台式计算机来说，电源管理影响平台的功耗。对于潜在用户来说，电源管理还涉及操作系统性能方面的用户体验。

相较于以前的 Windows 版本，Windows 10 操作系统中的电源管理功能更加强大，不仅可以根据用户实际需要灵活设置电源使用模式，让笔记本或平板电脑用户在使用电池的情况下依然能最大限度地发挥功效，还在细节上更加贴近用户的使用需求，方便用户更快、更方便地设置和调整电源计划，做到既节能又高效。

用户可以在“硬件和声音”窗口中单击“电源选项”链接，在打开的“电源选项”窗口中进行具体操作。

2.5.6 用户账户

Windows 10 系统作为一个多用户操作系统，允许多个用户共同使用一台计算机，当多个用户共同使用一台计算机时，为了使每个用户可以保存自己的文件夹及系统设置，系统为每个用户开设了一个账号。账号就是用户进入系统的出入证，用户账号一方面为每个用户设置相应的密码、隶属的组，保存个人文件夹及系统设置，另一方面将每个用户的程序、数据等相互隔离，这样用户在不关闭计算机的情况下，不同的用户可以相互访问资源。另外，如果自己的系统设置、程序和文件夹不想让别人看到和修改，只要为其他的用户创建一个受限制的账号就可以了，而且你可以使用管理员账号来控制别的用户。

1. 用户账户

用户账户是 Windows 通知您可以访问哪些文件和文件夹，可以对计算机和个人首选项(例如，桌面背景或屏幕保护程序)进行哪些更改的信息集合。通过用户账户，您可以在拥有自己的文件和设置的情况下与多个人共享计算机。每个人都可以使用用户名和密码访问其用户账户。

Windows 10 有三种类型的用户账户，分别是管理员账户、标准账户和来宾账户，每种账户类型为用户对计算机提供不同的控制级别。

(1) 管理员账户。

管理员账户是允许进行可能影响到其他用户的更改操作的用户账户。管理员账户对计算机拥有最高的控制权限，不仅可以更改安全设置，安装软件和硬件，访问计算机上的所有文件，还可以对其他用户账户进行更改。

(2) 标准账户。

标准账户允许用户使用计算机的大多数功能，但是如果要进行的更改可能会影响计算机的其他用户或安全，则需要管理员的认可。

（3）来宾账户。

来宾账户允许用户使用计算机，但没有访问个人文件的权限，也无法安装软件或硬件，不能更改计算机的设置，也不能创建密码。来宾账户主要提供给临时需要访问计算机的用户使用。

2. 创建新账户

管理员类型的账户可以创建新的账户，具体操作如下：

（1）使用管理员账户登录计算机，打开控制面板，单击“用户账户”链接，进入后单击“用户账户”，打开“用户账户”窗口，如图 2-19 所示。

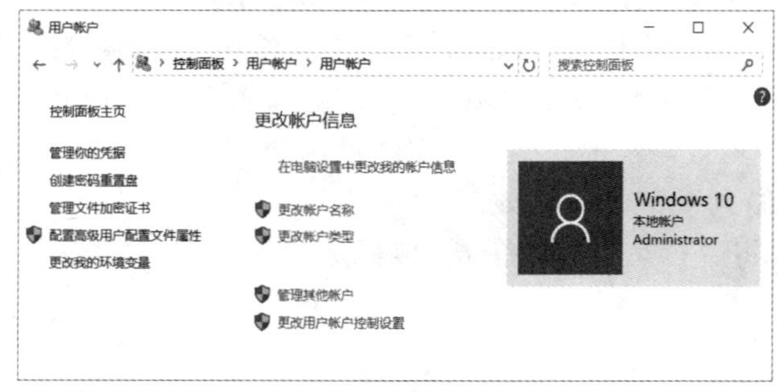

图 2-19 “用户账户”窗口

（2）单击“管理其他账户”链接，在打开的窗口中单击“在电脑设置中添加新用户”链接出现“家庭和其他用户”窗口。

（3）在“其他用户”处，单击“将其他人添加到这台电脑”按钮。

（4）如果用户有 Microsoft 账户，可以使用微软邮箱登录。若无，则单击“我没有这个人的登录信息”链接。

（5）由于不需要邮箱也可以建立账户，因此，单击“添加一个没有 Microsoft 账户的用户”链接。

（6）在出现的对话框中，如图 2-20 所示，填写新的账户名、密码和密码提示，填写完成后单击“下一步”，即可创建该账户。

（7）创建完成后，在出现的窗口中选中该用户名，单击“更改账户类型”按钮，弹出图 2-21 所示的对话框，在此可以修改此账户的类型。

图 2-20 创建新账户

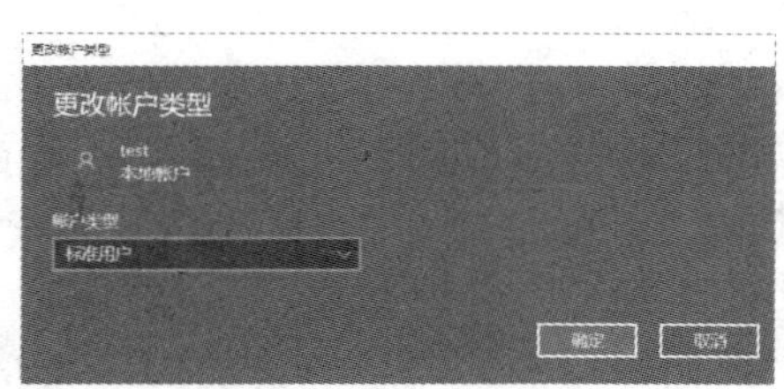

图 2-21 “更改账户类型”对话框

3. 更改账户

在图 2-19 所示的“用户账户”窗口中单击“管理其他账户”链接，在出现的“管理账户”窗口中单击欲更改的账户名称，弹出“更改账户”窗口，如图 2-22 所示。

图 2-22 “更改账户”窗口

根据窗口左侧的相关链接，可以完成更改账户名称、创建密码、更改账户类型及删除账户等操作。

另外，用户账户控制(UAC)可以防止对计算机进行未经授权的更改。使用管理员账户登录计算机后，单击图 2-19 所示的“用户账户”窗口中的“更改用户账户控制设置”链接，在随后出现的“用户账户控制设置”窗口中进行调整即可。

2.6 Windows 10 的实用工具

Windows 10 操作系统为用户提供了大量的实用程序，包括用于计算机管理的系统工具和辅助工具以及“画图”“记事本”“便笺”和“截图工具”等，这些程序大多在“开始”菜单的“Windows 附件”中。利用这些程序，可以实现简单的文字处理、图像处理、计算、录音等。这些系统自带的工具虽然体积小巧、功能简单，却发挥着很大的作用，使用户使用计算机更加便捷、更加有效率。单击“开始”菜单，选择“Windows 附件”，即可看到相关程序，如图 2-23 所示。

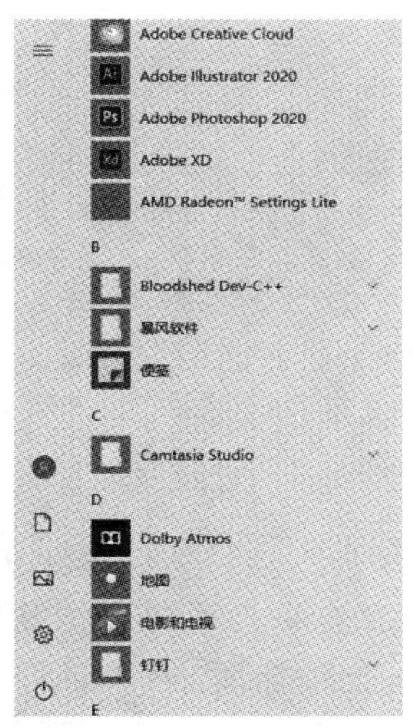

图 2-23 “Windows 附件”菜单

2.6.1 “画图”

“画图”是一个用于绘制、调色和编辑图片的程序，用户可以使用它绘制黑白或彩色的图形，并可将这些图形存为位图文件(.bmp 文件)，可以打印，也可以将它作为桌面背景，或者粘贴到另一个文档中，还可以使用“画图”查看和编辑扫描的照片等。

“画图”程序主窗口如图 2-24 所示。

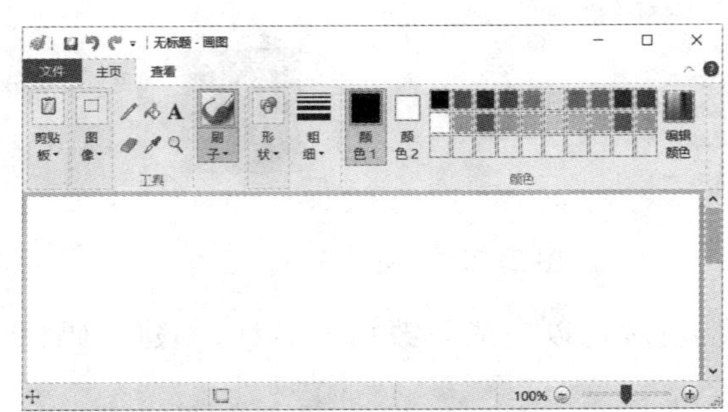

图 2-24 “画图”程序主窗口

用绘图工具在画布上绘图完毕后，通过“文件”菜单中的“保存”命令，可以将图片保存为一个图片格式的文件。

2.6.2 “记事本”

“记事本”是 Windows 10 自带的文字处理程序，提供了基本的文本编辑功能。用户可以使用它编辑简单的文档或创建 Web 网页。“记事本”的使用非常简单，它编辑的文件是文本文件(.txt 文件)，这为编辑一些高级语言的源程序提供了极大方便。

“记事本”程序主窗口如图 2-25 所示。

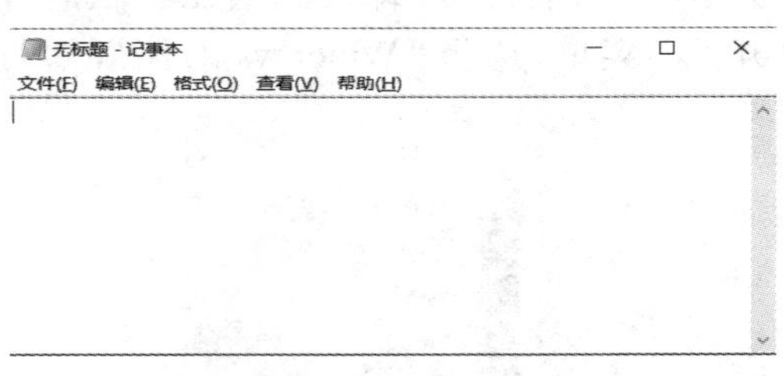

图 2-25 “记事本”程序主窗口

打开“记事本”后，会自动创建一个空文档，标题栏上将显示“无标题”。

在新建了一个文件或者打开了一个已存在的文件后，在“记事本”的用户编辑区就可以输入文件的内容，或编辑已经输入的内容了。

2.6.3 “截图工具”

在生活中，我们经常用截图工具来截取图片以介绍某些知识或说明问题。一般的专业截图软件，需要设置好截图热键再截取，比较麻烦。在 Windows 10 中，使用系统自带的截图工具，就可以随心所欲地按任意形状截图。

启动 Windows 10 后，依次单击“开始”按钮→“Windows 附件”→“截图工具”，或者在 Cortana 的搜索框中键入“截图工具”并按 Enter 键，均可启动该程序。

打开截图工具后，在界面上单击“新建”按钮右边的小三角按钮，从弹出的下拉列表中选择“任意格式截图”“矩形截图”“窗口截图”或“全屏幕截图”，如图 2-26 所示，即可截取图片。其中，“任意格式截图”可以截取不规则图形。

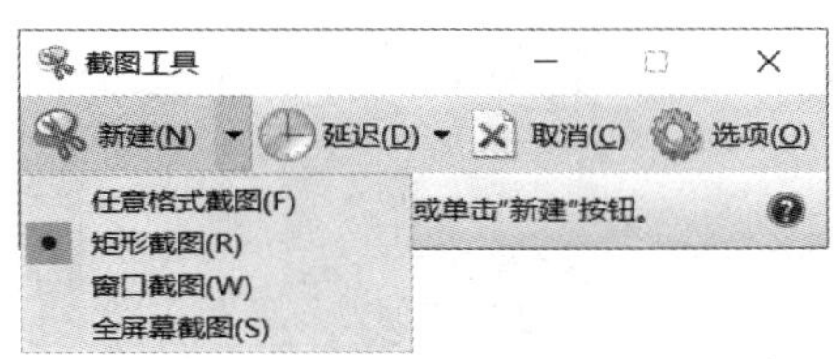

图 2-26　截图模式选择

选择截图模式后，整个屏幕就像被蒙上一层白纱，此时按住鼠标左键，选择要捕获的屏幕区域，然后释放鼠标左键，截图工作就完成了。可以使用笔、荧光笔等工具添加注释。操作完成后，在标记窗口中单击“保存截图”按钮，在弹出的“另存为”对话框中输入截图的名称，选择保存截图的位置及保存类型，然后单击“保存”按钮即可。

2.6.4 “数学输入面板”

在日常工作中，难免需要输入公式，写作科技论文更是经常遇到公式。虽然 Office 中带有公式编辑器，但输入公式时仍然需要经过多个步骤的选择，总是不那么方便。而 Windows 10 操作系统提供了手写公式功能。具体步骤如下：

（1）在 Cortana 的搜索框内输入“数学输入面板”并按 Enter 键，打开 Windows 10 内置的数学输入面板组件，如图 2-27 所示。

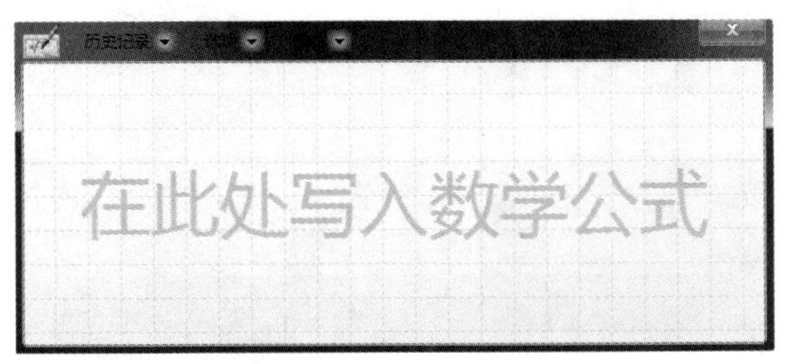

图 2-27　数学输入面板

（2）在手写区域内用鼠标或手写板写入公式。如在预览框中发现自动手写识别的公式存在错误，可以用右键框选具体公式字符，在右键快捷菜单中显示的相应候选字符中选取正确的进行更正。

（3）公式输入完成后，单击右下角的“插入”按钮，即可直接输入至 Word 文档窗口或其他的编辑器窗口。

2.6.5 “便笺”

便笺具有备忘录和记事本的功能特点，能固定在桌面上，让看到桌面的人就能看到便笺，十分方便。在 Cortana 的搜索框中输入“便笺”或“Sticky Notes”并按 Enter 键，打开的“便笺”界面如图 2-28 所示。

图 2-28 “便笺”界面

便笺启动后，在桌面右上角会显示黄色文本编辑窗口，该窗口处于可编辑状态，用户可以直接输入备忘信息。

将光标放置在便笺的标题栏上，按住鼠标左键将其拖动至合适位置，即可移动便笺。

在便笺窗口上右击，在弹出的快捷菜单中选择合适的颜色选项，可更改便笺的颜色。

CHAPTER 3

第 3 章 字处理软件 Word 2016

Office 2016 是微软的一个庞大的办公软件集合，其中包括 Word、Excel、PowerPoint、OneNote、Outlook 以及 Publisher 等组件和服务。其“深色”和“深灰色”的主题让双眼更加舒适。OneDrive 可以让文档无处不在，新增的搜索功能也让工具选项随时可获取，不需再记住功能位置，让功能的实现变得更加方便。在日常生活和工作中，文字处理是计算机应用的重要方面。从日常工作中的公文、论文、书信到各行各业的事务处理，文字处理无处不在。本章以微软公司开发的 Microsoft Word 2016 为例介绍文字处理软件。

学习目标

1. 了解 Office 2016 的常用版本及组件。
2. 熟悉 Word 2016 的窗口组成。
3. 掌握文档的创建、打开与编辑，文档的查找与替换。
4. 掌握文档的格式化与排版操作。
5. 掌握表格的制作与编辑操作。
6. 掌握基本图形的插入、修饰，图文混排操作。
7. 掌握文档的打印操作。
8. 熟悉文档的邮件合并、插入目录等操作。

3.1 Microsoft Office 2016 概述

3.1.1 Office 2016 版本及常用组件

Microsoft Office 2016 是微软推出的新一代办公软件，它是一个功能强大的办公软件，目前共有五个版本，分别为 Office 2016“家庭和学生版”“家庭和学生版 for Mac”“小型企业版”“小型企业版 for Mac”以及“专业版”。本书在 Office 2016“家庭和学生版”基础上撰写，该版本详细组件见表 3-1。

表 3-1　Office 2016 常用组件

名　称	说　明
Word 2016	一种文字处理器应用程序，提供了许多易于使用的文档创建工具
Excel 2016	一种可以进行各种数据的处理、统计分析等操作的应用程序

续表 3-1

名 称	说 明
PowerPoint 2016	一种既可以创建演示文稿又可以展示演示文稿的应用程序
Access 2016	一种小型的关系数据库管理系统，可以录入数据，也可以对数据进行查询、统计等管理操作
Outlook 2016	电子邮件客户端工具，可以收发电子邮件、管理联系人信息、记日记、安排日程等
Publisher 2016	一款入门级的桌面出版应用软件，能提供比 Microsoft Word 更强大的页面元素控制功能

3.1.2 安装 Office 2016 的环境要求

1. 安装 Office 2016 的硬件要求

安装 Office 2016 基本硬件要求为：

内存（RAM）：1 GB（32 位）；2 GB（64 位）。

硬盘：3.0 GB 可用空间。

显示器：图形硬件加速需要 DirectX10 显卡和 1 280×800 屏幕分辨率。

2. 安装 Office 2016 的操作系统要求

不同于微软对以往 Office 版本的定义，Office 2016 版本对于操作系统有了严苛的要求。

（1）Windows。

Windows 7（RTM）、Windows 7 SP1、Windows 8. 1、Windows 10。（注意：Office 2016 不适用于 Windows Vista 以及 Windows XP 以下系统）

（2）Mac。

要求 OS X 10. 10. 3[Yosemite]（因为需要“照片”应用）、OS X 10. 11[El Capitan] 以及 OS X Server 10. 10。

（3）iOS。

iOS 7 及以上版本[适配 iPhone4 及以上、iPad3 及以上、iPod touch 5 及以上]，其中 OneNote 2016 的“指纹记事”功能需要 iOS 8 及以上并需搭配 TouchID 的所有 iPhone、iPad，所有组件的笔画功能均需要 iOS 9 以及 iPad Pro 搭配 Apple Pencil 使用。

3.2 Word 2016 概述

Word 2016 是 Microsoft 公司开发的 Office 2016 办公组件之一，主要用于文字处理。Word 的最初版本是由 Richard Brodie 为了运行 DOS 的 IBM 计算机而在 1983 年编写的。随后的版本可运行于 Apple Macintosh（1984 年）、SCO UNIX 和 Microsoft Windows（1989 年），并成为 Microsoft Office 的一部分。Word 主要版本有：1989 年推出的 Word 1.0 版、1992 年推出的 Word 2.0 版、1994 年推出的 Word 6.0 版、1995 年推出的 Word 95 版、1997 年推出的 Word 97 版、2000 年推出的 Word 2000 版、2002 年推出的 Word XP 版、2003 年推出的 Word 2003 版、2007 年推出的 Word 2007 版、2010 年推出的 Word 2010 版、2013 年推出的 Word 2013 版以及 2016 年推出的 Word 2016 版等。

Word 2016 提供了出色的文档处理功能，其增强后的功能可创建专业水准的文档，您可以更加轻松地与他人协同工作并可在任何地点访问您的文件。

3.2.1 Word 2016 的启动与退出

1. Word 2016 的启动

启动 Word 2016 的常用方法主要有以下几种：

（1）单击“开始”→“Word 2016”。

（2）双击桌面已建立的 Word 快捷方式图标。

（3）双击已建立的 Word 文档。

2. Word 2016 的退出

退出 Word 2016 的常用方法主要有以下几种：

（1）单击 Word 窗口右上角的“关闭”按钮✕。

（2）使用 Alt + F4 组合键。

3.2.2 Word 2016 的窗口组成

Word 2016 启动后，窗口如图 3-1 所示。

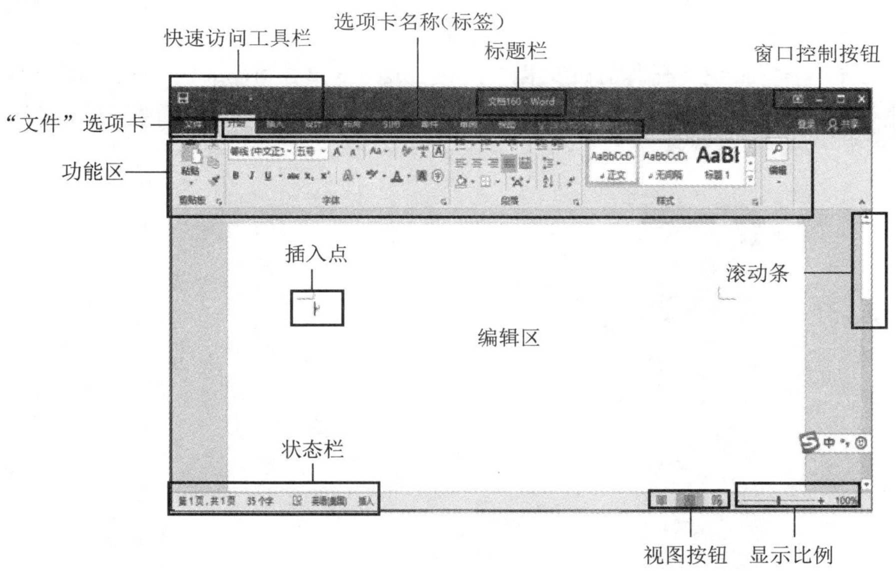

图 3-1　Word 2016 的窗口组成

Word 2016 的应用程序窗口主要由标题栏、快速访问工具栏、功能区、窗口控制按钮、编辑区、滚动条及状态栏等组成。

“文件”选项卡：相当于早期 Office 版本中的“文件”菜单，执行与文档有关的基本操作（新建、打开、保存、关闭、打印等）。

快速访问工具栏：提供默认的按钮或用户添加的按钮，可以加速命令的执行。相当于早期 Office 应用程序中的工具栏。

标题栏：用于显示文档的标题和类型。

窗口控制按钮：用于窗口的最大化、最小化或关闭等操作。

功能区名称（标签）：单击相应的标签，可以切换至相应的选项卡，不同的选项卡中提供了多种不同的操作设置选项。

功能区：由选项卡、组、命令三个基本组件组成。

编辑区：在此对文档进行编辑操作，制作需要的文档内容。

滚动条：拖动滚动条可浏览文档的整个页面内容。

状态栏：显示当前的状态信息，如页数、字数及输入法等信息。

视图按钮：单击要显示的视图类型按钮即可切换至相应的视图方式下，对文档进行查看。

显示比例：设置文档编辑区域的显示比例，可以拖动滑块进行任意调整。

3.3 Word 2016 文档的基本操作

3.3.1 文档的建立与保存

启动 Word 2016 程序后，系统会自动新建一个名为“文档 1”的空白文档，用户使用该文档可以完成文字输入和编辑等操作。用 Word 2016 编辑的文档扩展名是 docx。

1. 创建文档

单击“文件”→“新建”→“空白文档”按钮，如图 3-2 所示，或者使用 Ctrl＋N 组合键，或者使用快速访问工具栏中的“新建”按钮，系统将自动创建一个空白文档，文档名为“文档 1”“文档 2”等。

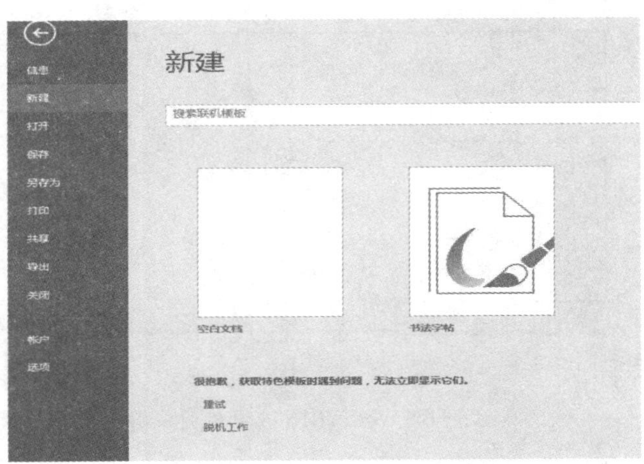

图 3-2　新建空白文档

2. 文档的保存

文档建立或修改后，需要将其保存到磁盘上。这样能够避免因断电文档没有保存而丢掉编辑的内容。

（1）保存新建文档。

如果新建的文档未经过保存，单击“文件”选项卡中的“保存”命令，或者单击快速访问工具栏中的“保存”按钮，系统会弹出“另存为”对话框，在对话框中设定保存的位置、文件名及文件类型，最后单击对话框中的“保存”按钮。

（2）保存修改的旧文档。

单击“文件”选项卡中的“保存”命令，或者单击快速访问工具栏中的“保存”按钮，文档以原路径和原文件名存盘。

（3）另存文档。

Word 2016 允许将修改后的文档保存到其他位置，而原来位置的文件不受影响。单击“文件”选项卡中的“另存为”命令，在出现的“另存为”对话框中重新设定保存的位置、文件名及文件类型，如图 3-3 所示。

（4）自动保存。

Word 2016 提供了一种定时自动保存文档的功能，可以根据设定的时间间隔定时自动地保存文档。这样可以避免因“死机”、意外断电、意外关机而造成的文档损失。系统默认的自动保存时间间隔是 10 分钟，如图 3-4 所示。

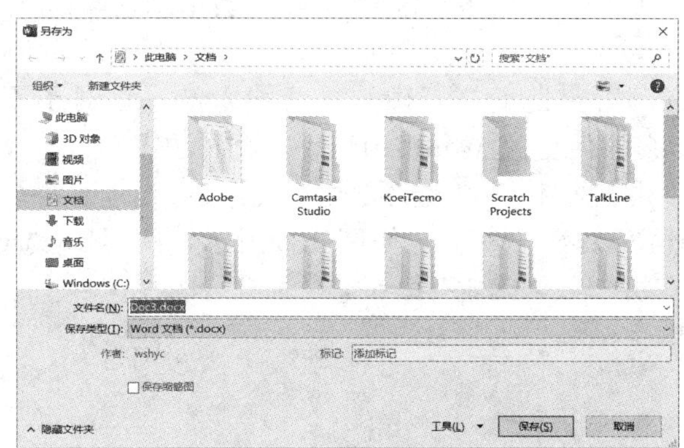

图 3-3　“另存为”对话框

图 3-4　“Word 选项”对话框

设定自动保存的时间，方法是：单击“文件”→“选项”命令，在打开的“Word 选项”对话框中切换到“保存”选项卡，在“保存自动恢复信息时间间隔”编辑框中设置合适的数值，并单击“确定”按钮。

3.3.2 文档的打开与关闭

1. 打开文档

打开文档通常有以下几种方法：

（1）单击“文件”选项卡中的“打开”命令。

（2）单击快速访问工具栏中的“打开”按钮。

（3）使用 Ctrl + O 组合键。

（4）快速打开最近编辑过的文档的方法：单击“文件”选项卡中的“最近”命令，再单击想要打开的文档。

2. 关闭文档

关闭文档的方法通常有以下几种：

（1）单击“文件”选项卡中的“关闭”命令，可以关闭当前正编辑的文档。

（2）可以通过退出 Word 2016 应用程序的方法关闭文档。

3.4 Word 2016 文本的基本操作

3.4.1 文本的输入

文本的编辑区域有一条闪烁的竖线“|”，称为插入点，它指示文本的输入位置，在此可以输入文本内容。文本的内容可以是汉字、英文字符、标点符号以及特殊符号等。在进行文本输入时，必须先将插入点定位到需要的位置。

1. 输入法的选择

在输入文本之前应当选择合适的输入法，可以单击任务栏右边的输入法指示器S进行选择，也可以按 Shift + Ctrl 组合键进行切换。

默认情况下，用户打开 Word 2016 文档窗口后会自动打开微软拼音输入法。这对于不习惯用微软拼音输入法的用户来说是个麻烦，那么如何更改 Word 2016 默认输入法呢？

第 1 步，打开 Word 2016 文档窗口，依次单击“文件”→“选项”按钮。

第 2 步，打开“Word 选项”对话框，切换到“高级”选项卡，如图 3-5 所示，在“编辑选项”区域取消“输入法控制处于活动状态”复选框，并单击“确定”按钮。

图 3-5 “Word 选项”对话框

2. 全角、半角字符的输入

对于英文和数字来说，全角和半角有很大的区别。例如：１２３、ＡＢＣ是全角字符，而 123、ABC 是半角字符，一个全角字符占用两个半角字符的位置。全/半角的切换可以使用以下方法来实现：

（1）单击输入法指示栏上的半角按钮和全角按钮进行切换。

（2）使用 Shift＋空格键在全／半角之间进行切换。

3. 键盘常见符号的输入

键盘常见符号的输入包括标点符号和其他符号的输入。中、英文标点符号的切换可以使用以下两种方法来实现：

（1）使用 Ctrl ＋。（句号）组合键切换。

（2）单击输入法指示栏上的按钮 °, 进行切换。

其他键盘常见符号的输入只要结合上档键 Shift 就可以完成。

4. 特殊符号的输入

在输入文档内容的过程中，有时候需要输入一些特殊文本，如“&”“*”等符号。有些符号能够通过键盘直接输入，但有的符号却不能，这时可以通过插入符号的方法进行输入，具体操作步骤如下：

（1）将光标插入点定位在需要插入符号的位置，切换到“插入”选项卡，然后单击“符号”组中的“符号”按钮，在弹出的下拉列表中单击“其他符号”选项，弹出“符号”对话框，在“字体”下拉列表框中选择“字体”，如 Wingdings，如图 3-6 所示。

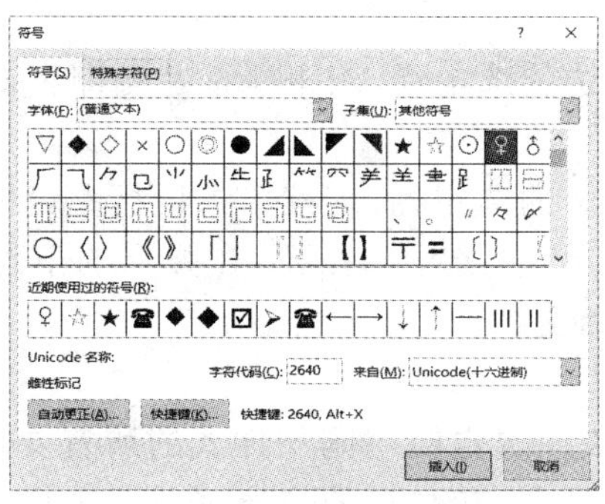

图 3-6　“符号”对话框

（2）在列表框中选中要插入的符号，单击“插入”按钮，然后单击“关闭”按钮，关闭对话框返回文档。

5. 录入状态

Word 2016 提供了两种文本录入状态：“插入”和“改写”状态。“插入”状态是指键入的文本将插入当前光标所在的位置，光标后面的文字将按顺序后移；“改写”状态是指键入的文本将光标后的文字按顺序覆盖掉。“插入”和“改写”状态的切换可以通过以下方法来实现：

（1）按键盘 Insert 键，可以在“插入”和“改写”两种编辑模式之间进行切换。

（2）单击状态栏上的改写标记或插入标记，可以在两种录入方式之间进行切换。

6. 文档的定位

Word 2016 支持“即点即输”功能，将鼠标指针指向需要输入文本的位置，单击即可进行文字输入；如果在空白处双击，即可在当前位置定位光标插入点，输入相应的文本内容。

3.4.2 文本的编辑

1. 选择文本

对文本进行复制、移动或设置格式等操作前，要先将其选中，从而确定编辑的对象。

（1）选择连续的文本。

通常情况下，直接拖动鼠标就可以选择任意连续的文本，具体方法为：将鼠标指针移到要选择的文本开始处，然后按住鼠标左键不放并拖动，直至需要选择的文本结尾处释放鼠标即可。选中的文本将以灰色背景显示。

若要取消文本的选择，单击编辑工作区的任意位置即可。

（2）选择分散文本。

先拖动鼠标选中第一个文本区域，再按住 Ctrl 键不放，然后拖动鼠标选择其他不相邻的文本区域，选择完成后释放 Ctrl 键即可。

（3）选择一行。

将鼠标指针指向某行左边的空白处，即选定栏，单击即可选中该行全部文本。如果是选择一句话，则按住 Ctrl 键不放，同时单击需要选中的句子的任意位置，即可选中该句。

（4）选择垂直文本。

按住 Alt 键不放，然后按住鼠标左键拖出一块矩形区域，选择完成后释放 Alt 键即可。

（5）选择一个段落。

将鼠标指针指向某段落左边的选定栏，双击鼠标左键即可选中该段落。

（6）选择整篇文档。

将鼠标指针指向编辑区左边的选定栏，连续单击鼠标左键三次即可选中整篇文档；或者在“开始”选项卡的“编辑”组中单击“选择”按钮，在弹出的下拉列表中单击“全选”选项或按 Ctrl ＋ A 组合键都可以选中整篇文档。

（7）通过样式选择文本。

对文档应用样式后，可以快速选定应用同一样式的所有文本，具体操作方法为：在“开始”选项卡的“样式”组中，右击某样式，在弹出的快捷菜单中选择“选择所有 n 个实例”命令。其中“n”表示当前文档中应用该样式的实例个数，如图 3-7 所示。

图 3-7　通过样式选择文本菜单

2. 文本的移动和复制

（1）文本的移动。

选中需要移动的文本内容，然后在“开始”选项卡的“剪贴板”组中单击“剪切”按钮（或按 Ctrl ＋ X 组合键），将选中的内容剪切到剪贴板中，然后将光标插入点定位到文档中的目标位置，然后单击“剪贴板”组中的“粘贴”按钮（或按 Ctrl ＋V 组合键），即可把选中的文字移动到目标位置。

在 Word 完成粘贴操作后，当前位置的右下方会出现一个“粘贴选项”按钮，单击该按钮，可在弹出的下拉菜单中选择粘贴方式，如图 3-8 所示。

当执行其他操作时，该按钮会消失。

（2）文本的复制。

如果是复制文本，则选中要复制的文本内容，然后在“开始”选项卡的“剪贴板”组中单击“复制”按钮（或按 Ctrl + C 组合键），将选中的内容复制到剪贴板中，然后将光标插入点定位到文档中的目标位置，单击“剪贴板”组中的“粘贴”按钮（或按 Ctrl + V 组合键），即可把选中的文字复制到目标位置。

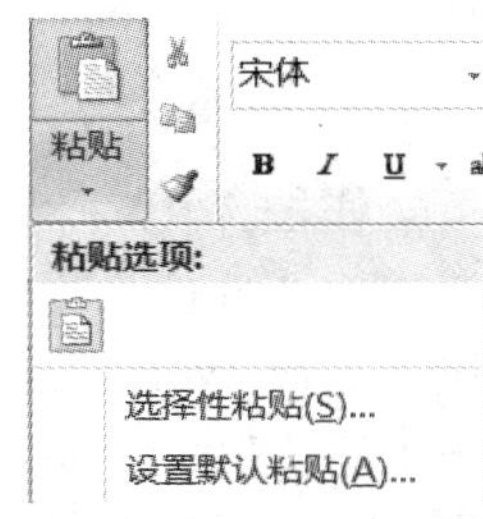

图 3-8　粘贴选项

3.4.3 文本的查找与替换

1. 文本的查找

（1）在 Word 2016 中，打开“视图”选项卡，在“显示”组中有“导航窗格”复选框，只要勾选这个复选框，在文档左侧就会出现相应的导航窗格。这样，只要在搜索框中输入相应信息，就可以对长文档中的文字和段落内容进行简单快捷的定位。

（2）选择“开始”选项卡的“编辑”组，单击“查找”按钮。

（3）按 Ctrl + F 组合键。

2. 高级查找

选择“开始”选项卡的“编辑”组，单击“查找”右侧的下拉按钮，在弹出的下拉菜单中选择“高级查找”命令，打开“查找和替换”对话框，如图 3-9 所示。

选中“查找”选项卡，在对话框中输入要查找的文本内容，单击“查找下一处”按钮，系统会自动从光标所在位置开始查找，当找到第一个目标时，就以选中的形式显示。若要继续查找，则继续单击“查找下一处”按钮，直到结束。

如果在“查找和替换”对话框中单击“更多”按钮，可展开“搜索”选项，如图 3-10 所示。此时可为查找对象设置查找条件，如查找设置了某种字体、字号或颜色的文本内容以及使用通配符查找等。

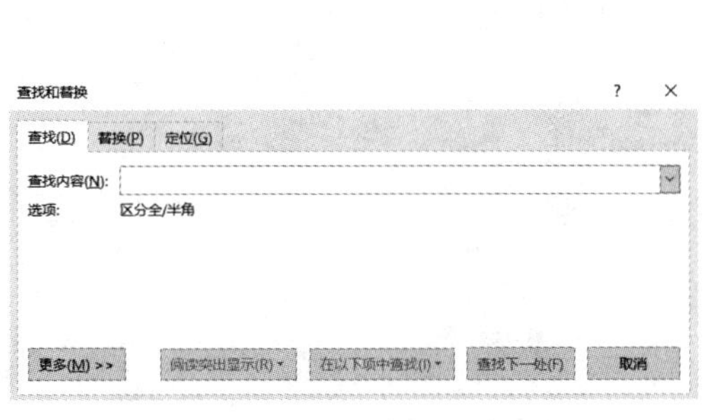

图 3-9　“查找和替换”对话框

图 3-10　“查找和替换”中的“搜索”选项

通配符主要有“？”和“*”两个，并且要在英文状态下输入，其中“？”代表一个字符，“*”代表任意个字符。

3. **替换**

在图 3-10 所示的对话框中切换至“替换”选项卡，可见除了有“查找内容”组合框外，还有一个“替换为”组合框，指定了要查找的内容和替换内容之后，可以单击“查找下一处”按钮。这时 Word 2016 会定位到找到的第 1 个位置让用户确认，如果用户确定需要替换，可以单击“替换”按钮。如果此处内容不需要替换，则继续单击“查找下一处”。如果想替换全部指定内容，则直接单击“全部替换”按钮即可。如图 3-11 所示，单击“替换”，将查找的第一处“柠萌”替换为“柠檬”。

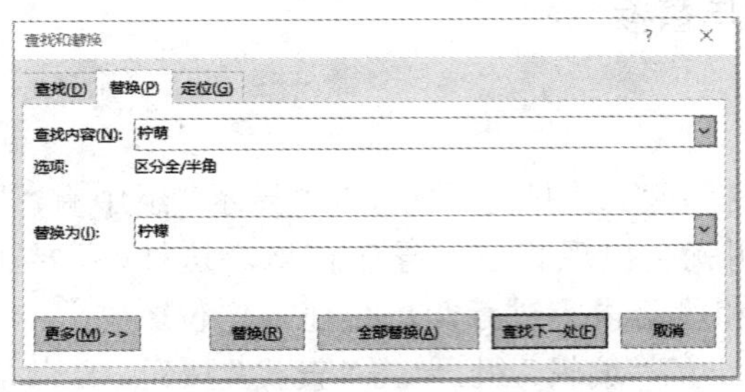

图 3-11 “查找和替换”中的“替换”选项卡

3.4.4 文本校对

1. **拼写和语法检查**

在输入文本的过程中，为了提高录入质量，可以借助 Word 2016 的“拼写和语法”功能检查文档中存在的单词拼写错误或语法错误。

打开所编辑的文档，切换到“审阅”选项卡，在“校对”组中单击“拼写和语法”按钮。如果系统认为文档中存在错误，则在错误提示框中标示出存在拼写或语法错误的单词或短语，需要用户确认标示文字是否存在拼写或语法错误。如果确实存在错误，单击“更改”，或在下面的“建议”框中选择正确词语，然后单击“更改”按钮。如果标示出的单词或短语没有错误，可以单击“忽略”或“全部忽略”按钮，忽略关于此单词或短语的修改建议，如图 3-12 所示。

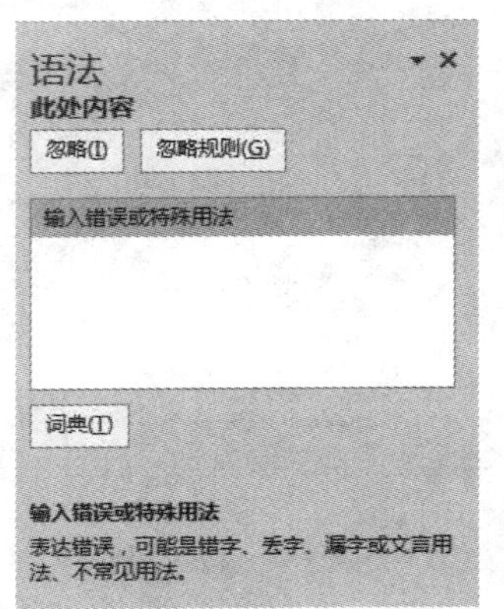

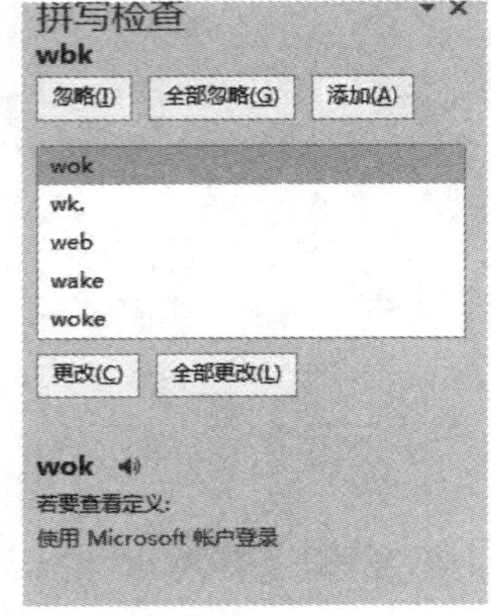

图 3-12 “语法”和“拼写检查”窗格

2. 自动更正

在 Word 2016 中，除了拼写和语法检查外，为了提高输入和拼写检查效率，还可以使用“自动更正”功能将字符、文本或图形替换成特定的字符、词组或图形。设置自动更正的步骤如下：

选择“文件”选项卡中的“选项”命令，在打开的“Word 选项”对话框中单击左侧列表框中的“校对”，然后单击右侧的“自动更正选项”按钮，如图 3-13 所示，弹出“自动更正”对话框。

图 3-13 “Word 选项”对话框

3. 字数统计

在 Word 2016 中，可以方便地使用“字数统计”功能完成对文档的字数统计。方法是：打开所编辑的文档，切换到“审阅”选项卡，在“校对”组中单击“字数统计”按钮，弹出“字数统计”对话框。对话框中显示了当前文档的页数、字数、段落数、行数等信息，如图 3-14 所示。也可以对文档中任意选定部分内容进行字数统计。

图 3-14 “字数统计”对话框

3.5 文档格式化与排版

输入完文本后，为了使文档整体更具有美观性，需要设置文档的字体格式和段落格式等。

3.5.1 文档视图

Word 2016 中提供了多种视图模式供用户选择，主要包括阅读视图、页面视图、Web 版式视图、大纲视图和草稿。我们可以在“视图”选项卡区中选择需要的文档视图模式，也可以在 Word 2016 文档窗口的右下方单击视图按钮选择视图。

1. 阅读视图

阅读视图以图书的分栏样式显示 Word 2016 文档。在阅读视图中，只有“文件”“工具”和“视图”三个选项卡可用，如图 3-15 所示。

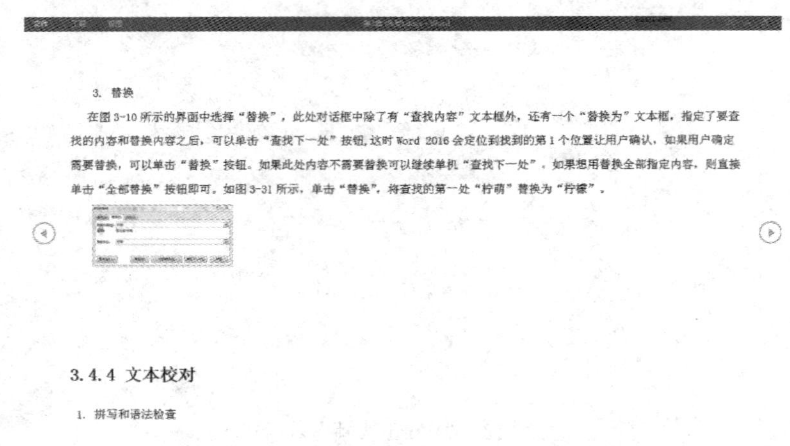

图 3-15　阅读视图

2. 页面视图

页面视图可以显示 Word 2016 文档的打印结果外观，主要包括页眉、页脚、图形对象、分栏设置、页面边距等元素，是 Word 2016 打开后的默认视图，如图 3-16 所示。

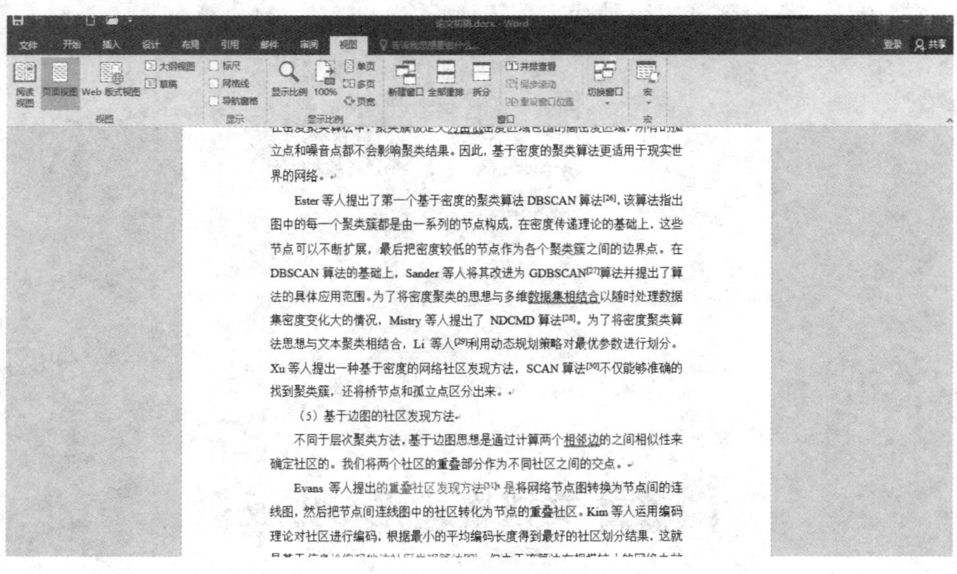

图 3-16　页面视图

3. Web 版式视图

Web 版式视图以网页的形式显示 Word 2016 文档，适用于发送电子邮件和创建网页，如图 3-17 所示。

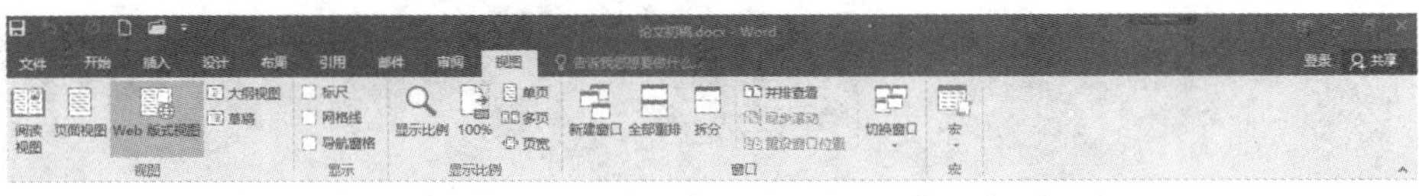

图 3-17 Web 版式视图

4. 大纲视图

大纲视图主要用于 Word 2016 文档设置和显示标题的层级结构，并可以方便地折叠和展开各种层级。大纲视图广泛用于 Word 2016 长文档的快速浏览和设置，如图 3-18 所示。

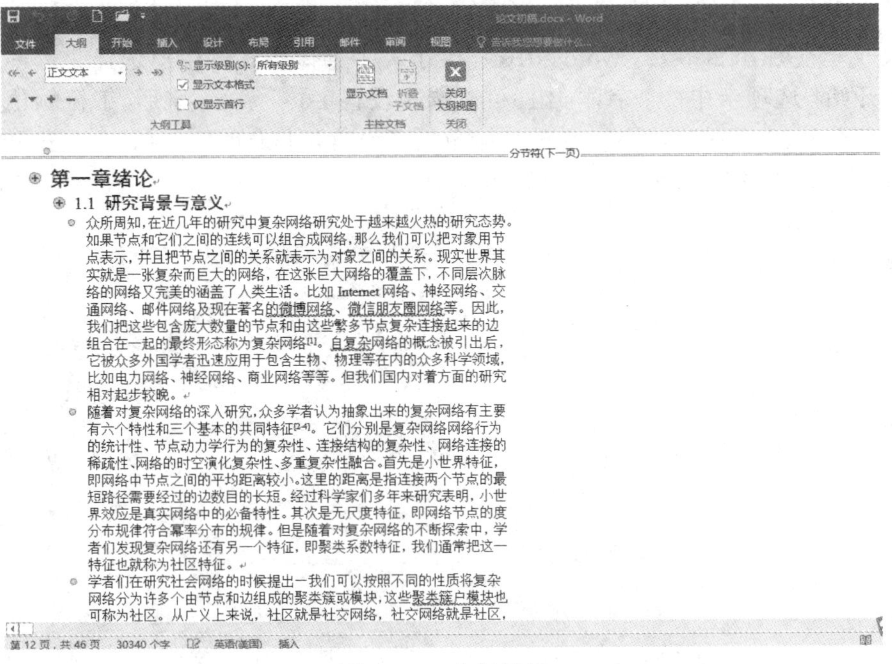

图 3-18 大纲视图

5. 草稿视图

草稿视图取消了页面边距、分栏、页眉页脚和图片等元素，仅显示标题和正文，是最节省计算机系统硬件资源的视图方式，如图 3-19 所示。

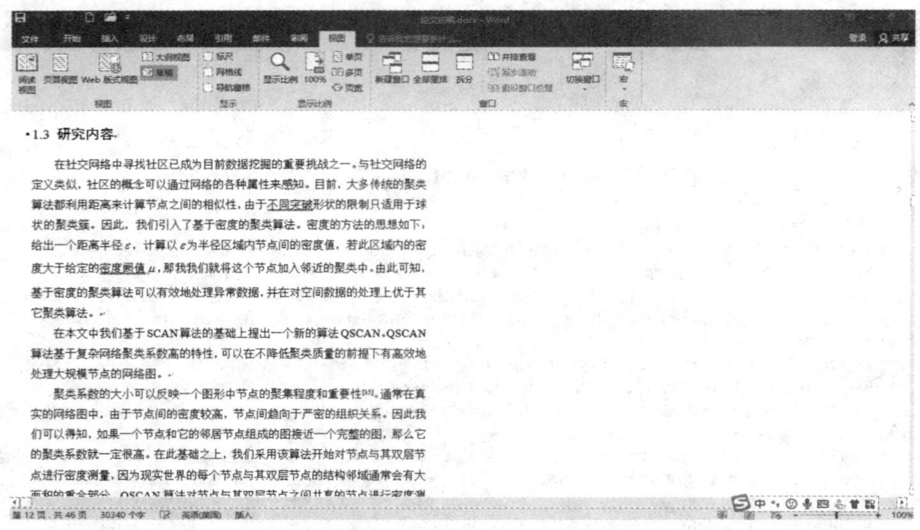

图 3-19　草稿视图

3.5.2 设置字符格式

在 Word 2016 文档中，可以设置字符格式，如字体、字形、字号、字符间距、颜色、特殊效果、下划线等。

1. 设置字体

为了使文档更加丰富多彩，Word 2016 提供了多种字体格式供用户选择。

选择“开始”选项卡中的“字体”组，可以选择设置字体、字号、字形、字符颜色以及是否加下划线等，如图 3-20 所示。如果需要对字体做更多设置，可以单击“字体”组右下角的对话框启动器按钮，打开“字体”对话框，如图 3-21 所示。

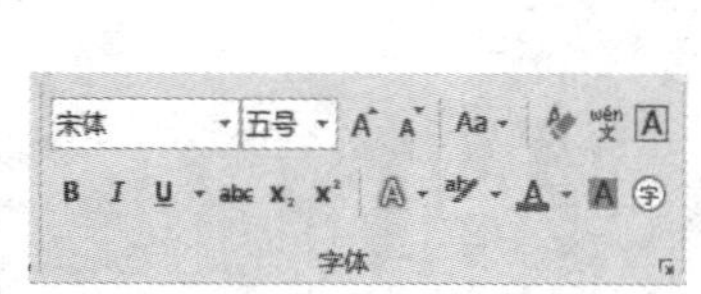

图 3-20　“字体”组

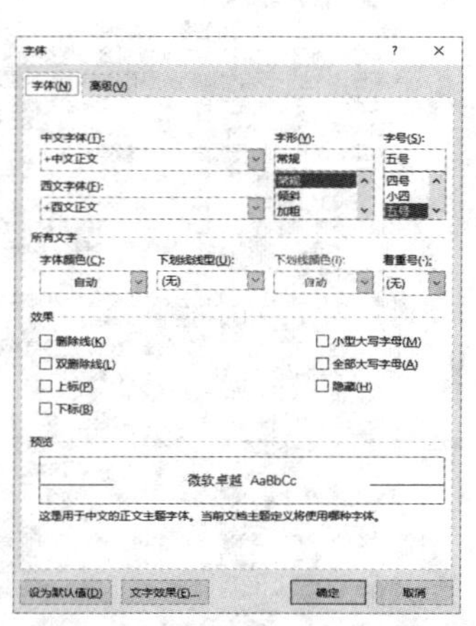

图 3-21　“字体”对话框

2. 设置字符间距

为了让文档的版面更加协调，有时还需要设置字符间距。字符间距是指各字符间的距离，通过调整字符间距可使文字排列得更紧凑或者更疏散。

选中要设置字符间距的文本，依上述步骤打开图 3-21 所示的“字体”对话框，切换到“高级”选项卡，在“间距”下拉列表框中选择间距类型，如“加宽”，然后在右侧的“磅值”微调框中设置间距大小，设置完成后单击“确定”按钮，如图 3-22 所示。

图 3-22 “高级”选项卡

3. 格式刷

格式刷是一种快速应用格式的工具，使用格式刷“刷”格式，可以快速将指定段落或文本的格式沿用到其他段落或文本上，让我们免受重复设置之苦。当需要对文档中的文本或段落设置相同的格式时，便可通过格式刷完成，具体操作步骤如下：

选中已设置好格式的文本，然后单击“开始”选项卡的“剪贴板”组中的“格式刷”按钮，此时鼠标指针呈刷子形状。按住鼠标左键不放，然后拖动鼠标选择需要设置相同格式的文本，完成选择后释放鼠标，被拖动的文本即可应用所选文本的格式。

当需要把一种格式复制到多个文本对象时，需要连续使用格式刷。此时可以双击“格式刷”按钮，使鼠标指针一直呈刷子形状。当不再需要使用格式刷时，可以再次单击“格式刷”按钮或按 Esc 键，退出格式复制状态。

4. 快速清除格式

对文本设置各种格式后，如果需要还原为默认格式，需要依次清除已经设置的格式。Word 2016 提供了“清除格式”功能，通过该功能，用户可以快速清除字符格式。

具体操作步骤为：选择需要清除格式的文本，然后单击“字体”组中的“清除格式”按钮，之前所设置的字体、颜色等格式即可被清除掉，并还原为默认格式。

3.5.3 设置段落格式

段落是 Word 2016 的重要组成部分。段落的基本格式包括段落的对齐方式、缩进方式、段落间距及行距等。可在“开始”选项卡的“段落”组中设置段落格式。如果需要设置多个段落的格式，则将这些段落同时选中。设置段落格式主要是利用“段落”组中的按钮，或在“段落”对话框中完成，如图 3-23、图 3-24 所示。

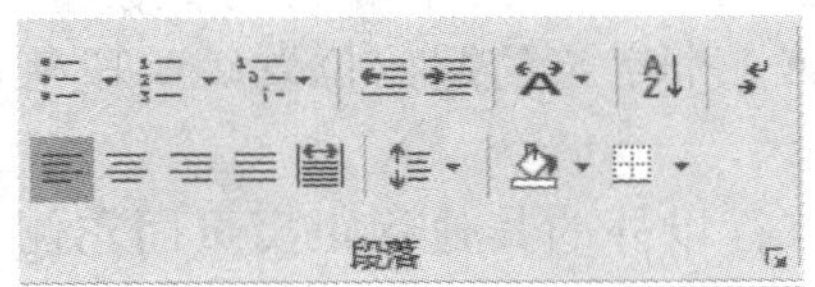

图 3-23 段落格式设置按钮

图 3-24 “段落”对话框

1. 设置对齐方式

对齐方式是指段落在文档中的相对位置，段落的对齐方式有五种：左对齐、居中、右对齐、两端对齐以及分散对齐。Word 的默认文本对齐方式是两端对齐。

设置段落对齐方式的方法：选中需要设置格式的段落，然后单击“段落”组中的“左对齐”按钮，就可将段落设为左对齐格式，如图 3-23 所示。

2. 设置行距和段间距

行距是指每行文本之间的距离。段间距指段落与段落之间的距离，包括本段与上段之间的距离，以及本段与下段之间的距离。设置段间距的方法如下：

单击“段落”组的对话框启动器按钮，在打开的“段落”对话框的“间距”栏中，设置“段前”“段后”，如图 3-25 所示。

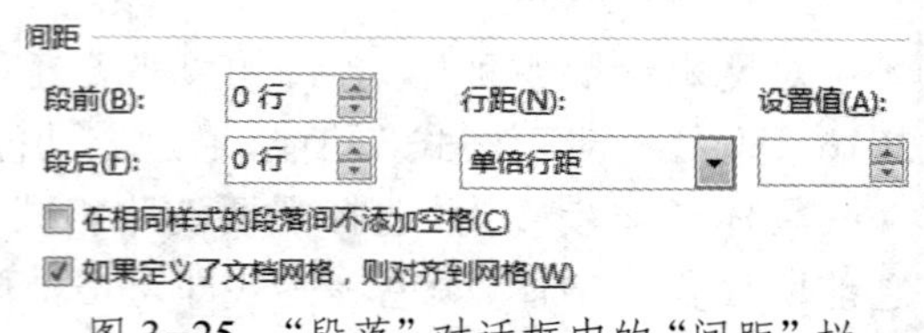

图 3-25 “段落”对话框中的“间距”栏

设置行距的方法为：选择需要设置行间距的段落，单击“行和段间距”按钮右侧的下拉按钮，设置行和段间距。

3. 设置段落缩进

为了增强文档的层次感，提高可阅读性，可对段落设置合适的缩进。段落的缩进方式有左缩进、右缩进、首行缩进和悬挂缩进四种。

左缩进：是指整个段落左边界距离页面左侧的缩进量。

右缩进：是指整个段落右边界距离页面右侧的缩进量。

首行缩进：是指段落首行第 1 个字符的起始位置距离段落其他行左侧的缩进量。大多数文档的首行缩进量为两个字符。

悬挂缩进：是指段落中除首行以外的其他行距离页面左侧的缩进量。悬挂缩进方式一般用于一些较特殊的场合，如杂志、报刊等。

设置段落缩进的方法：选中需要设置缩进的段落，打开图 3-24 所示的“段落”对话框，在

“缩进和间距”选项卡的“缩进”栏中，通过“左侧”微调框可设置左缩进的缩进量，通过“右侧”微调框可设置右缩进的缩进量。在“特殊格式”下拉列表框中可选择“首行缩进”或“悬挂缩进”方式，然后通过右侧的“缩进值”微调框设置缩进量，然后单击“确定”按钮。

也可以通过文档上方的标尺或“开始”选项卡的“段落”组中的相关按钮调整段落缩进。

3.5.4　项目符号和编号

在制作规章制度、管理条例等方面的文档时，可通过项目符号或编号来组织内容，从而使文档层次分明、条理清晰。项目符号可以是数字、字符，也可以是图片。

1. 添加项目符号和编号

选中需要添加项目符号的段落，单击“开始”选项卡的“段落”组中的“项目符号”按钮或“编号”按钮右侧的下拉按钮，在弹出的下拉列表中，将鼠标指针指向需要的项目符号或编号时，可在文档中预览应用后的效果，对其单击即可应用到所选段落中。

默认情况下，在以“一、”“①”或“a.”等编号开始的段落中，按下 Enter 键换到下一段时，下一段会自动产生连续的编号。

在刚出现一个编号时，单击快速访问工具栏上的“撤销”按钮或按 Ctrl＋Z 组合键，可以撤销自动产生的编号。

2. 添加自定义项目符号

根据文档需要，还可对段落添加自定义样式的项目符号。在“段落”组中单击“项目符号”按钮右侧的下拉按钮，在弹出的下拉列表中单击“定义新项目符号”选项，弹出“定义新项目符号”对话框，如图 3-26 所示。单击“符号”或“图片”按钮，在弹出的对话框中选择新的符号或图片作为项目符号，然后单击“确定”按钮。

返回当前文档，保持段落的选中状态，再次单击“项目符号”按钮右侧的下拉按钮，在弹出的下拉列表中单击之前设置的项目符号样式，将其应用到当前所选段落中。

对段落添加自定义样式编号的操作步骤和添加自定义项目符号类似。

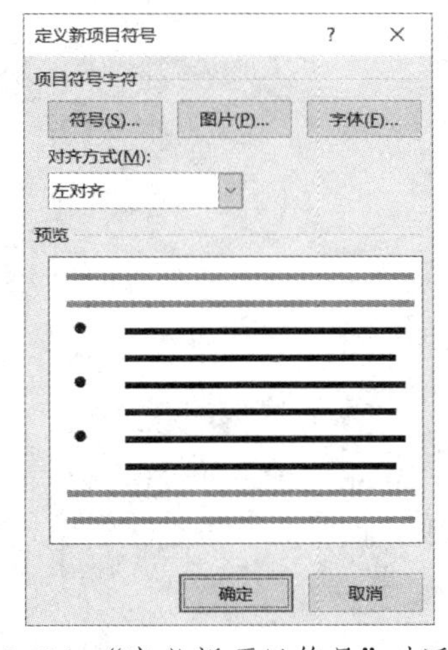

图 3-26　“定义新项目符号”对话框

3. 添加多级列表

对于含有多个层次的段落，为了清晰地体现层次结构，可对其添加多级列表：

（1）选中需要添加多级列表的段落，然后单击“段落”组中的“多级列表”按钮，在弹出的下拉列表框中选择需要的列表样式。此时所有段落的编号级别为 1 级，因而需要进行调整。

（2）将插入点定位在应是 2 级列表编号的段落中，然后单击“多级列表”按钮，在弹出的下拉列表中单击“更改列表级别”选项，然后在弹出的级联列表中单击“2 级”选项。此时，该段落的编号级别将调整为 2 级。

在需要调整级别的段落中，将插入点定位在编号和文本之间，单击“段落”组中的“增加缩进量”按钮，或按 Tab 键，可降低一个列表级别；单击“减少缩进量”按钮，或按 Shift＋Tab 组合键，可提升一个列表级别。

3.5.5 边框和底纹

在 Word 2016 中，可以为选定的字符、段落、页面及各种图形设置各种颜色、形状的边框和底纹，从而美化文档，使文档格式达到理想的效果。

1. 设置字符边框

选定要添加边框的文字，在“开始”选项卡的“字体”组中单击“字符边框”按钮即可。

2. 设置段落边框

选择要添加边框的段落，单击“开始”选项卡的“段落”组中“边框”右边的下拉按钮，在弹出的下拉列表中选择“边框和底纹”命令，弹出“边框和底纹”对话框，如图 3-27 所示。在“边框”选项卡中，分别设置边框的样式、线型、颜色、宽度、应用范围等，其中应用范围选定的是段落。对话框右边会出现效果预览，用户可以根据预览效果进行调整，直到满意为止。

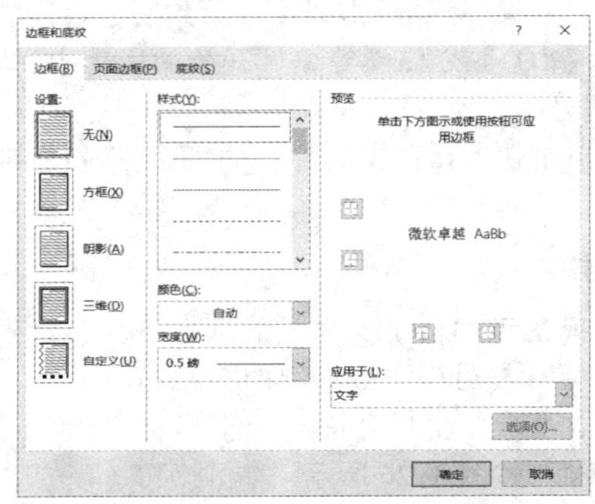

图 3-27 “边框和底纹”对话框

3. 添加底纹

Word 2016 可以给选定的文本添加底纹。打开“边框和底纹”对话框后，切换到“底纹”选项卡，如图 3-28 所示，设定填充底纹的颜色、样式和应用范围等，单击“确定”按钮。

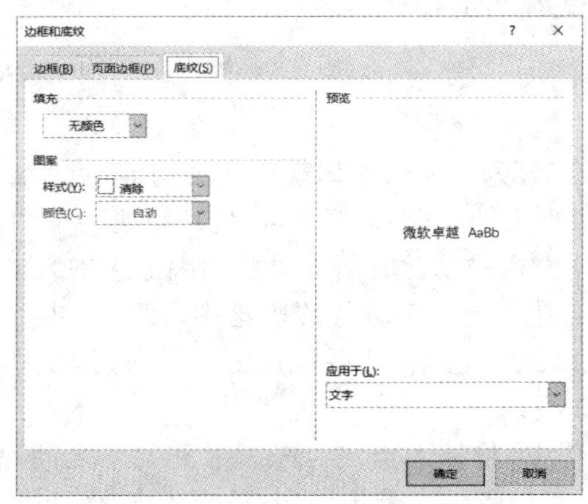

图 3-28 底纹设置

3.5.6 分隔符和分栏

1. 分隔符

打开“布局”选项卡的“页面设置”组中的“分隔符”，即可看到分页符和分节符，如图 3-29 所示。

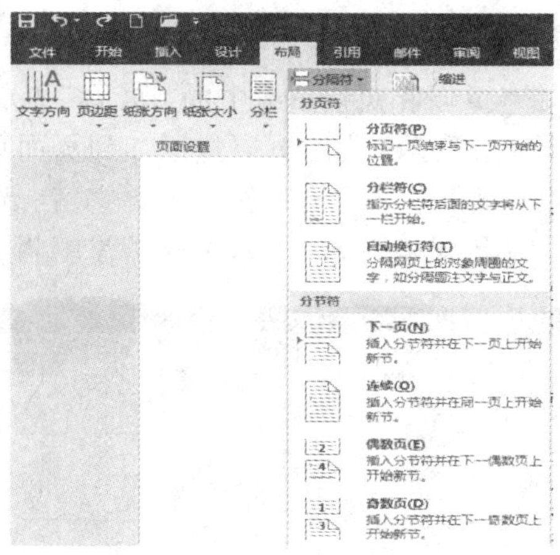

图 3-29　“分隔符”下拉列表

（1）分页符。

分页符用于在当前位置强行插入新的一页，它只是分页，前后还是同节，用来标记一页终止并开始下一页的点，如文档由多张页面组成时，可通过插入分页符的方式来增加页面。

（2）分节符。

分节符可以将同一页的内容分为不同节，也可以在分节的同时进入下一页开始一个新节。“分节符”有下一页、连续、偶数页、奇数页四种。

① 下一页：插入一个分节符并在下一页开始新节。

② 连续：插入分节符并在同一页开始新节。

③ 偶数页：插入分节符并在下一偶数页上开始新节。

④ 奇数页：插入分节符并在下一奇数页上开始新节。

（3）删除分节符。

在“开始”选项卡的“段落”组中，单击“显示 / 隐藏编辑标记”按钮，可以显示出隐藏的分节符标记，然后将光标定位到“分节符”标记前面按 Delete 键即可删除。

2. 分栏

为了提高阅读兴趣、创建不同风格的文档或节约纸张，可进行分栏排版。

选中要设置分栏排版的文档内容，切换到“布局”选项卡，在“页面设置”组中单击“分栏”按钮，在弹出的下拉列表中选择分栏方式。也可以通过选择“更多分栏”命令，打开“分栏”对话框做详细设置，如图 3-30 所示。如果要对文

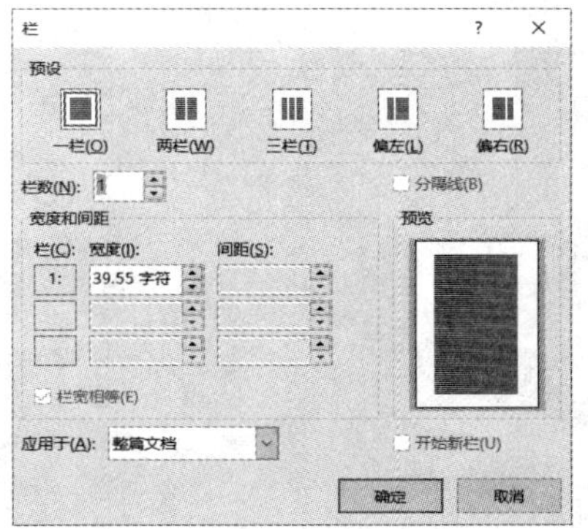

图 3-30　“分栏”对话框

档全文进行分栏排版，可以不用选择文档，直接执行上述操作步骤即可。

3.5.7 设置页眉、页脚和页码

页眉和页脚通常会显示关于文档的附加信息。对页眉和页脚进行编辑，可起到美化文档的作用。

1. 插入页眉、页脚

选择“插入”选项卡，单击“页眉和页脚”组中的“页眉”按钮，在弹出的下拉列表中选择某一种页眉样式，如图 3-31 所示，所选样式的页眉将添加到页面顶端。页眉编辑过程如下：

首先，进入页眉编辑区，在“在此键入”框中输入页眉文字。选择“页眉和页脚工具 / 设计”选项卡，单击“导航”组中的“转至页脚”按钮进入页脚信息编辑。

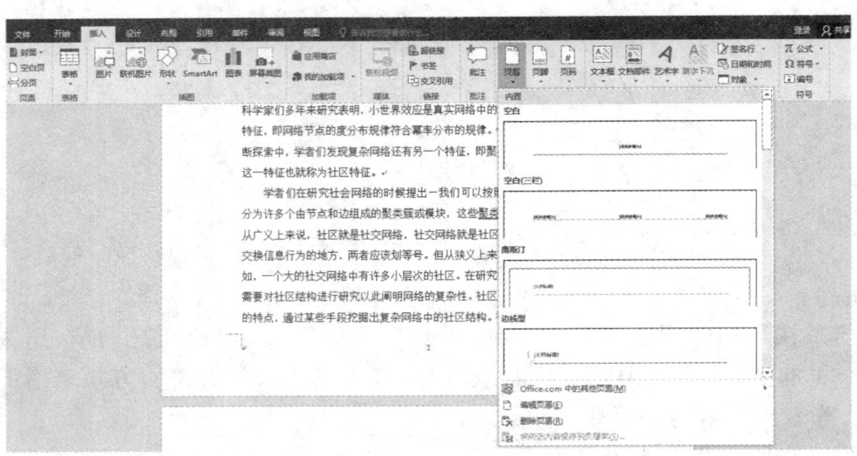

图 3-31 “页眉”下拉列表

2. 设置页码

如果一篇文档含有很多页，为了打印后便于排列和阅读，应对文档添加页码。

选择“插入”选项卡，单击“页眉和页脚”组中的“页码”按钮，在弹出的下拉列表中选择页码位置，如图 3-32 所示，在弹出的级联列表中选择需要的页码样式即可。

如果文档只有一节，系统默认的起始页码是从 1 开始，否则默认起始页码是“续前节”，意思是从前一节页码的下一页开始计数。在图 3-33 所示的对话框中，可以为文档设置新的起始页码。

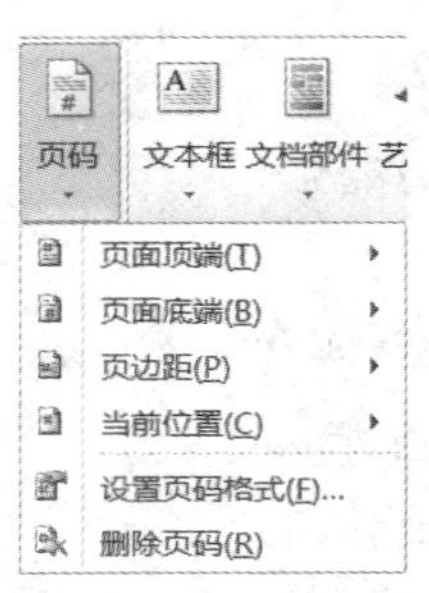

图 3-32 插入页码

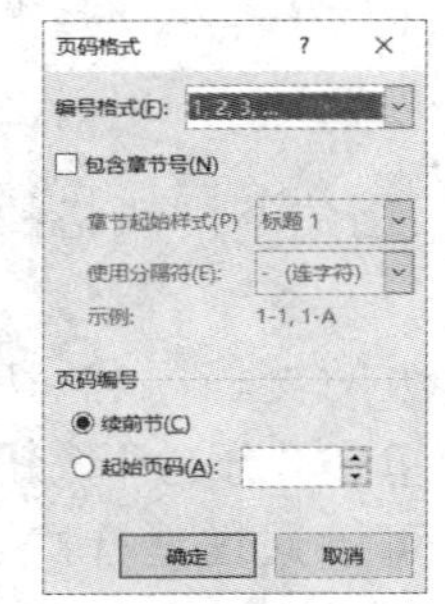

图 3-33 “页码格式”对话框

此外，当文档处于页眉 / 页脚编辑状态时，在“页眉和页脚工具 / 设计”选项卡中通过“页眉和页脚”组也能实现对页码的插入。若要对奇偶页添加不同样式的页码，可先设置“奇偶页不同”，再分别对奇偶页添加页码。

3.5.8 样式和模板

1. 应用样式

选中需要应用样式的文本，在“开始”选项卡的“样式”组中单击右下角的对话框启动器按钮，弹出“样式”窗格，选择自己需要的样式就可以了，如图 3-34 所示。如果勾选“样式”窗格下方的“显示预览”选项，窗格中的样式名称会显示对应样式的预览效果。

应用样式后，单击“样式”组中的“其他”下拉按钮，在弹出的下拉列表中单击“清除格式”命令，即可取消应用的格式。

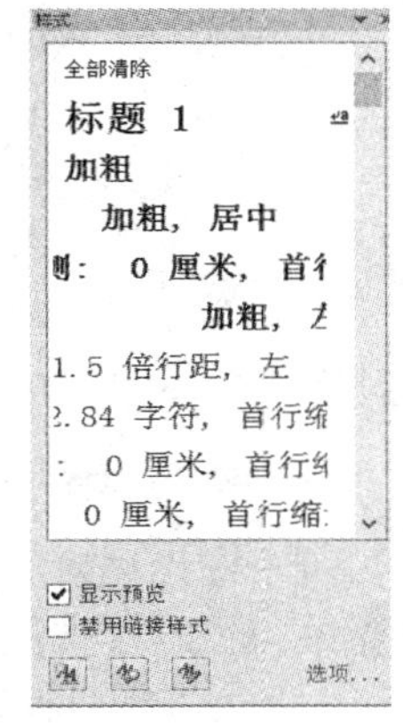

图 3-34　“样式”窗格

2. 新建样式

要制作一篇有特色的 Word 文档，除了应用 Word 提供的内置样式，还可以自己创建和设计样式，如新的文本样式、新的表格样式或列表样式等。

打开文档，将插入点定位在需要应用样式的段落中，在“样式”窗格底部单击“新建样式”按钮，弹出的对话框如图 3-35 所示。在“属性”栏中设置样式的名称、样式类型等参数，在“格式”栏中为新建样式设置字体、字号等格式。

若需要更为详细的设置，可单击左下角的“格式”按钮，在弹出的菜单中进行相应的设置。例如，要设置段落格式，可从中选择“段落”命令。

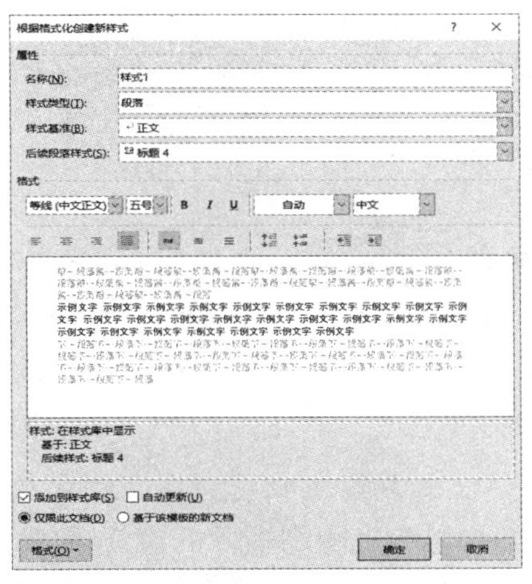

图 3-35　新建样式

3. 修改样式

若样式的某些格式设置不合理，可根据需要进行修改。修改样式后，所有应用了该样式的文本都会发生相应的格式变化，提高了排版效率。此外，对于多余的样式，也可以将其删除，以便更好地应用样式。

在“样式”窗格中，将鼠标指针指向需要修改或删除的样式，右击该样式，在弹出的下拉列表中选择“修改”命令，在接下来弹出的“修改样式”对话框中按照新建样式的方法进行设置，便可实现样式的修改；若在下拉菜单中单击“删除”命令，便可删除该样式。

在“样式”窗格的列表框中，带有符号 ¶ 或 a 的是内置样式，无法删除。

此外，新建的样式只能用于当前文档，如果经常要使用某种或某些样式，可以将其保存为模板，下次使用时调用这个模板就可以了。

3.5.9 使用脚注和尾注

我们在书籍或论文中经常会看到脚注和尾注。脚注和尾注用于为文档中的重点难点提供解释、批注以及相关的参考资料。脚注对文档的内容进行注释说明，而尾注说明引用的文献。脚注通常位于页面底端或文字下方，而尾注通常位于节或文档的结尾处。脚注和尾注注释引用标记通常位于正文文字的右上角。

1. 添加脚注和尾注

（1）将光标定位到需要插入脚注或尾注的位置，选择“引用”选项卡，在“脚注”组中根据需要单击“插入脚注”或“插入尾注”按钮，这里我们单击“插入脚注”按钮，如图 3-36 所示。

（2）在刚刚选定的位置上会出现一个上标的序号“1”，在页面底端也会出现一个序号“1”，且光标在序号“1”后闪烁，如图 3-37 所示。提示：如果添加的是尾注，则是在文档末尾出现序号“1”。

（3）现在我们可以在页面底端的序号“1”后输入具体的脚注信息，这样我们的脚注就添加完成了。

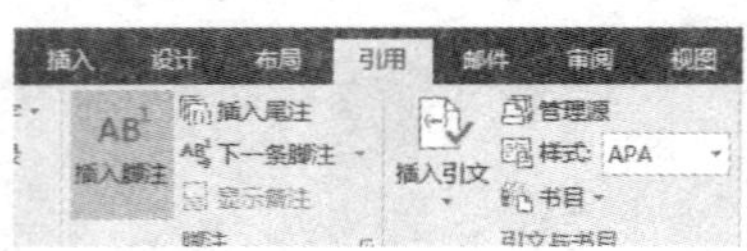

图 3-36　插入脚注

图 3-37　输入脚注

2. 修改脚注和尾注

单击“引用”选项卡，再单击“脚注”组右下角的对话框启动器按钮，弹出图 3-38 所示的对话框，便可以设置编号格式、起始编号、定义标记符号等。

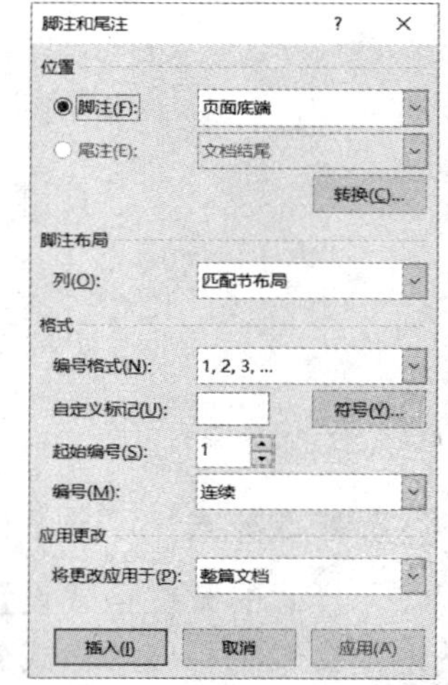

图 3-38　“脚注和尾注”对话框

3. 删除脚注和尾注

如果想删除脚注或尾注，可以选中脚注或尾注在文档中的位置，即在文档中的序号。这里我们选中刚刚插入的脚注，即在文档中的上标序号“1”。然后按键盘上的 Delete 键，即可删除该脚注。

3.5.10 版面设计

将 Word 文档制作好后，用户可根据实际需要对页面格式进行设置，主要包括文字方向、页边距、纸张大小和纸张方向等。

（1）通过功能区设置。如果只是要对文档的页面进行简单设置，可切换到“布局”选项卡，然后在“页面设置”组中通过单击相应的按钮进行设置即可，如图 3-39 所示。

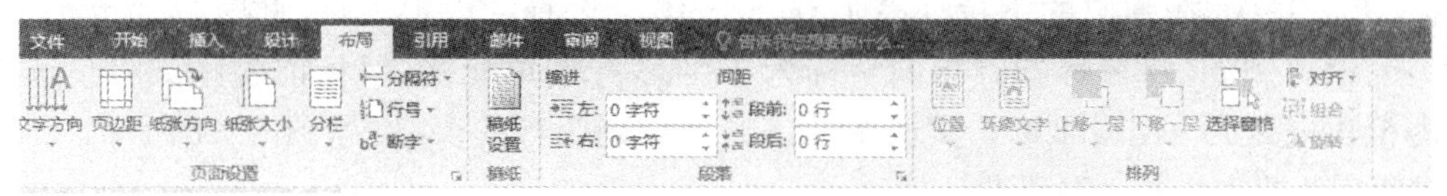

图 3-39　“页面设置”组

① 页边距：页边距是指文档内容与页面边沿之间的距离，用于控制页面中文档内容的宽度和长度。单击“页边距”按钮，可在弹出的下拉列表中选择页边距大小。

② 纸张方向：默认情况下，纸张方向为“纵向”。若要更改其方向，可单击“纸张方向”按钮，在弹出的下拉列表中进行选择。

③ 纸张大小：默认情况下，纸张大小为“A4”。若要更改其大小，可单击“纸张大小”按钮，在弹出的下拉列表中进行选择。

（2）通过对话框设置。如果要进行更详细的设置，可通过“页面设置”对话框实现。具体操作方法为：在要进行页面设置的文档中切换到“布局”选项卡，然后单击“页面设置”组中的对话框启动器按钮，弹出“页面设置”对话框，如图 3-40 所示。

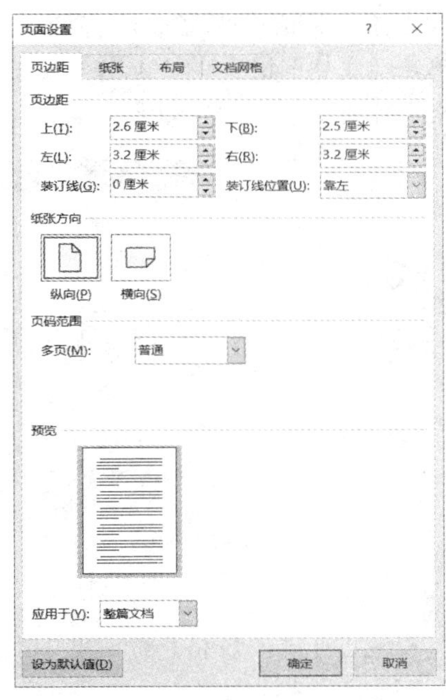

图 3-40　“页面设置”对话框

切换到“纸张”选项卡，在“纸张大小”下拉列表框中可选择纸张大小。如果希望自定义纸张大小，可通过“宽度”和“高度”微调框分别设置纸张的宽度与高度。

切换到“版式”选项卡，可设置页眉、页脚的相关参数，以及设置页面的垂直对齐方式等。

3.6 表格制作

表格是日常生活中常用的一种信息组织形式，使用表格可以比一段文字更清晰、简明地表达信息。Word 2016 提供了多种创建表格的方法，还可以通过合并、拆分单元格等方式编辑表格，并且可以通过设置边框、底纹、对齐等方式来美化表格。本节内容主要包括三部分内容：创建表格、编辑表格以及美化表格。

3.6.1 创建表格

表格的创建方式有插入表格、绘制表格、文本转换成表格、Excel 电子表格、快速表格等几种方式。

1. 插入表格

Word 2016 提供了以下几种插入表格的方法：

（1）使用虚拟表格。

首先，将插入点定位在要插入表格的位置，切换到“插入”选项卡，然后单击“表格”组中的“表格”按钮。其次，在弹出的下拉列表中有一个 10 列 8 行的虚拟表格，此时移动鼠标可选择表格的行 / 列值。例如，将鼠标指针指向坐标为 3 列、3 行的单元格，鼠标前的区域将呈选中状态，并显示为橙色。最后单击，即可在文档中插入一个 3 列 3 行的表格，如图 3-41 所示。

（2）使用“插入表格”对话框。

当需要的表格超过 10 列 8 行时，就无法通过虚拟表格功能插入表格了。此时可通过“插入表格”对话框来完成。将插入点定位在需要插入表格的位置，切换到“插入”选项卡，然后单击“表格”组中的“表格”按钮，在弹出的下拉列表中单击“插入表格”选项，弹出“插入表格”对话框，如图 3-42 所示。

图 3-41　虚拟表格

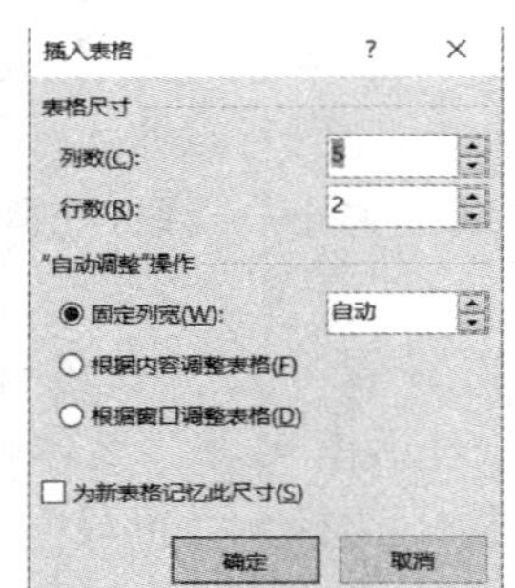

图 3-42　“插入表格”对话框

通过“插入表格”对话框中“行数”和“列数”微调框分别设置表格的行数和列数，然后单击“确定”按钮即可。

2. 绘制表格

上述方法比较适合插入规则的表格，在实际应用中，根据操作需要，还可通过“绘制表格”功能“画”一些不规则表格。具体操作步骤如下：

（1）切换到“插入”选项卡，然后单击“表格”组中的“表格”按钮，在弹出的下拉列表中单击“绘制表格”选项。

（2）此时鼠标指针呈笔状，将插入点定位在要插入表格的起始位置，然后按住鼠标左键并拖动，文档编辑区中将出现一个虚线框，待虚线框达到合适大小后释放鼠标，可绘制出表格的外框。

（3）在表格绘制状态，Word 2016 系统会自动出现“表格工具 / 设计”和“表格工具 / 布局”选项卡，单击“设计”选项卡，在“边框”组中，可以设置框线的类型、粗细和颜色，还可以通过切换“绘制表格”和“橡皮擦”按钮来绘制、修改不规则表格，如图 3-43 所示。

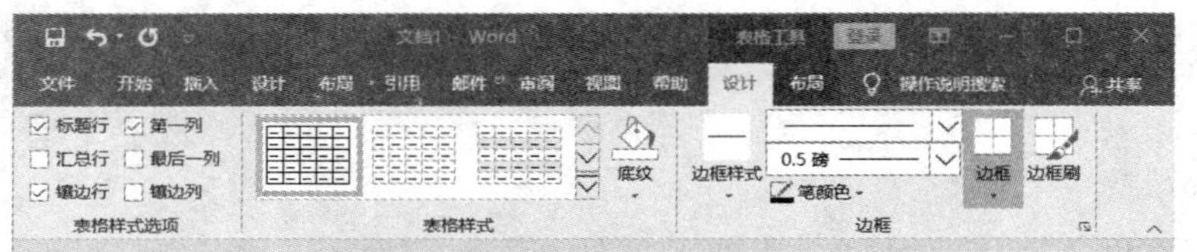

图 3-43　表格绘制工具按钮

（4）按住鼠标左键从左至右或从上至下，在框内绘制出需要的横线、竖线即可。

（5）绘制完成后，再次单击“绘制表格”选项或按下 Esc 键，可使鼠标指针退出笔形状态，即退出绘制表格状态。

3. 绘制 Excel 电子表格

当涉及复杂的数据关系时，可通过 Word 2016 调用 Excel 电子表格，方法是：切换到“插入”选项卡，然后单击“表格”组中的“表格”按钮，在弹出的下拉列表中单击“Excel 电子表格”选项，文档中将自动生成一个 Excel 表格，作为一个嵌入式对象插入 Word 文档中，并呈编辑状态，同时，Word 窗口的操作界面发生相应变化。此时，可利用功能区中的功能按钮对 Excel 表格进行编辑，如图 3-44 所示。若要退出表格的编辑状态，单击表格外的任意空白处即可。若要再次返回编辑状态，直接双击 Excel 表格即可。

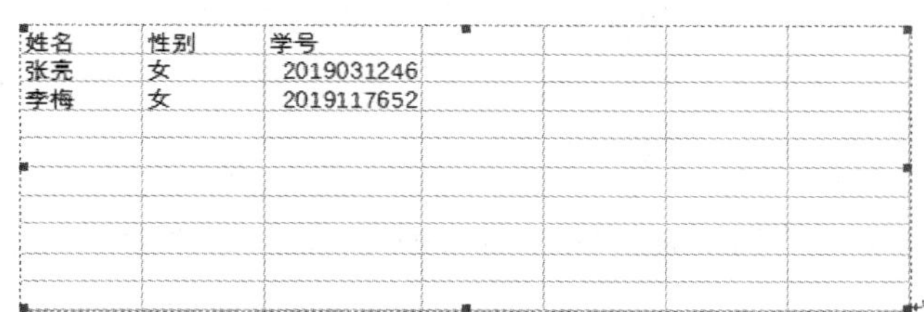

姓名	性别	学号
张亮	女	2019031246
李梅	女	2019117652

图 3-44　在 Word 中插入 Excel 表格

4. 使用“快速表格”功能创建表格

如果要创建带有样式的表格，可通过 Word 2016 的“快速表格”功能实现，方法是：

将光标定位在需要插入表格的位置，切换到“插入”选项卡，然后单击“表格”组中的“表格”按钮，在弹出的下拉列表中单击“快速表格”选项，然后在级联列表中单击需要的样式，即可将其插入文档中。

5. 文字和表格的相互转换

在编辑表格的过程中，根据操作可将表格转换成文字或者将文字转换成表格。

（1）将文字转换成表格。

文档中的每项内容之间以逗号（英文状态下输入）、段落标记或制表符等特定符号间隔的文字可转换成表格，其方法如下：

首先，选中要转换为表格的文字，切换到“插入”选项卡，然后单击“表格”组中的“表格”按钮，在弹出的下拉列表中单击“文字转换成表格”选项，弹出“将文字转换成表格”对话框，如图 3-45 所示。保持默认设置不变，单击“确定”按钮，所选文字即可转换成表格。

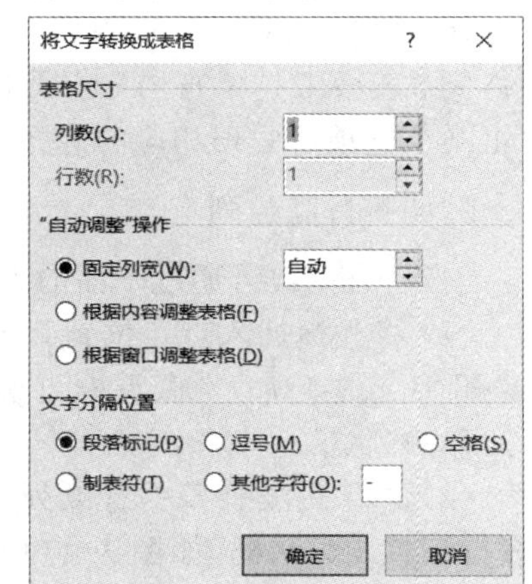

图 3-45　“将文字转换成表格”对话框

（2）将表格转换成文本。

选中要转换为文本的表格，切换到“表格工具 / 布局”选项卡，然后单击“数据”组中的“转换为文本”按钮，在弹出的“表格转换成文本”对话框中选择“文字分隔符”下的“制表符”，如图 3-46 所示，然后单击“确定”按钮。

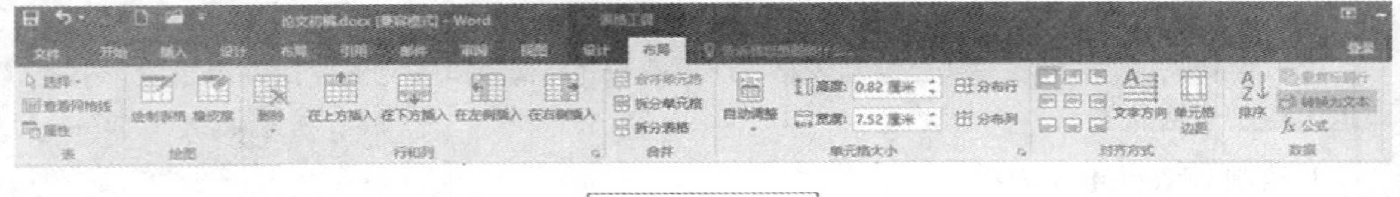

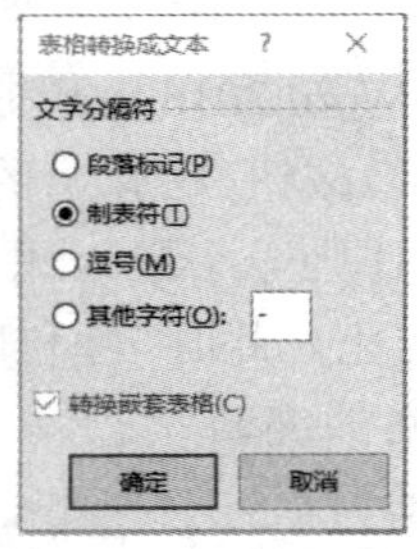

图 3-46 “表格转换成文本”对话框

3.6.2 编辑表格

表格的编辑操作主要包括调整表格的行高与列宽、插入与删除单元格、合并与拆分单元格以及拆分表格等。

1. 表格的选定

单元格的选定：将鼠标指针指向某单元格的左侧，待指针呈黑色箭头状时，单击可选中该单元格。按住鼠标左键继续拖动可以选定多个单元格。

行的选定：将鼠标指针指向某行的左侧，待指针呈白色箭头状时，单击鼠标左键可选中该行。按住鼠标左键向上或者向下拖动可以选定多行。

列的选定：将鼠标指针指向某列的上边，待指针呈黑色箭头状时，单击鼠标左键可选中该列。按住鼠标左键向左或者向右拖动可以选定多列。

整表选定：当鼠标指针移到表格内，在表格外的左上角会出现⊞，这个按钮就是全选按钮，单击它可以选定整个表格。

除上述方法外，还可通过功能区选择操作对象。方法为：将插入点定位在某个单元格内，切换到“表格工具 / 布局”选项卡，然后单击“表”组中的“选择”按钮，在弹出的下拉列表中单击某个选项可实现相应的选择操作。

2. 调整行高与列宽

创建表格后，可通过下面的方法来调整行高与列宽。

（1）将光标插入点定位到某个单元格内，切换到“表格工具 / 布局”选项卡，在“单元格大小”组中通过“高度”微调框可调整单元格所在行的行高，通过“宽度”微调框可调整单元格所在列的列宽。

（2）选中需要调整的行或列，单击右键，从弹出的快捷菜单中选择“表格属性”命令，打开“表格属性”对话框，如图 3-47 所示，在“表格属性”对话框的各选项卡中精确设定行高或列宽的值。

（3）将鼠标指针指向行与列框线上，待指针呈÷或⫲状时，按下鼠标左键并拖动，表格中将出现虚线，待虚线到达合适位置时释放鼠标即可。

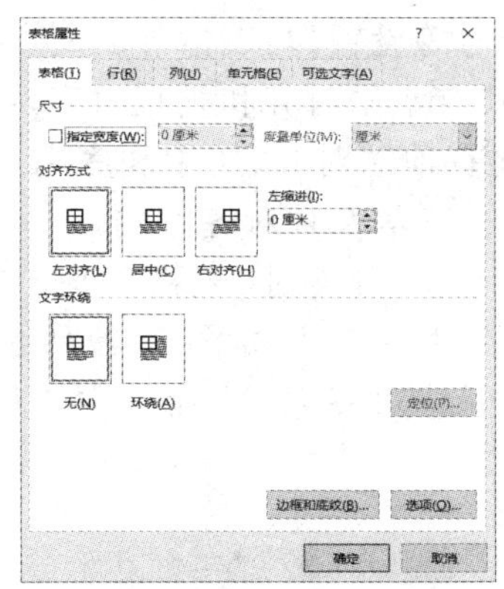

图 3-47　“表格属性”对话框

此外，在“单元格大小”组中，若单击“分布行”或“分布列”按钮，则表格中所有行或列的高或宽将自动进行平均分布。

3. 插入与删除行、列或单元格

当表格范围无法满足数据的录入时，可根据实际情况插入行或列。方法为：将光标插入点定位在某个单元格内，切换到“表格工具 / 布局”选项卡，然后单击“行和列”组中的某个插入按钮，可实现相应的操作。

对于多余的行或列，可以将其删除，从而使表格更加整洁、美观。方法为：将插入点定位在某个单元格内，切换到“表格工具 / 布局”选项卡，然后单击“行和列”组中的“删除”按钮，在弹出的下拉列表中单击某个选项可执行相应的操作，如图 3-48 所示。

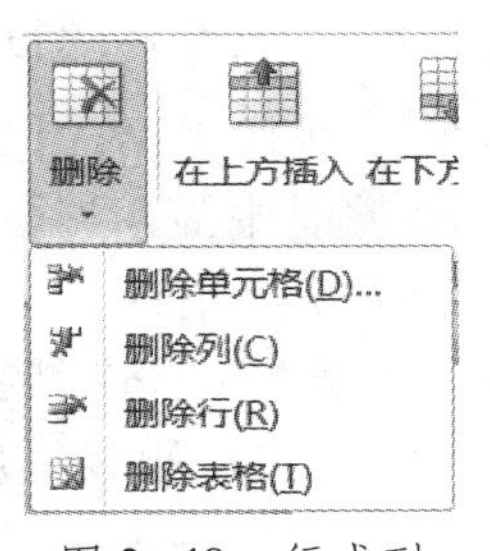

图 3-48　行或列的删除操作

4. 合并与拆分单元格、表格

在“表格工具 / 布局”选项卡中，通过“合并”组中的“合并单元格”或“拆分单元格”按钮，可对选中的单元格进行合并或拆分操作，也可以通过“拆分表格”按钮对表格按要求进行拆分或合并。

拆分单元格：选中需要拆分的某个单元格，然后单击“拆分单元格”按钮，在弹出的“拆分单元格”对话框中设置拆分的行、列数，单击“确定”按钮即可。

合并单元格：选中需要合并的多个单元格，然后单击“合并单元格”按钮，即可将其合并成一个单元格。

拆分表格：将插入点放在拆分界限所在行的任意单元格中，在“表格工具 / 布局”选项卡的“合并”组中单击“拆分表格”按钮，可以看到一个表格变成了两个。需要注意：表格只能从行拆分，不能从列拆分。

合并表格：将两个表格合并的关键是两个表格的文字环绕方式必须为“无”，然后将两个表格之间的段落标记删除，这样两个表格即可合并在一起。

3.6.3 格式化表格

格式化表格主要包括设置单元格中文字的字体、字号和对齐方式等，以及设置表格的边框和底纹，从而美化表格，使之赏心悦目。

表格中文字的字体、字形和字号等设置，与表格外的文本设置方式相同，此处不再重复。

表格单元格中的文字对齐方式有水平对齐和垂直对齐两种方向，水平方向有左对齐、居中对齐和右对齐三种方式，垂直方向有顶端对齐、居中和底端对齐三种方式，这样一来单元格的文本就有靠上两端对齐、靠上居中对齐等 9 种对齐方式。

选中需要设置对齐方式的单元格，切换到“表格工具 / 布局”选项卡，然后单击“对齐方式”组中的相关按钮可实现相应的对齐方式，如图 3-49 所示。也可以在选中目标单元格后，单击右键，在快捷菜单中选择“单元格对齐方式”命令中的相应选项，实现单元格内文本的对齐方式设置。

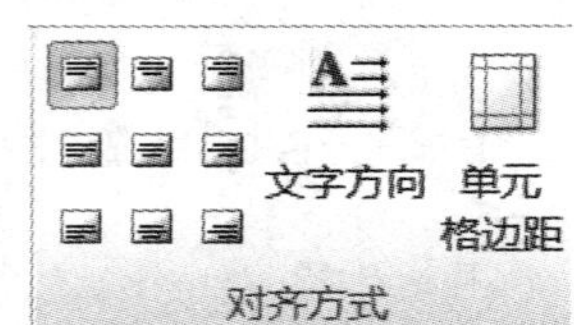

图 3-49　设置单元格对齐方式

1. 重复标题行

在使用 Word 2016 制作和编辑表格时，当同一张表格需要在多个页面中显示时，往往需要在每一页的表格中都显示标题行。设置方法如下：

选中表格标题行，单击“表格工具 / 布局”选项卡，在“数据”组中单击“重复标题行”按钮即可，如图 3-50 所示。

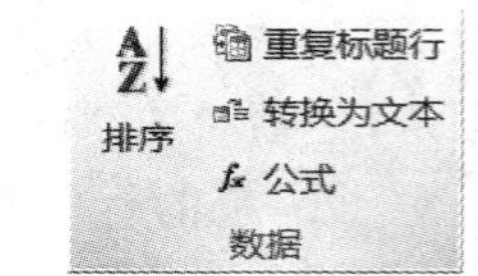

图 3-50　设置标题行重复

2. 设置边框与底纹

在 Word 中制作表格后，为了使表格更加美观，还可对其设置边框或底纹效果，具体操作步骤如下：

（1）将插入点定位在表格内，切换到“表格工具 / 设计”选项卡，在“表格样式”组中单击“边框”按钮右侧的下拉按钮，在弹出的下拉列表中单击“边框和底纹”选项，弹出“边框和底纹”对话框，此时可设置边框的样式、颜色和宽度等参数，如图 3-51 所示。

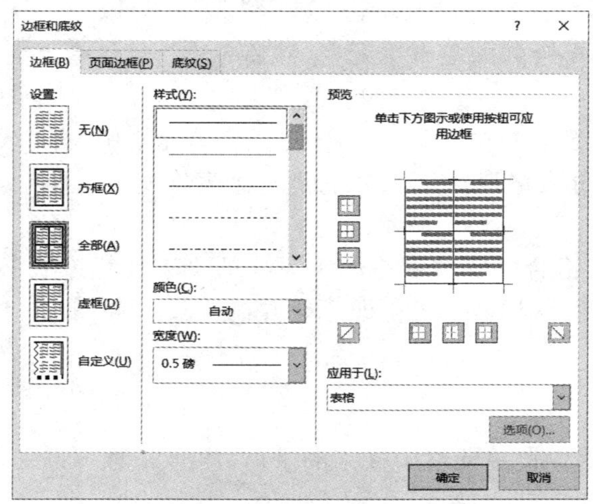

图 3-51　设置表格边框

在“预览”栏中，单击某个按钮可以调整相应框线，在“应用于”下拉列表框中可以选择边框或底纹应用的范围。

（2）切换到“底纹”选项卡，在“填充”下拉列表框中可设置表格的底纹颜色，在“图案 / 样式”下拉列表框中设置图案的样式。

3. 自动套用格式

将插入点定位在表格内，切换到“表格工具 / 设计”选项卡，在“表格样式”组中指向某个样式按钮，文档中的表格就会呈现相应的样式，如果认为合适，就单击这个按钮，也可以通过单击表格样式表右边的“其他”下拉按钮，浏览选择其他的样式，如图 3-52 所示。

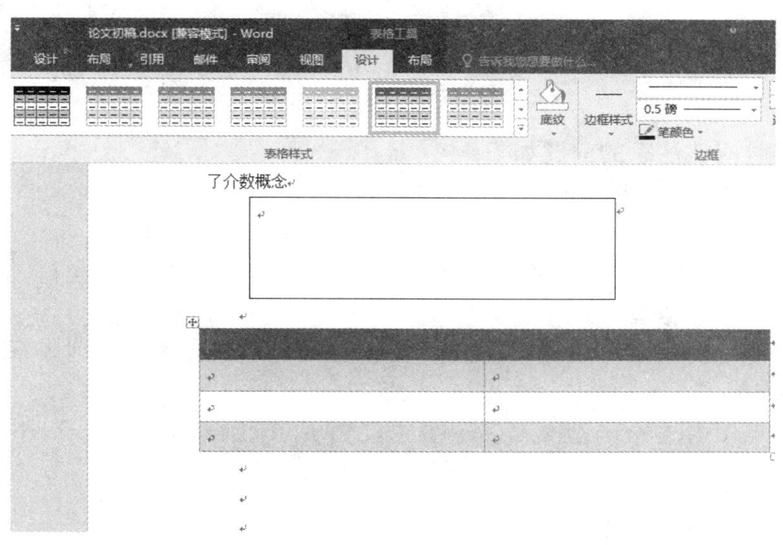

图 3-52 自动套用表格样式

3.6.4 表格数据的计算

在 Word 2016 中创建表格后，有时需要对表格中的数据进行计算。Word 2016 表格具有一定的计算功能，经过公式计算所得到的结果是一个域，当数据源发生变化时，公式的结果必须经过更新才会随之改变。

1. 单元格命名

Word 表格是由若干行和列组成的一个矩形的单元格阵列，单元格是组成表格的基本单位，单元格的名字由行号和列标来标识，其中列标在前，行号在后。表格中的行用数字 1、2、3、…来表示，叫作行号；表格中的列用字母 A、B、C、…来表示，称为列标。例如，B3 表示第 B 列第 3 行，B3 叫作单元格地址。一张 Word 表格最多可有 32 767×63 个单元格。

单元格区域是由左上角的单元格地址和右下角的单元格地址中间加一个英文冒号“:”组成的，如 A1:B6 表示 A1 到 B6 中间的所有单元格。

2. 计算数据

Word 的计算功能是通过公式来实现的。下面以求和运算为例，介绍在表格中计算数据的方法，步骤如下：

（1）移动鼠标光标到存放求和结果的单元格中。

（2）在“表格工具／布局”选项卡的“数据”组中单击“公式”。

（3）在弹出的“公式”对话框中的“公式”栏输入“=SUM（参数）”。参数也可指定为运算的单元格区域，如 SUM（A2:E3），表示对 A2 到 E3 区域内所有单元格求和，如图 3-53 所示。

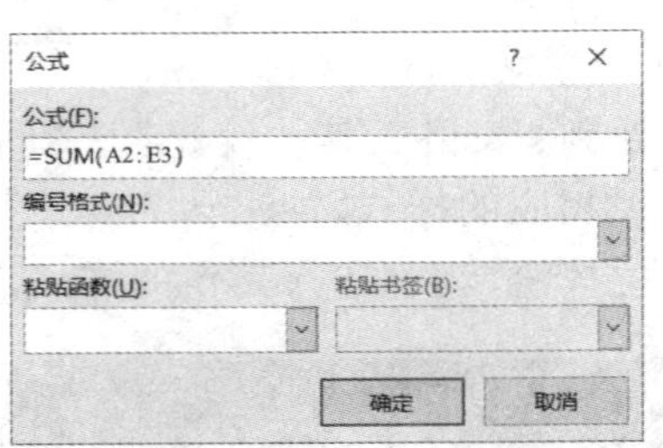

图 3-53　输入公式

在输入公式时应该注意的问题如下：

（1）公式中可以采用的运算符有＋、－、＊、／、＾、％、＝共七种，公式前的“=”不能遗漏。

（2）输入公式应注意在英文半角状态下输入，字母不区分大小写。

（3）输入公式时，应输入该单元格的地址，而不是单元格中的具体数值，而且参加计算的单元格中的数据应是数值型。

（4）公式中使用的函数可以自己输入，也可以在“粘贴函数”下拉列表框中选择，然后填上相应的参数即可。

（5）公式计算中有三个函数参数：ABOVE、LEFT、RIGHT，分别表示向上、向左和向右运算的方向。

3. 公式数据更新

在 Word 中，公式中引用的基本数据源如果发生了变化，计算的结果并不会自动改变，需要用户逐个进行公式更新。数据更新的方法如下：

（1）单击需要更新的公式数据，该数据被罩以灰色的底纹；

（2）单击右键，在弹出的快捷菜单中选择“更新域”命令，该单元格中的数据就被重新计算。

注意：公式的更新需要逐个进行更新。

3.7 图形对象的插入与处理

Word 2016 插入图片可以增强文档的美感和阅读性。它不仅可以将各种来源的图片、艺术字、文本框等图形对象插入文档中，还可以自己绘制图形，通过位置调整，可以使文档图文并茂，更具感染力。

3.7.1 插入图片和剪贴画

1. 插入图片

在“插入”选项卡的“插图”组中单击“图片”按钮，打开“插入图片”对话框，选择需要插入的图片，单击“插入”按钮右侧的下拉按钮，此时有三种选择，如图 3-54 所示。

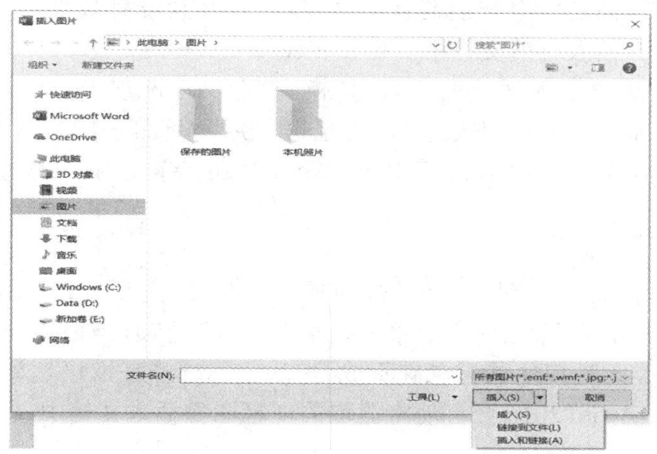

图 3-54　插入图片

（1）单击“插入”按钮。

在 Word 2016 文档中插入图片以后，图片就嵌入文档之中。即使原始图片发生了变化，Word 中的图片也不会变化。

（2）单击“链接到文件”按钮。

链接到某个文件只是在 Word 主文档和图片之间建立一个链接路径，并不是一个文件。一旦文件移动，其有效路径发生变化，链接就失效了。

如果在“插入”按钮的下拉列表中选择“链接到文件”命令，比如将图片“风景.jpg”通过“链接到文件”的形式插入 Word 中，则当“风景.jpg”图片位置移动或被重命名时，Word 2016 文档中将不再显示该图片。如果将“风景.jpg”图片替换为另一张图片时，Word 2016 将显示最新更新的图片。

（3）单击“插入和链接”按钮。

单击“插入”按钮右侧的下拉按钮，并选择“插入和链接”命令，选中的图片将被插入 Word 文档中。当原始图片内容发生了变化（图片被删除等操作）时，重新打开文档将看到图片不会有变化（必须在关闭所有 Word 2016 文档后重新打开插入该图片的文档）。如果原始图片位置移动或图片被重命名，则 Word 2016 文档中将保留最新的图片版本。

2. 插入剪贴画

剪贴画是 Word 2016 提供的图片，这些图片不仅内容丰富实用，而且涵盖了用户日常工作的各个领域。插入剪贴画的操作步骤如下：

（1）打开文档，将插入点定位到需要插入剪贴画的位置，切换到“插入”选项卡，然后单击“插图”组中的“联机图片”按钮，打开“联机图片”窗格。

（2）在“搜索文字”文本框中输入剪贴画类型，然后单击“搜索”按钮进行搜索，稍等片刻，将在列表框中显示搜索到的剪贴画，单击需要插入的剪贴画，即可将其插入文档中。

3. 插入屏幕截图

Word 2016 新增了屏幕截图功能。通过该功能，可以快速地截取屏幕图像，并将其直接插入文档中。

（1）截取窗口。

Office 2016 屏幕截图功能会智能监视活动窗口（打开且没有最小化的窗口），可以很方便地截取活动窗口图片并插入当前文档中。操作步骤如下：

将插入点定位在需要插入图片的位置，切换到“插入”选项卡，然后单击“插图”组中的“屏幕截图”按钮，在弹出的下拉列表的“可用视窗”栏中，屏幕截图将以缩略图的形式显示当前所有活动窗口，单击某个要插入的窗口图，Word 2016 会自动截取该窗口图片并插入文档中。

（2）截取区域。

将插入点定位在需要插入图片的位置，切换到“插入”选项卡，然后单击“插图”组中的“屏幕截图”按钮，在弹出的下拉列表中单击“屏幕剪辑”选项，当前文档窗口将会自动缩小，整个屏幕将朦胧显示，此时按住鼠标左键不放，拖动鼠标选择截取区域，被选中的区域将高亮显示。松开鼠标左键，Word 2016 会自动将截取的屏幕图像插入文档中。

3.7.2 图片格式化和图文混排

插入剪贴画和图片之后，功能区中将显示“图片工具 / 格式”选项卡，通过该选项卡，可对选中的剪贴画或图片进行调整颜色、设置图片样式和环绕方式等操作。

（1）在“调整”组中，可删除剪贴画或图片的背景，以及调整剪贴画或图片颜色的亮度、对比度、饱和度和色调等，甚至设置艺术效果，如图 3-55 所示。

（2）在“图片样式”组中，可对剪贴画或图片应用内置样式，设置边框样式，设置阴影、映像和柔化边缘等效果，以及设置图片版式等，如图 3-56 所示。

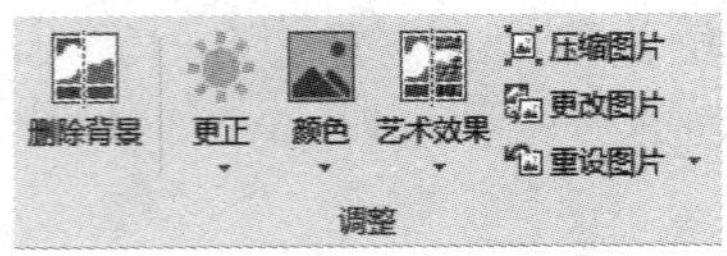

图 3-55 “调整”组

图 3-56 “图片样式”组

（3）在“排列”组中，可对剪贴画或图片进行调整位置、设置环绕方式及旋转方式等操作，如图 3-57 所示。

（4）在“大小”组中，可对剪贴画或图片进行调整大小和裁剪等操作，如若想设置更多尺寸问题可单击右下角的对话框启动器进行设置，如图 3-58 所示。

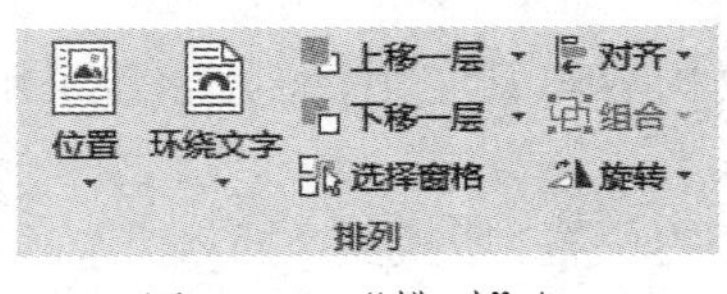

图 3-57 “排列”组

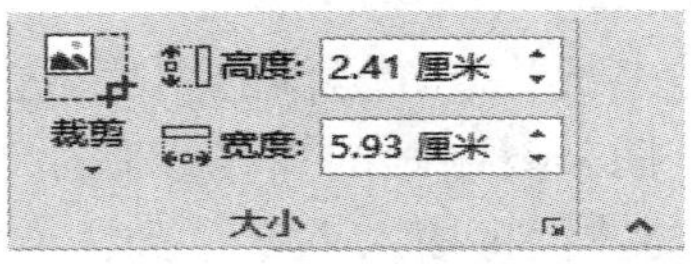

图 3-58 “大小”组

（5）对图片设置大小、颜色等各种格式后，若要还原为之前的状态，可在“调整”组中单击“重设图片”按钮右侧的下拉按钮，进而选择相应的命令。

3.7.3 插入形状

通过 Word 2016 提供的绘制图形功能，可在文档中“画”出各种样式的形状，如线条、椭圆和旗帜等。

1. 插入自选图形

打开需要编辑的文档，切换到“插入”选项卡，然后单击“插图”组中的“形状”按钮，在弹出的下拉列表中选择需要的图形。此时鼠标指针呈十字状，在需要插入自选图形的位置按住鼠标左键不放，然后拖动鼠标进行绘制，当绘制到合适大小时释放鼠标即可。

注意：在绘制图形的过程中，配合 Shift 键的使用，可绘制出特殊图形，如绘制矩形时，同时按住 Shift 键不放，可绘制出一个正方形。

2. 编辑自选图形

插入自选图形后，功能区中将显示“绘图工具/格式”选项卡，通过该选项卡中的相应组，可对选中的自选图形设置大小、样式等格式。

（1）在“插入形状”组中单击“编辑形状”按钮，选择更改形状菜单下的自选图形，可将当前图形更改为其他形状，或者对其编辑各个节点，如图 3-59 所示。

（2）在“形状样式”组中，可对自选图形应用内置样式，以及设置填充效果、轮廓样式及形状效果等，如图 3-60 所示。也可以单击本组的扩展按钮，弹出“设置形状格式”对话框，做详细设置。

（3）在“排列”组中，可对自选图形设置对齐方式、环绕方式、叠放次序及旋转方向等，如图 3-61 所示。如果想对多个图像同时设置，则同时选择多个图形，然后单击“组合”按钮，可将它们组合为一个整体。

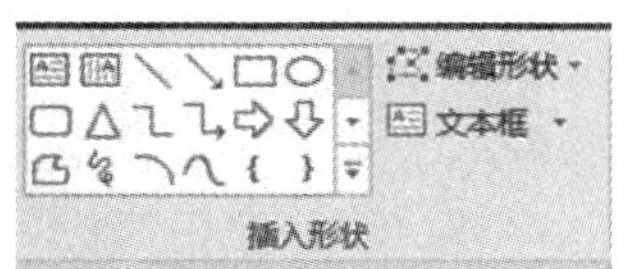

图 3-59　“插入形状”组

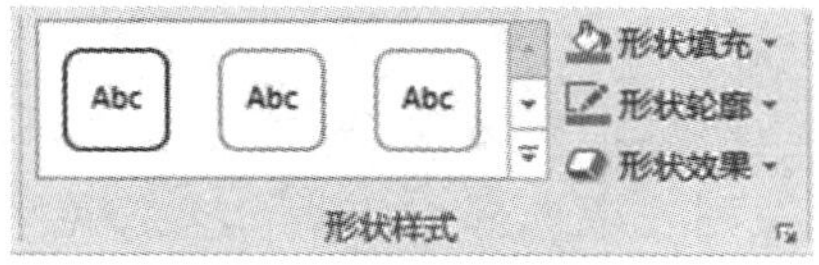

图 3-60　“形状样式”组

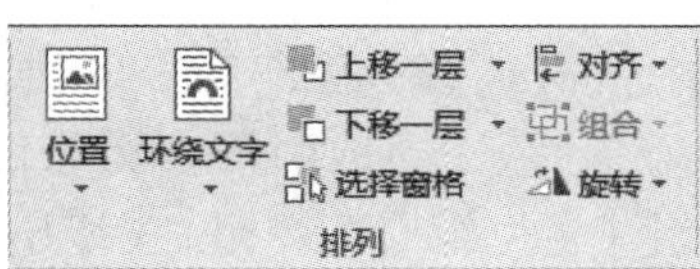

图 3-61　“排列”组

（4）在“大小”组中，可调整自选图形的高度和宽度，如图 3-62 所示。若单击右下角的对话框启动器按钮，可在弹出的“布局”对话框中进行详细设置，如图 3-63 所示。另外，在选中某个形状时，其四周就会出现控制点，用鼠标拖动控制点也可以调整图形的大小。

图 3-62　“大小”组

图 3-63　“布局”对话框

3. 叠放图形

通过 Word 提供的叠放次序与组合功能，可将自选图形、艺术字等多个对象进行组合。将多个对象组合在一起后会形成一个新的操作对象，对其进行移动、调整大小等操作时，不会改变各对象的相对位置、大小等。

选中要设置叠放次序的对象，右击，在弹出的快捷菜单中将鼠标指针指向“置于顶层”或“置于底层”命令，在弹出的子菜单中选择需要的放置方式，如“置于顶层”或“置于底层”，此时，所选对象将置于所有对象的上方或下方。

在快捷菜单中，“置于顶层”提供了三种叠放方式，这三种方式主要用来上移对象，其作用如下：

（1）置于顶层：将选中的对象放在所有对象的上方。

（2）上移一层：将选中的对象上移一层。

（3）浮于文字上方：将选中的对象置于文档中文字的上方。

“置于底层”中也提供了三种叠放方式，这三种方式主要用来下移对象，其作用如下：

（1）置于底层：将选中的对象放在所有对象的下方。

（2）下移一层：将选中的对象下移一层。

（3）衬于文字下方：将选中的对象置于文档中文字的下方。

4. 组合图形

将自选图形、艺术字等对象的叠放次序设置好后，便可将它们组合成一个整体。方法是：

按住 Shift 键不放，依次单击选中需要组合的对象，右击其中一个对象，在弹出的快捷菜单中依次选择“组合”→“组合”命令。

另外，当选中需要组合的多个对象后，切换到“绘图工具 / 格式”选项卡，然后单击“排列”组中的“组合”按钮，在弹出的下拉列表中选择“组合”选项，也可以将多个对象组合成一个整体。

如果需要解除组合，右击该图形组合，在快捷菜单中依次单击“组合”→“取消组合”命令即可。

注意：默认情况下，Word 2016 中插入的自选图形、艺术字和文本框都是嵌入型以外的环绕方式，因此可直接对它们进行拖动、设置叠放次序及组合操作等。此外，如果要组合的对象中含有图片，需要先将图片设置为非嵌入型，才可对其设置叠放次序或组合操作等。

3.7.4 插入和编辑艺术字

艺术字是具有特殊效果的文字，用来输入和编辑带有彩色、阴影和发光等效果的文字，多用于广告宣传、文档标题等，以达到强烈、醒目的外观效果。

1. 插入艺术字

（1）打开要编辑的文档，定位好插入点，切换到“插入”选项卡，然后单击“文本”组中的“艺术字”按钮，系统将弹出艺术字样式下拉列表，如图 3-64 所示。

（2）选择需要的艺术字样式，文档中将出现一个插入艺术字的占位符“请在此放置您的文字”，为选中状态，如图 3-65 所示，此时可直接输入、修改艺术字的内容。

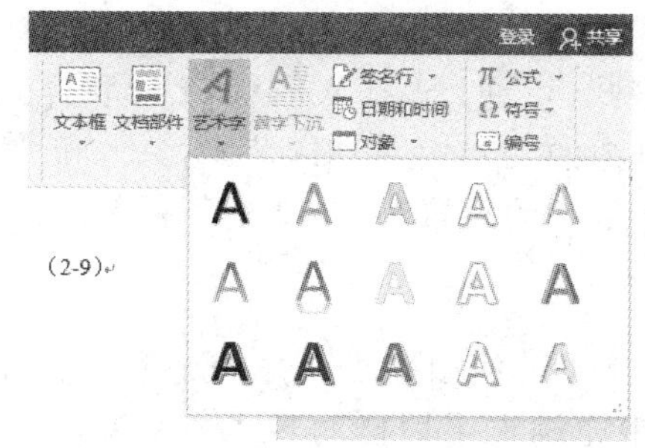

图 3-64 艺术字样式列表

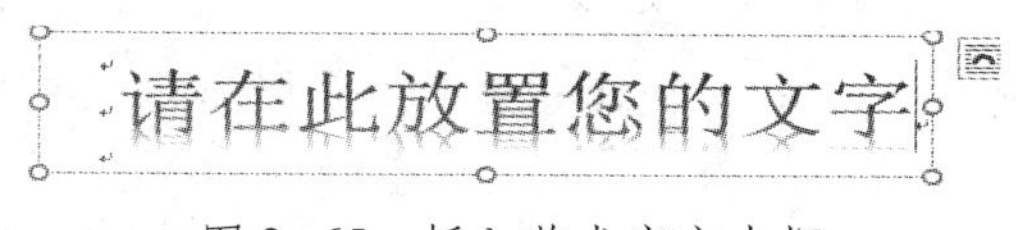

图 3-65 插入艺术字文本框

默认情况下，艺术字文本的格式与插入时光标插入点所在位置的文本格式一致，若要更改其格式，可先选中艺术字文本，切换到“开始”选项卡，然后在“字体”组和“段落”组中进行设置。

另外，选中文字后再执行操作，可以将现有文字快速转换成艺术字。

2. 编辑艺术字

若要对艺术字文本设置填充、文本效果等格式，可选中艺术字的占位符，通过“绘图工具 / 格式”选项卡中的“艺术字样式”组实现。若要对艺术字文本设置文字方向等格式，可通过“文本”组实现，如图 3-66 所示。

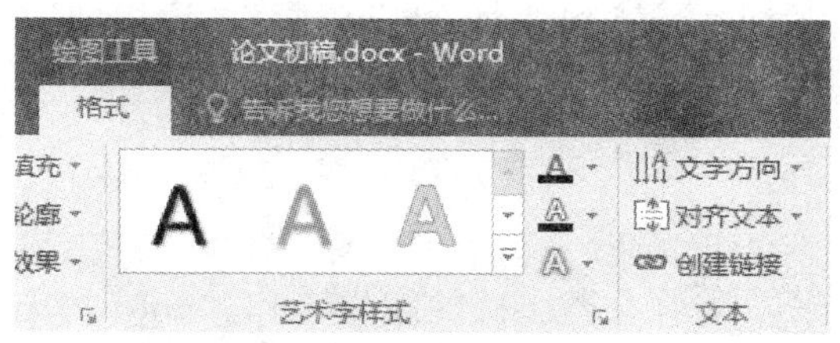

图 3-66 “艺术字样式”组和“文本”组

3.7.5 插入文本框

若要在文档的任意位置随心所欲地插入文本，可通过文本框实现。通常情况下，文本框用于在图形或图片上插入注释、批注或说明性文字。

1. 插入文本框

（1）打开需要编辑的文档，切换到“插入”选项卡，然后单击“文本”组中的“文本框”按钮，在弹出的下拉列表中选择需要的文本框样式。

（2）插入文本框后，文本框内初始化有“键入文档的引述……更改引言文本框的格式”字样的提示文字为占位符，并为选中状态，此时可直接输入文本内容。

（3）文本框中的文本格式设置和文本框外的文本一样，此处不再重复叙述。

另外，单击“文本”组中的“文本框”按钮，在弹出的下拉列表中选择“绘制横排文本框”或“绘制竖排文本框”选项，可手工绘制文本框。

2. 编辑文本框

Word 2016 文档中插入文本框后，若要对其进行美化操作，同样在“绘图工具 / 格式”选项卡中实现。

若要设置文本框的形状、填充效果和轮廓样式等格式，可通过“插入形状”“形状样式”等组实现，其方法与自选图形的操作相同。若要对文本框内的文本内容进行艺术修饰，可先选中文本内容，然后通过“艺术字样式”组实现，其方法与艺术字的设置相同，此处不再赘述。

3. 多个文本框链接

在使用 Word 制作手抄报、宣传册等文档时，往往会通过使用多个文本框进行版式设计。通过在多个文本框之间创建链接，可以在当前文本框中充满文字后自动转入所链接的下一个文本框中继续输入文字。链接多个文本框的步骤如下：

（1）打开 Word 文档窗口，并插入多个文本框，调整文本框的位置和尺寸，单击选中第一个文本框。

（2）在打开的“绘图工具 / 格式”选项卡中，单击“文本”组中的“创建链接”按钮，此时鼠标指针变成水杯形状，将水杯状的鼠标指针移动到准备链接的下一个文本框内部，鼠标指针变成倾斜的水杯形状，单击即可创建链接。

注意：如果需要创建链接的两个文本框应用了不同的文字方向设置，会提示用户后面的文本框将与前面的文本框保持一致的文字方向，并且如果前面的文本框尚未充满文字，则后面的文本框将无法直接输入文字。

另外，如果想断开文本框链接，则选中准备断开与下一级文本框链接的文本框，在“绘图工具 / 格式”选项卡中，单击“文本”组中的“断开链接”按钮即可。断开链接操作不具备传递性，但所有内容会被自动合并到第 1 个文本框中。

3.7.6 插入数学公式

为了便于完成课件制作以及学术类文档的编辑工作，Word 2016 提供了非常强大的公式编辑功能。

在“插入”选项卡的“符号”组中，单击“公式”按钮，此时，我们可以从内置的“公式”下拉列表中选择所需的公式类型，如图 3-67 所示。

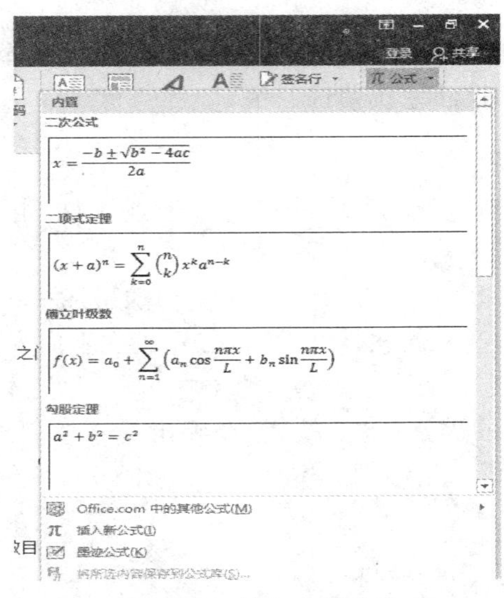

图 3-67　插入内置公式

如果选择“插入新公式”命令，功能区中会打开“公式工具 / 设计”选项卡，可以根据需求来选择相应的符号类型编辑公式结构，如分数、上下标、根式、积分、导数符号、极限和对数等，如图 3-68 所示。

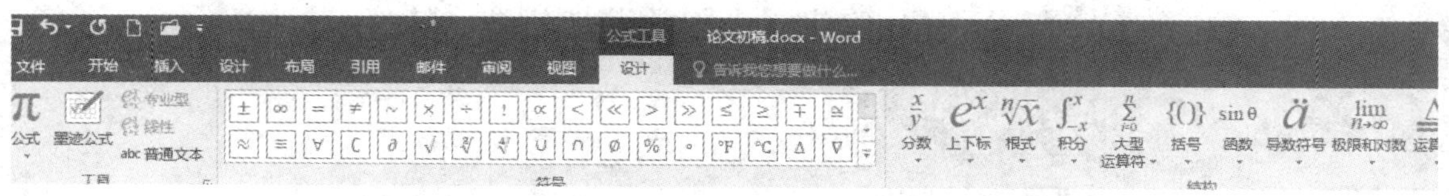

图 3-68　插入新公式

3.8 Word 2016 的高级应用

3.8.1 邮件合并

高考录取结束后，各高校最要紧的工作就是给各位被录取的考生寄送录取通知书。众所周知，同一学校发出的录取通知书中的文字大都相同，不同的是考生姓名和录取专业等。在日常的工作中我们经常会遇到这种情况：要编辑处理的多份文档中主要内容都是相同的，只是具体数据不同。灵活运用 Word 2016 的邮件合并功能就可以处理这种文档，不仅操作简单，而且还可以设置各种格式，打印效果又好，可以满足不同用户的不同需求。

邮件合并是 Word 2016 的一项高级功能，这项功能要与 Excel 等数据源结合才能使用。下面以制作“大学录取通知书”为例说明邮件合并的用法。示例中用到的数据源是以 Excel 列表形式存放的“录取信息 .xlsx”文件，如图 3-69 所示。

主文档是“新生录取通知 .docx”，如图 3-70 所示。

	A	B	C	D
1	考号	姓名	系别	专业
2	20190103	李晓辉	信息与控制工程	电子商务技术
3	20190204	张孟奇	经济管理	会计电算化
4	20190303	刘笑涵	医疗护理	高级护理
5	20190106	张晓春	信息与控制工程	计算机应用技术
6	20190207	李峰	工业工程	数控
7	20190108	宁宝峰	经济管理	市场营销
8	20190104	赵培群	医疗护理	高级护理
9	20190110	孟国军	建筑与艺术	工程监理
10	20190111	刘小露	经济管理	会计电算化
11	20190112	李会勇	信息与控制工程	动漫
12				

图 3-69　数据源

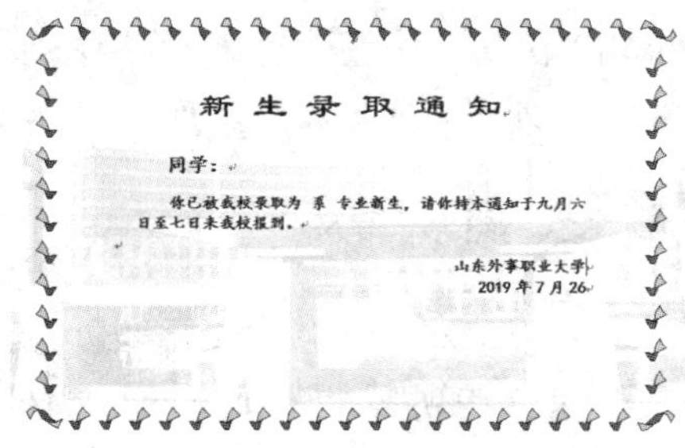

新 生 录 取 通 知

同学：

你已被我校录取为 系 专业新生，请你持本通知于九月六日至七日来我校报到。

山东外事职业大学
2019 年 7 月 26

图 3-70　编写主文档

邮件合并的步骤如下：

（1）创建或打开主文档（本例中选择打开主文档“新生录取通知 .docx”）。

（2）切换到“邮件”选项卡，在“开始邮件合并”组中单击“选择收件人”按钮，在打开的下拉列表中可以选择“键入新列表”命令以新建数据源，或选择“使用现有列表”命令打开现有数据源（本例中选择后者），弹出“选择数据源”对话框。找到并选中“录取信息 .xlsx”文件，单击“打开”按钮，弹出“选择表格”对话框，选择相应的工作表，如图 3-71 所示，单击“确定”按钮，返回 Word 2016 编辑窗口。

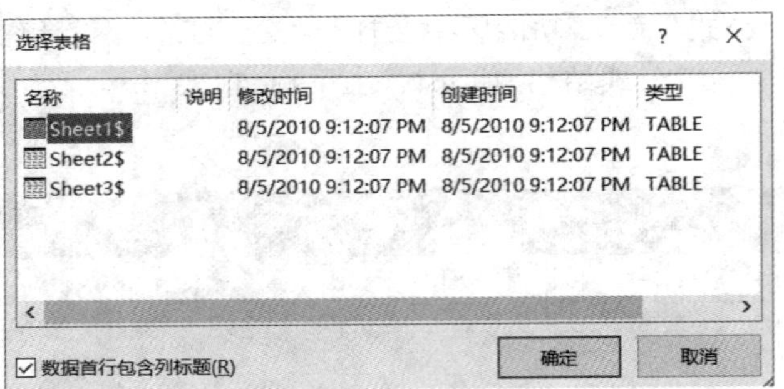

图 3-71 选择数据源中的表格

（3）插入合并域。将光标定位到主文档需要插入数据的位置，然后单击“插入合并域”按钮，在打开的下拉列表中单击相应的选项，“同学”前面选择“姓名”，“系”前面选择“系别”，“录取专业”前面选择“专业”，然后将数据源一项一项地插入成绩报告单相应的位置，如图 3-72、图 3-73 所示。

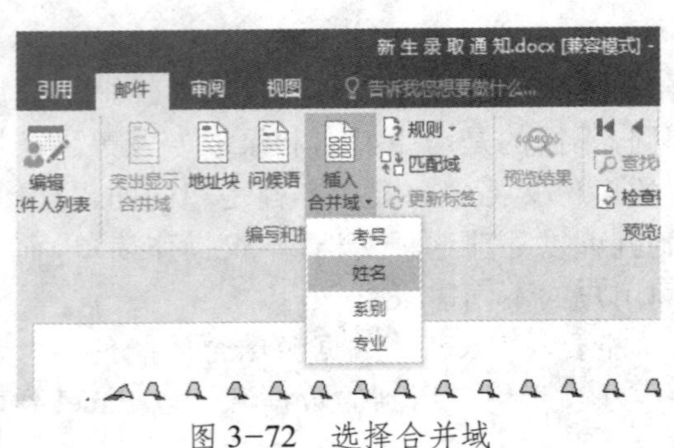

图 3-72 选择合并域

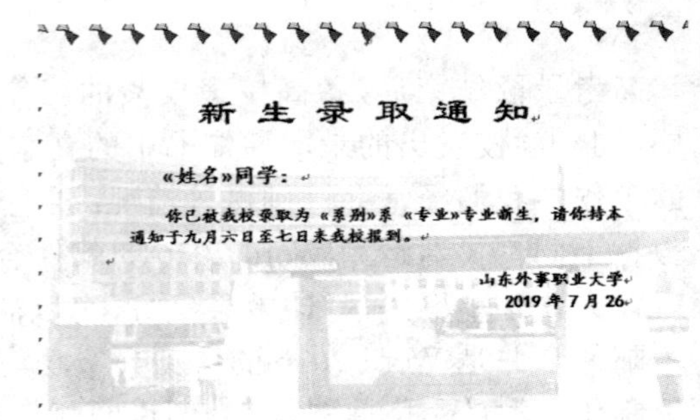
新 生 录 取 通 知

«姓名»同学：

你已被我校录取为«系别»系«专业»专业新生，请你持本通知于九月六日至七日来我校报到。

山东外事职业大学

2019 年 7 月 26

图 3-73 插入合并域

（4）邮件合并。单击“完成”组中的“完成并合并”按钮，在弹出的下拉列表中选择“编辑单个文档”，弹出“合并到新文档”对话框，根据实际需要选择“全部”“当前记录或指定范围”，单击“确定”按钮完成邮件合并，系统会自动处理并生成每位同学的录取通知书，并在新文档中一一列出，接下来只要连上打印机打印就大功告成了。

3.8.2 插入目录

对于内容复杂的长文档，需要创建一个文档目录用来查看整个文档的结构与内容，从而帮助用户快速查找所需信息。Word 2016 可以自动提取在文档中使用内部标题样式的文本并生成到目录中去。

1. 插入目录

（1）打开需要编辑的文档，将插入点定位在文档起始处，切换到“引用”选项卡，然后单击“目录”组中的“目录”按钮，在弹出的下拉列表中选择需要的目录样式，或者选择“插入目录”命令，打开“目录”对话框，自己定义目录样式，如图 3-74 所示。

默认情况下，目录是以链接的形式插入的，此时，按下 Ctrl 键，单击某条目录，可访问相应的目标位置。如果希望取消链接，可按 Ctrl＋Shift＋F9 组合键。

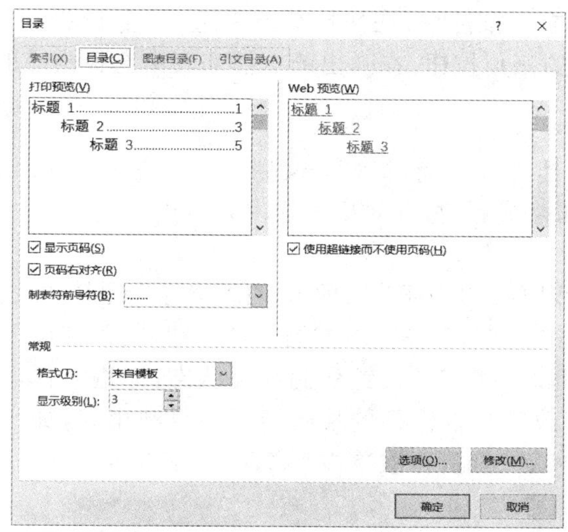

图 3-74　插入自定义目录

2. 更新目录

插入目录后，若文档中的标题有改动(如更改了标题内容，添加了新标题等)，或者标题对应的页码发生了变化，可对目录进行更新操作。

(1) 将光标插入点定位在目录列表中，切换到“引用”选项卡，然后单击“目录”组中的“更新目录”按钮。

(2) 在弹出的“更新目录”对话框中根据实际情况进行选择，如图 3-75 所示，然后单击“确定”按钮。

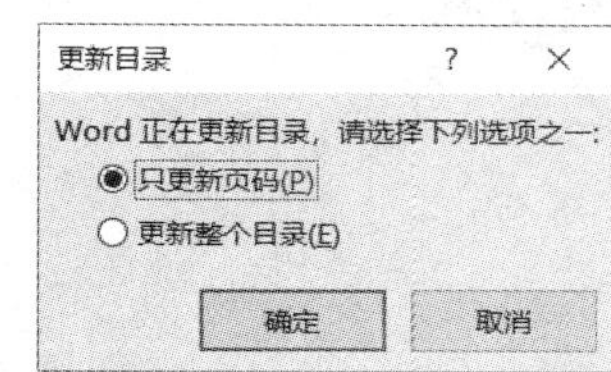

图 3-75　更新目录

右击目录列表，在快捷菜单中选择“更新域”命令，也可以实现目录的更新。

3. 删除目录

插入目录后，如果要将其删除，可将插入点定位在目录列表中，切换到“引用”选项卡，然后单击“目录”组中的“目录”按钮，在弹出的下拉列表中单击“删除目录”选项，即可删除该目录。

3.8.3 审订与修订文档

在完成文档的编辑后，常常需要对内容进行审核或修订，一个完整的文档需要通过多次的审定与修订才能得到一个较为满意的效果。

1. 使用批注

批注是文档审阅者与作者的沟通渠道，审阅者可将自己的见解以批注的形式插入文档中供作者查看或参考。

打开要添加批注的文档，切换到“审阅”选项卡，选中需要添加批注的文本，然后单击“批注”组中的“新建批注”按钮，窗口右侧将建立一个标记区，标记区中会为选中的文本添加批注框，此时可在批注框中输入批注内容。

如果要删除批注，则右击批注框，在快捷菜单中选择“删除批注”命令，或者在“批注”组中单击“删除”按钮下方的三角按钮，在弹出的下拉列表中选择相应的选项即可。

2. 修订文档

Word 2016 提供了文档修订功能，在打开文档修订功能的情况下，会自动跟踪对文档的所有更改，包括插入、删除和格式更改，并对更改的内容做出标记。

（1）修订文档。

打开要修订的文档，切换到“审阅”选项卡，在“修订”组中，单击按钮的上半部分，或单击“修订”按钮下方的下拉按钮，在下拉菜单中选择“修订”命令，此时“修订”按钮变为高亮状态，即进入修订状态，对文档的所有修改都将以修订的形式清楚地反映出来，如图 3-76 所示。若要取消修订功能，再次单击“修订”按钮即可。

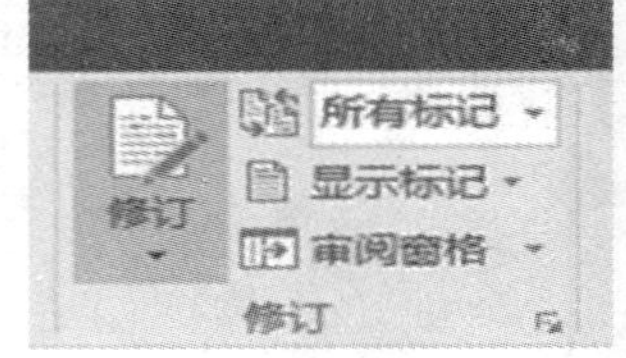

图 3-76　修订文档

（2）设定修订选项。

对文档进行修订通常是通过标记的方式插入文档中的。修订文档时，可以根据修订内容的不同以不同标记线条表示，让原作者可以更明白地看到文档的变化。

切换到“审阅”选项卡，单击“修订”按钮下方的下拉按钮，在下拉菜单中选择“修订选项”命令，打开“修订选项”对话框后单击“高级选项”，打开“高级修订选项”对话框，如图 3-77 所示。

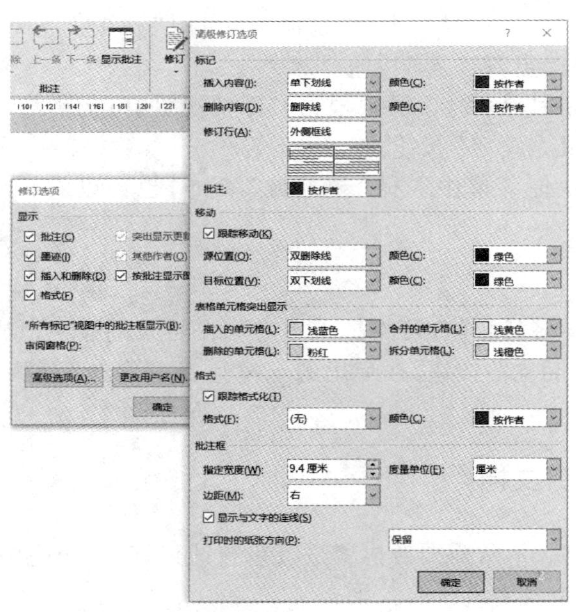

图 3-77　“高级修订选项”对话框

（3）显示修订标记状态。

为了方便用户对修订后的文档进行对比，在对文档进行修订后，可以在文档的原始状态和修改后的状态之间进行切换。修订标记状态是通过“修订”组中的“显示标记”下拉列表框进行的。

（4）更改文档。

对于修订过的文档，作者可对修订做出接受或拒绝操作。若接受修订，文档会保存为审阅者修订后的状态，否则保存为修改前的状态。

将插入点定位到文档中修订过的地方，右击，在快捷菜单中选择“接受修订”或“拒绝修订”命令，或者在“审阅”选项卡的“更改”组中单击“接受”或“拒绝”按钮，在下拉列表中选择相应命令，如图 3-78、图 3-79 所示。

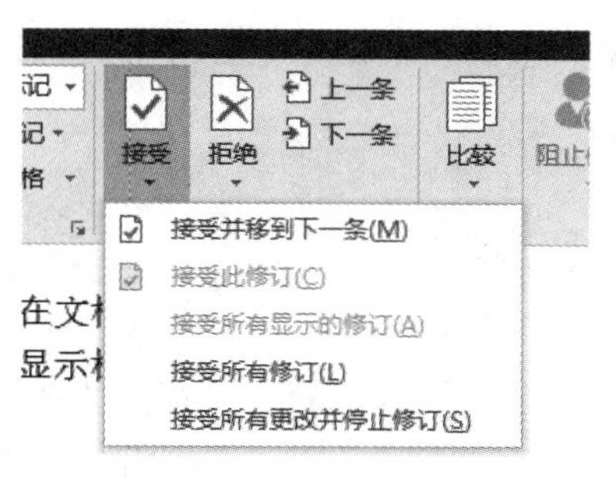

图 3-78 接收修订

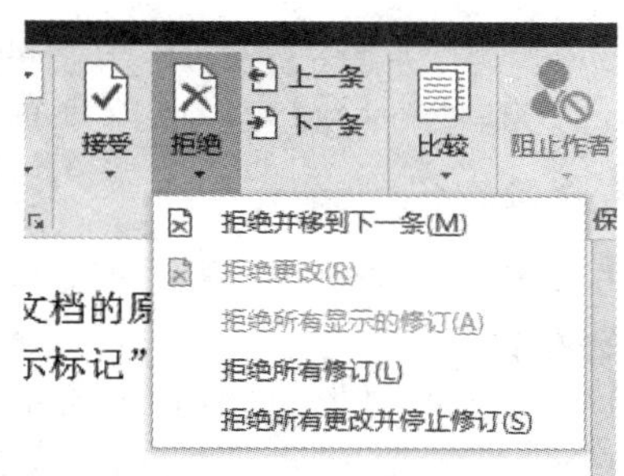

图 3-79 拒绝修改

3.9 文档的保护与打印

3.9.1 防止文档内容丢失

编辑 Word 文档时，难免碰到突然停电或电脑死机的情况，Word 2016 提供了多种手段和方法可以很好地保护 Word 文档免受损失。

1. 自动恢复

默认情况下，Word 2016 已经开启了自动恢复功能，并每 10 分钟自动保存一次用户的文档。要是你的编辑速度比较快，那么可以将默认的 10 分钟这一时间间隔更改为 5 分钟或更短的时间，具体操作如下：

（1）单击功能区中的“文件”选项卡，选择“选项”命令。

（2）单击左侧列表框中的“保存”，选中“保存自动恢复信息时间间隔”复选框，然后在“分钟”框中，键入或选择用于确定文件保存频率的数字。Word 将按这个时间间隔自动生成文档的恢复文件，保存文件越频繁，则文件在发生断电或类似情况下，可恢复的信息越多。

（3）选中“如果我没保存就关闭，请保留上次自动保存的版本”复选框，单击“确定”按钮。当出现意外关闭文件而未保存的情况时，可以在下次打开该文件时进行恢复。

2. 自动备份文档副本

在编辑 Word 文档时，如果不小心保存了不需要的信息，或者原文档损坏，可以使用文档备份的副本避免损失。当然，这需要事先在 Word 系统中设置“始终创建备份副本”功能，具体操作如下：

（1）单击“文件”选项卡，选择“选项”命令。

（2）单击左侧列表框中的“高级”，在右侧的“保存”栏下，选中“始终创建备份副本”复选框，然后单击“确定”按钮。

选择此选项可在每次保存文档时创建一个文档的备份副本，扩展名为 wbk。备份副本保存在与原始文档相同的文件夹中。原文件中会保存当前所保存的信息，而备份副本中会保存上次所保存的信息。每次保存文档，备份副本都将替换上一个备份文档。

3.9.2 保护文档的安全

在办公过程中，办公人员应对重要的文档设置保护密码，如修改文档的密码、打开文档的密码等，以防止其他用户随意修改或查看文档。

1. 设置修改密码

对于比较重要的文档，如果允许用户打开查看内容，但不允许修改，可对其设置修改密码。具体操作步骤如下：

（1）打开需要设置修改密码的文档，切换到“文件”选项卡，选择“另存为”命令，在弹出的对话框中单击“工具”按钮，然后在下拉列表中选择“常规选项”命令，弹出“常规选项”对话框。

（2）在“修改文件时的密码”文本框中输入密码，然后单击“确定”按钮。

（3）弹出“确认密码”对话框，在文本框中输入密码，然后单击“确定”按钮。

（4）返回“另存为”对话框，单击“保存”按钮保存设置。

通过上述设置后，再次打开该文档时会弹出“密码”对话框，此时需要在“密码”文本框中输入正确的密码，然后单击“确定”按钮才能将文档打开并编辑。如果不知道密码，只能单击“只读”按钮以只读方式打开。

2. 设置打开密码

对于非常重要的文档，为了防止其他用户查看，可对其设置打开密码。具体操作步骤如下：

（1）打开需要设置打开密码的文档，切换到“文件”选项卡，然后单击左侧窗格的“信息”命令，在中间窗格中单击“保护文档”按钮，在下拉列表中单击“用密码进行加密”选项，打开“加密文档”对话框。

（2）在“密码”文本框中输入密码，然后单击“确定”按钮，弹出“确认密码”对话框，在“重新输入密码”文本框中再次输入密码，然后单击“确定”按钮。

通过上述操作后再次打开该文档时，会弹出“密码”对话框要求输入密码。此时，需要输入正确的密码才能将其打开。

注意：若要取消对文档的加密，则先用密码打开该文档，然后在上述设置界面中，把文本框中的密码删除掉即可。

3.9.3 打印文档

编辑好一篇文档后，一般都需要打印出来。文档打印前最好进行打印预览，防止因为文档设置不合适造成打印浪费。

1. 打印预览

打印预览是指用户可以在屏幕上预览打印后的效果，如果对该文档中的某些地方不满意，可返回编辑状态对其进行修改。

对文档进行打印预览的操作方法为：打开需要打印的 Word 文档，切换到“文件”选项卡，然后单击左侧窗格中的“打印”命令，在右侧窗格中即可预览打印效果，如图 3-80 所示。

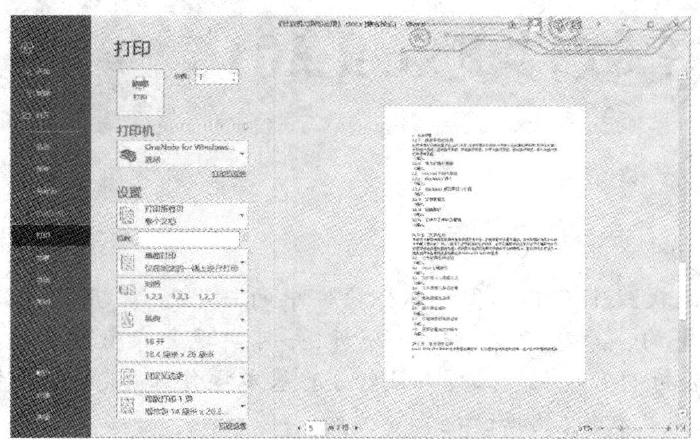

图 3-80　打印窗口

注意：在对文档进行预览时，可通过窗口右下角的“显示比例调节工具”调整预览效果的显示比例，以便能更清楚地查看文档的打印效果。

完成预览后如确认没有任何问题，可单击中间窗格的“打印”按钮进行打印。如还需要对文档进行修改，可按 Esc 键或单击“文件”等选项卡的标签返回文档。

2. 打印文档

如果确认文档的内容和格式都正确无误，或者对各项设置都很满意，就可以开始打印文档了。打印文档的操作方法：

打开需要打印的 Word 文档，切换到“文件”选项卡，在左侧窗格单击“打印”命令，在中间窗格设置相关参数，设置完成后单击“打印”按钮，与电脑连接的打印机便会自动打印该文档。

注意：在打印过程中，如果发现打印选项设置错误，或打印时间太长而无法完成打印，可停止打印。方法是：在任务栏的通知区域中双击打印机图标，在打开的打印任务窗口中，右击需要停止的打印任务，在弹出的快捷菜单中单击“取消”命令，在弹出的提示对话框中单击“是”按钮即可。

CHAPTER 4

第 4 章 电子表格软件 Excel 2016

Excel 2016 是微软旗下 Office 系列办公软件中的一个组件，用电子表格记录数据及信息，并对数据进行查询、管理、运算、统计、分析，并可实现复杂数据的运算，强大的图表功能，实现了对数据分析的直观化。本章从 Excel 的基本操作入手，涉及数据的输入、编辑、格式设置、数据处理、图表制作、数据透视表等方面。

学习目标

1. 了解 Excel 的窗口组成、概念。
2. 掌握 Excel 数据的输入、编辑、单元格的使用。
3. 掌握 Excel 工作表的格式设置方法。
4. 掌握 Excel 数据引用的方式。
5. 掌握 Excel 数据格式化的方法。
6. 掌握 Excel 中公式和函数的使用。
7. 灵活运用数据管理方法对数据进行分析管理。
8. 掌握制作图表的方法及格式设置。
9. 掌握数据透视表的使用。

4.1 Excel 2016 基础

从 1987 的第一款适用于 Windows 系统的 Excel 诞生到今天的 Excel 2016，Excel 经历了数十个版本，功能日益增强。Excel 2016 全面兼容之前版本，并且支持阅读和输出 PDF 文件，让办公更加方便。

Excel 2016 的新增功能如下：

（1）Excel 2016 增加了更多的主题颜色选择，可以通过“文件”→“选项”→“常规”设置 Office 的默认主题颜色。

（2）新增了 Tellme 功能，“告诉我您想要做什么”，单击一下，可以输入你要找的功能，这样你就没必要到选项卡里面去找该功能的具体位置，提高使用效率，也非常适合新手。

（3）新增了墨迹公式，可以通过手写的方式来插入复杂的数学公式，让我们操作起来更加简单便利。

（4）新增了五种图表，即树状图、旭日图、直方图、箱型图和瀑布图。

（5）新增了三维地图。
（6）改进了数据透视表的功能。
（7）新增了 PowerPivot 高级数据建模等功能。

4.1.1 Excel 2016 的启动与退出

1. 启动

启动 Excel 2016，下列方法任选其一：
（1）双击桌面上的 Excel 2016 快捷图标。
（2）双击任意一个 Excel 文件，即启动 Excel 且打开相应文件。
（3）单击“开始”→“Excel 2016”。

2. 退出

退出 Excel 2016，下列方法任选其一：
（1）单击 Excel 标题栏右上角的关闭按钮。
（2）用 Alt＋F4 组合键关闭窗口。

4.1.2 Excel 2016 的窗口

启动 Excel 2016 后，窗口如图 4-1 所示。

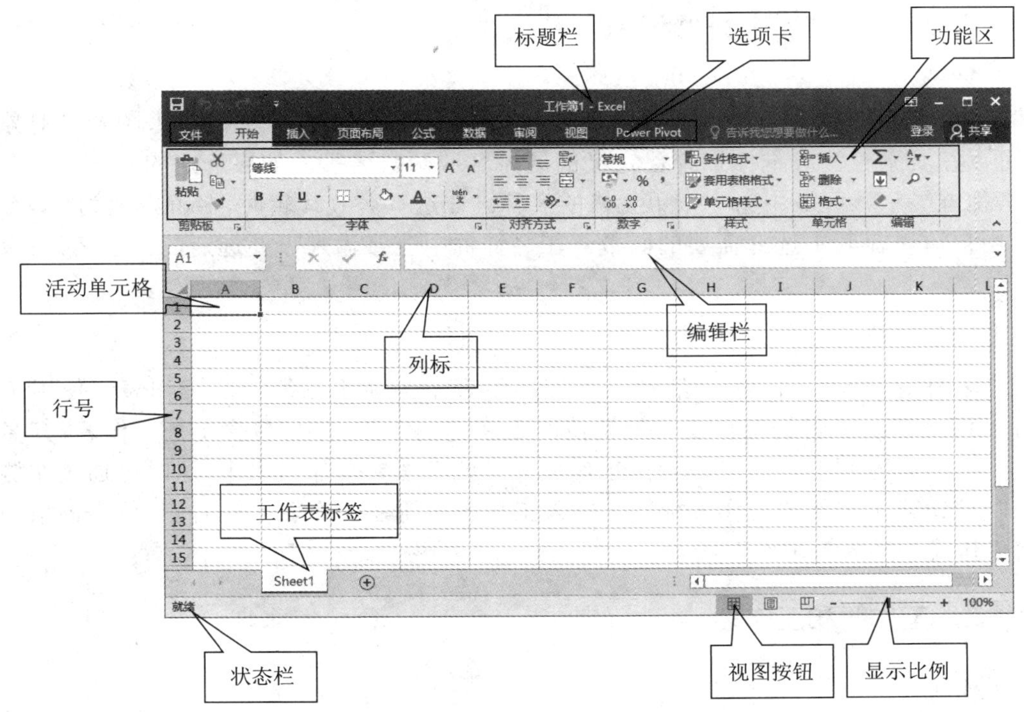

图 4-1　Excel 2016 的工作窗口

1. 行号和列标

在编辑区最左侧显示的数字为行号，表示每一行所处的位置。Excel 2016 中行号由上至下按顺序进行编号。单击行号标记所在的方形区域可以选择标记所在的行，如单击行号 1，会选中第 1 行。

在编辑区最上方显示的字母为列标，也称为列标记栏，表示每一列所处的位置。列标由左至右按英文大写字母 A、B、…、Z、AA、AB、…、AZ、BA、BB、…、XFD 进行编号。单击列标标记所在的区域可以选择标记所在的列。如单击 A，会选中 A 列。

行号和列标按照列标在前行号在后的方式组合在一起，来确定单元格的位置。例如，单元格“E11”表示它处于工作表中第 E 列的第 11 行。

2. 单元格

单元格就是工作表中行和列交叉的部分，是工作表最基本的数据单元，也是电子表格软件处理数据的最小单位，用于显示和存储用户输入的所有内容。

当前选中的单元格称为活动单元格。活动单元格的显著特点是被黑色粗框线包围。若选定的是一个单元格区域，则第一个单元格呈反相显示。活动单元格的名称在名称框中显示，包含的内容或计算公式在编辑栏显示。

3. 编辑栏

编辑栏位于工作表编辑区的正上方。编辑栏对应活动单元格中的内容，给活动单元格更大的编辑空间。一般两者内容会同步变化，有时候会有不同，例如，活动单元格有公式时，活动单元格显示计算结果，编辑栏显示公式。

4. 名称框

编辑栏左侧是名称框，名称框显示被选定的单元格、单元格区域、图片、图表等对象的名称，还可以在其下拉列表框中选择已定义的区域名或函数名等。如果选定的是一个单元格区域，则名称框显示该区域中第一个单元格的名称。在进行公式编辑时，名称框变为“函数名列表框”，用户可以在其中选择需要的函数。在名称框中直接输入需要选定的对象名，可以直接选中该对象。

5. 工作表标签

工作表标签显示工作表名，活动工作表标签表示当前正在编辑的工作表。使用工作表标签可以切换需要编辑的工作表。默认情况下新建的工作簿中，包含 1 张工作表，其名称为 Sheet1。当工作簿中的工作表太多时，工作表标签就无法完全显示出来，这时可通过左侧的工作表控制按钮显示需要的工作表标签。插入工作表按钮在工作表标签右侧，单击该按钮可以在当前工作簿中插入新工作表。

4.1.3 工作簿和工作表

1. 工作簿

工作簿是指在 Excel 中用来存储并处理数据的文件，其扩展名是 xlsx。工作簿是由工作表组成的，每个工作簿都可以包含一个或多个工作表，用户可以用其中的工作表来组织各种相关数据。工作表不能单独存盘，只有工作簿才能以文件的形式存盘；在一个工作簿中，无论有多少个工作表，将其保存时，都将会保存在同一个工作簿文件中。通常所说的 Excel 文件指的就是工作簿文件。

（1）新建空白工作簿。

启动 Excel 2016 后，单击右侧的空白工作簿，即可创建空白工作簿，如图 4-2 所示。

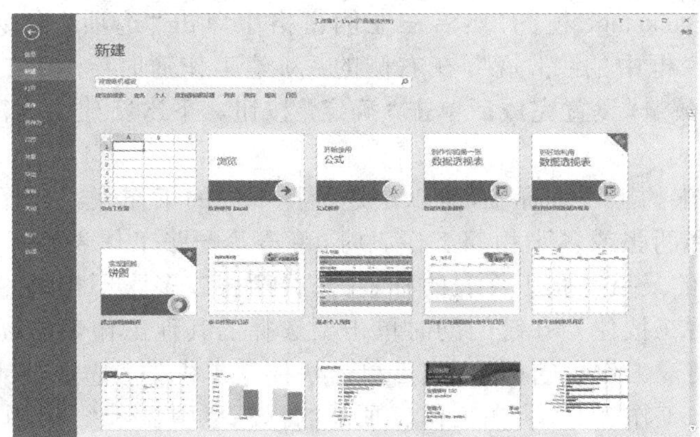

图 4-2　创建空白工作簿

（2）依据模板创建工作簿。

启动 Excel 2016 后，在右侧的搜索栏中输入模板关键字，如搜索课程表，单击相应模板后，单击“创建”，从网络中下载模板创建，如图 4-3 所示。

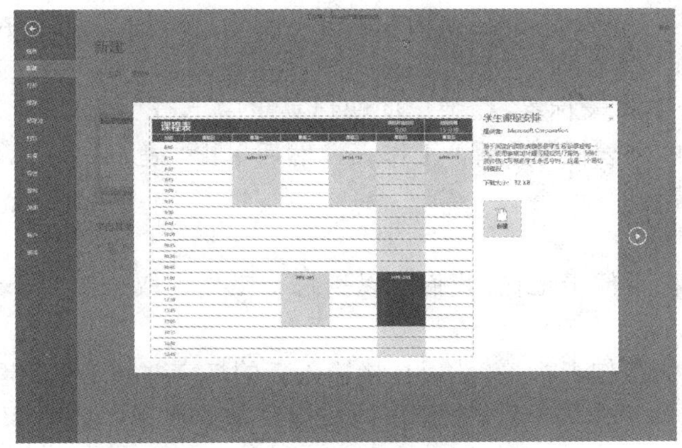

图 4-3　模板创建工作簿

（3）保存工作簿。

单击“文件”→“保存”命令，若文件已保存，则直接保存。若是一个新文件，单击“保存”，则跳至“另存为”，单击“浏览”，弹出“另存为”对话框，左侧选择保存位置，在“文件名”框中输入文件名，单击“保存”。

（4）密码保存工作簿。

单击“文件”→“另存为”，在“另存为”对话框中，单击“工具”选择“常规选项”后，弹出“常规选项”对话框，从中设置打开密码与修改密码。

2. 工作表

工作表(Sheet)是一个由行和列交叉排列的二维表格,也称作电子表格,用于组织和分析数据。

Excel 的一个工作簿默认有 1 个工作表,用户可以根据需要添加工作表,一个工作簿最多可以包括 255 个工作表。如果需要更改工作簿默认的工作表数量,可在 Excel 窗口中单击“文件”选项卡,切换到 Backstage 视图,然后在左侧窗格中单击“选项”命令,弹出“Excel 选项”对话框,单击左侧列表框中的“常规”,在右侧的“新建工作簿时”栏中的“包含的工作表数”微调框中设置工作表数量,设置完成后单击“确定”按钮。下次新建工作簿时,设置生效。

(1) 选择工作表。

通过单击窗口底部的工作表标签,可以快速选择不同的工作表。选择一张工作表时,直接单击工作表标签;选择两张或多张相邻工作表时,单击第一张工作表的标签,然后在按住 Shift 键的同时单击要选择的最后一张工作表的标签;选择两张或多张不相邻的工作表时,单击第一张工作表的标签,然后在按住 Ctrl 键的同时单击要选择的其他工作表的标签;选择工作簿中的所有工作表时,右击某一工作表的标签,然后单击快捷菜单中的“选定全部工作表”。

注意:在选定多张工作表时,将在工作表顶部的标题栏中显示“[工作组]”字样。要取消选择工作簿中的多张工作表,请单击任意未选定的工作表。如果看不到未选定的工作表,请右击选定工作表的标签,然后单击快捷菜单上的“取消组合工作表”。

(2) 插入新工作表。

插入工作表有以下几种方法:

① 单击工作表标签右侧的“插入工作表”按钮,可快速插入新工作表。

② 在“开始”选项卡的“单元格”组中,单击“插入”按钮右侧的下拉按钮,在弹出的下拉列表中单击“插入工作表”选项。

③ 右击任意一个工作表标签,在弹出的快捷菜单中单击“插入”命令,打开“插入”对话框,在“常用”选项卡的列表框中选择“工作表”,然后单击“确定”按钮,即可在当前工作表的前面插入一张新工作表。

(3) 重命名工作表。

工作表的默认名称不便于记忆,我们可以给每个工作表取一个便于记忆的名字。对工作表重命名有以下几种方法:

① 双击要重命名的工作表标签,然后直接输入新的名字并按 Enter 键确认。

② 右击要重命名的工作表标签,在弹出的快捷菜单中选择“重命名”命令,然后输入工作表的新名字。

(4) 删除工作表。

不需要的工作表,可以根据需要进行删除,方法有以下几种:

① 右击需要删除的工作表标签,在弹出的快捷菜单中选择“删除”命令。

② 选中需要删除的工作表,在“开始”选项卡的“单元格”组中,单击“删除”按钮右侧的下拉按钮,在弹出的下拉列表中单击“删除工作表”选项。删除工作表是永久删除,无法撤销删除操作,其右侧的工作表将成为当前工作表。

(5) 移动与复制工作表。

在需要对工作表进行备份时,可以进行复制工作表操作。需要移动工作表的相对位置,可以通过移动工作表来实现。移动与复制工作表根据下面的操作即可，右击需要移动或复制的工作表标签，在弹出的菜单中选择“移动或复制”命令，在打开的“移动或复制工作表”对话框中设置即可。

除了上述操作方法之外，还可通过拖动鼠标的方式移动或复制工作表，其方法为：选中要移动或复制的工作表，然后按住鼠标左键不放并拖动(若是要复制工作表，拖动鼠标的同时要按住 Ctrl 键不放)，此时会出现移动或复制标记，当标记到达目标位置时释放鼠标即可。

(6) 隐藏与显示工作表。

① 隐藏工作表。

隐藏工作表能够避免对重要数据和机密数据的误操作，当需要显示时再将其显示。隐藏工作表有以下两种方法：

a. 右击要隐藏的工作表，在弹出的菜单中选择“隐藏”命令。

b. 单击要隐藏的工作表标签，切换至功能区的“开始”选项卡，在“单元格”组中单击“格式”按钮，在弹出的菜单中选择“隐藏和取消隐藏”→“隐藏工作表”命令，就可以将选择的工作表隐藏起来。

② 取消隐藏。

要显示被隐藏的工作表时，右击任意一个工作表标签，在弹出的菜单中选择“取消隐藏”命令，打开“取消隐藏”对话框。在“取消隐藏工作表”列表框中选择要取消隐藏的工作表，单击“确定”按钮。

4.1.4 单元格区域管理

1. 单元格区域

单元格区域指的是由多个相邻单元格形成的矩形区域，用该区域的左上角单元格地址、冒号和右下角单元格地址表示。例如，单元格区域 A1:E5 表示的是从左上角 A1 开始到右下角 E5 结束的一片矩形区域。

2. 单元格、单元格区域、行和列的选择

Excel 2016 在执行大多数命令或任务之前，都需要先选择相应的单元格或单元格区域。表 4-1 列出了常用的选择操作。

表 4-1　常用的选择操作

选择内容	具体操作
单个单元格	单击相应的单元格
某个单元格区域	单击第一个单元格后，按住鼠标拖动选定最后一个单元格
工作表中的所有单元格	单击“全选”按钮
不相邻的单元格或单元格区域	先选定第一个单元格或单元格区域，然后按住 Ctrl 键，再选定其他的单元格或单元格区域
整行	单击行号
整列	单击列标
连续的行或列	从首行或首列开始按住鼠标，沿行号或列标拖动鼠标
不连续的行或列	先选定首行或首列，按住 Ctrl 键，再选定其他的行或列

3. 插入行、列、单元格

选中行、列或单元格要插入的位置，然后右击，在快捷菜单中选择“插入”命令，或在“开始”选项卡的“单元格”组中，单击“插入”按钮右侧的下拉按钮，在弹出的下拉列表中，选择相应的选项。

注意：如要插入多行、多列或多个单元格，则需要同时选中多行、多列或多个单元格。

插入单元格时，会弹出“插入”对话框，如图 4-4 所示。在对话框中有 4 个单选项，单选项的作用如下：

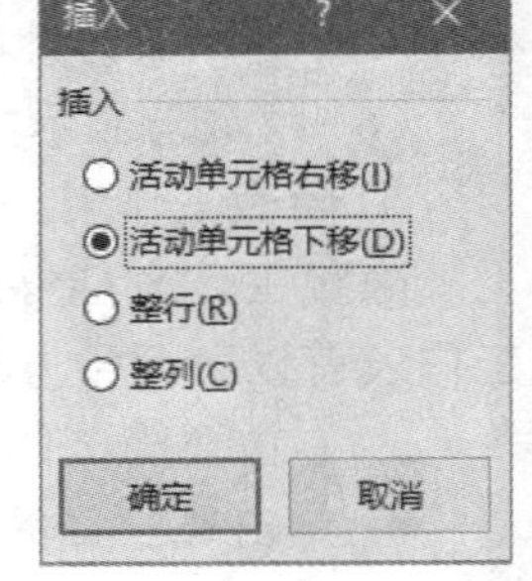

图 4-4 “插入”对话框

活动单元格右移：在当前单元格的左侧插入一个或多个单元格。

活动单元格下移：在当前单元格的上方插入一个或多个单元格。

整行：在当前单元格的上方插入一行或多行。

整列：在当前单元格的左侧插入一列或多列。

4. 删除行、列、单元格

选中要删除的行、列或单元格，然后右击，在快捷菜单中选择“删除”命令，或在“开始”选项卡的“单元格”组中，单击“删除”按钮右侧的下拉按钮，在弹出的下拉列表中选择相应的选项。

注意：要删除多行、多列或多个单元格，则需要同时选中多行、多列或多个单元格。

删除单元格时，会弹出“删除”对话框。在对话框中有 4 个单选项，单选项的作用如下：

右侧单元格左移：删除当前单元格后，右侧单元格会移至该处。

下方单元格上移：删除当前单元格后，下方单元格会移至该处。

整行：可删除当前单元格所在的整行。

整列：可删除当前单元格所在的整列。

5. 行、列的隐藏及取消隐藏

（1）行、列的隐藏。

选中要隐藏的行或列，右击，在弹出的快捷菜单中选择“隐藏”命令；或按 Ctrl＋9 组合键把选中的行隐藏，按 Ctrl＋0 组合键把选中的列隐藏。

（2）取消隐藏。

行或列隐藏之后，行号或列标不再连续，若隐藏了 3、4、5、6 行，此时行号 2 下面的行号就是 7。要取消行的隐藏，则选中第 2 行和第 7 行，右击，在快捷菜单中选择“取消隐藏”。取消列的隐藏的方法与此类似。

4.2 Excel 2016 数据输入

4.2.1 不同数据的输入方式

Excel 2016 提供的数据类型有文本、数字（值）、日期和时间、公式和函数等。各种类型的数据输入方式如下：

1. 文本型数据及输入

在 Excel 2016 中，文本可以是字母、汉字、数字、空格和其他字符，也可以是他们的组合。纯文本型数据在单元格中直接输入即可，如果数字或者公式（如身份证号、电话号码、邮政编码、需要保留前置 0、=2+2、2/10 等）作为纯文本输入时，要先输入英文单引号“'”，然后再输入相应内容。例如，输入“'01064578932”“'2/10”等。文本型数据在单元格内默认左对齐。

2. 数值型数据及输入

在 Excel 2016 中，数值型数据默认右对齐，数字与非数字的组合均作为文本型数据处理。

输入数值型数据时，应注意以下几点：

（1）输入分数时，应在分数前输入 0（零）及一个空格，如分数 4/12 应输入“0 4/12”。如果直接输入“4/12”或“04/12”，则系统将把它视作日期，认为是 4 月 12 日。

（2）输入负数时，应在负数前输入负号，或将其置于括号中。如 -8 应输入“-8”或“(8)”。

（3）在数字间可以用千分位号“,”隔开，如输入“24, 002”。

默认情况下，在输入的数字大于 11 位时，单元格内的数值会自动以“科学计数法”的方式表示。例如，输入数字“223456877897654912”，在单元格中显示为“2. 23457E+17”。Excel 2016 只保留 15 位精度，在输入的数字大于 15 位时，多余的位数会转化为 0，在“编辑栏”中可以观察到这一点。

3. 日期和时间型数据及输入

Excel 2016 将日期和时间视为数字处理，在单元格中右对齐。日期和时间输入时注意以下几点：

（1）一般情况下，日期分隔符使用“ / ”或“-”。例如，2020/2/16、2020-2-16、16/Feb/2020 或 16-Feb-2020 都表示 2020 年 2 月 16 日。

（2）时间分隔符一般使用冒号“:”。例如，输入 7:0:1 或 7:00:01 都表示 7 点零 1 秒。可以只输入时和分，也可以只输入小时数和冒号，还可以输入小时数大于 24 的时间数据。如果要基于 12 小时制输入时间，则在时间（不包括只有小时数和冒号的时间数据）后输入一个空格，然后输入 AM 或 PM，用来表示上午或下午，否则，Excel 2016 将基于 24 小时制计算时间。例如，如果输入 3:00 而不是 3:00 PM，将被视为 3:00 AM。

（3）如果要输入当天的日期，则按 Ctrl＋; 组合键。如果要输入当前的时间，则按 Ctrl＋Shift＋; 组合键。

（4）如果在单元格中既输入日期又输入时间，则中间必须用空格隔开。

4.2.2 数据的自动填充

Excel 的自动填充功能，可以自动填充一些有规律的数据，如填充相同数据，填充数据的等比数列、等差数列和日期序列等，还可以输入自定义序列。

1. 左键拖动填充

（1）初值为纯数字型数据或文本型数据时，拖动填充柄在相应单元格中填充相同数据（复制填充）。若拖动填充柄时按下 Ctrl 键，可使数字型数据自动增 1。

（2）初值为文字型数据和数字型数据混合体，填充时文字不变，数字递增 1。

（3）初值为Excel预设序列中的数据，则拖动填充柄按系统预设序列填充。如填充“星期一，星期二……星期日”等。

（4）初值为日期时间型数据及具有增减可能的文字型数据，则自动增1。若拖动填充柄的同时按住Ctrl键，则在相应单元格中填充相同数据。

2. 使用“序列”命令填充

单击“开始”选项卡的“编辑”组中的“填充”按钮，选择“序列”命令，弹出如图4-5所示的“序列”对话框。在该对话框中，根据需要设置相应参数，单击“确定”即可。

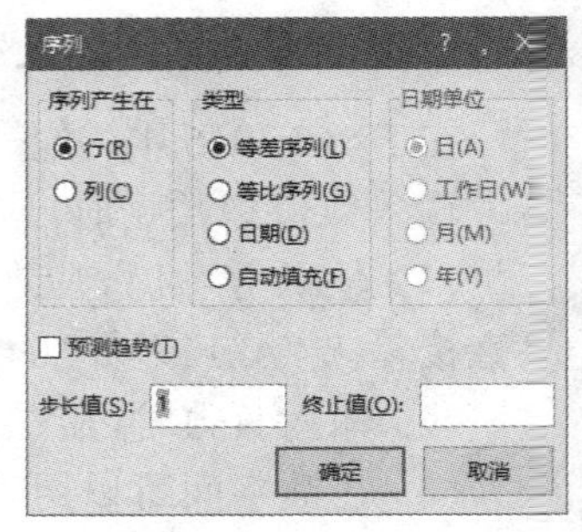

图4-5 “序列”对话框

3. 使用“快速填充”命令

单击“开始”选项卡的“编辑”组中的“填充”按钮，选择“快速填充”命令。快速填充命令使用前，应在相邻列中输入序列，若首行单元格中的值与相邻值相同，此时需填充的列值将参考相邻序列值自动填充，若不同，则填充选中单元格中的数值。例如，A1单元格输入2，A2单元格输入4，A3单元格中输入6，若在B2单元格输入2，选中此B2单元格后，单击“填充”按钮后，选择“快速填充”，则填充与A列各单元格相同的数值。

4. 创建自定义序列

单击“文件”选项卡切换到Backstage视图，单击“选项”弹出“Excel选项”对话框，选择“高级”选项，在“常规”栏中单击“编辑自定义列表”按钮，如图4-6所示。

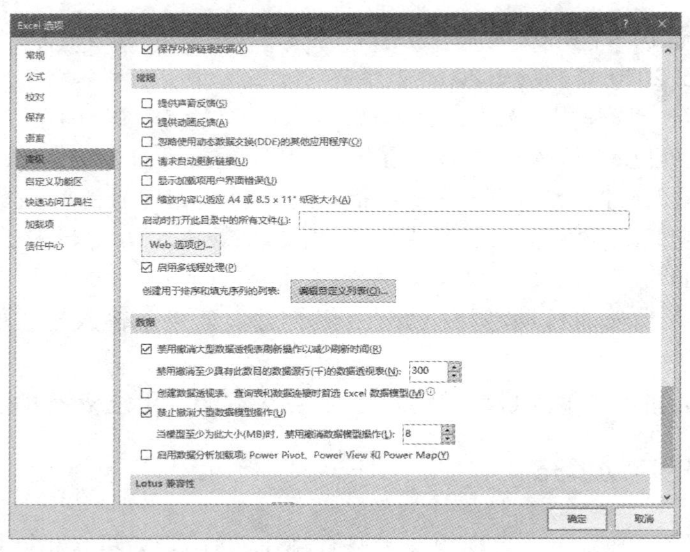

图4-6 “Excel选项”对话框

单击“编辑自定义列表”按钮，弹出“自定义序列”对话框，如图4-7所示：

（1）通过新序列创建自定义序列。

在“输入序列”编辑列表中，从第一个序列元素开始输入，输入完成后按回车键，整个序列输入完毕后，单击“添加”按钮，如图4-8所示。单击“确定”按钮关闭。回到工作表中，在单元格中输入新序列中的任意一个元素，使用自动填充方法，即可将此序列填充到相应单元格中。

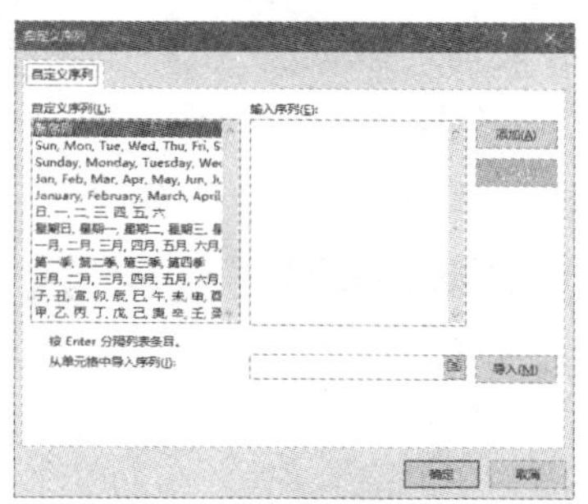

图 4-7　“自定义序列”对话框

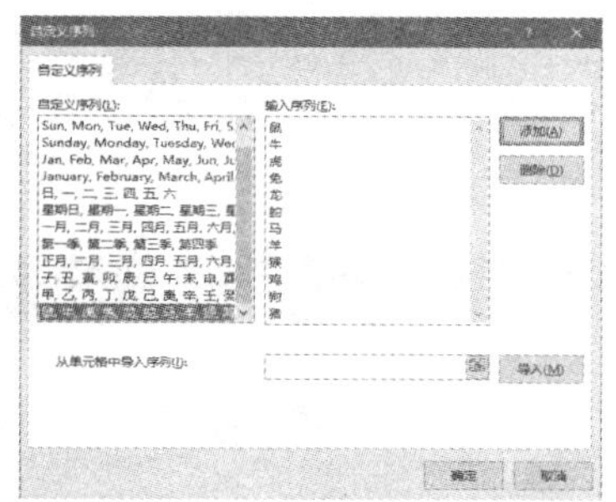

图 4-8　新序列“自定义序列”对话框

（2）利用现有数据创建自定义序列。

如果工作表中已存在用作填充序列的数据清单，在“自定义序列”对话框中单击“导入”按钮，即可使用现有数据创建自定义序列。

4.2.3 数据验证

在 Excel 中为了避免在输入数据的时候出现过多错误，可以通过在单元格中设置数据验证来进行相关的控制，从而保证数据输入的准确性，提高工作效率。

数据验证用于定义可以在单元格中输入的数据类型、范围、序列、格式等。通过配置数据的有效范围以防止输入无效数据，同时可以设置错误提示信息。

1. 数据验证的功能

（1）将数据输入限制为指定的数据范围，如指定最大值、最小值，指定日期，限定日期范围等。

（2）将数据限制为指定长度的文本，如手机号码只能是 11 位。

（3）限制重复数据的出现，如身份证号不能相同。

（4）将数据限定在指定序列，如以列表形式实现快速输入。

2. 数据验证的使用方法

（1）首先选择需要进行数据验证的单元格区域。

（2）在“数据”选项卡的“数据工具”组中单击“数据验证”按钮，在其下拉列表中选择“数据验证”，打开“数据验证”对话框，在“设置”选项卡中按需求设置“验证条件”，如图 4-9 所示。在“输入信息”选项卡中输入提示信息，在“出错警告”选项卡中输入出错警告信息。

（3）删除数据验证时，只需在“数据验证”对话框中单击左下角的“全部清除”按钮即可。

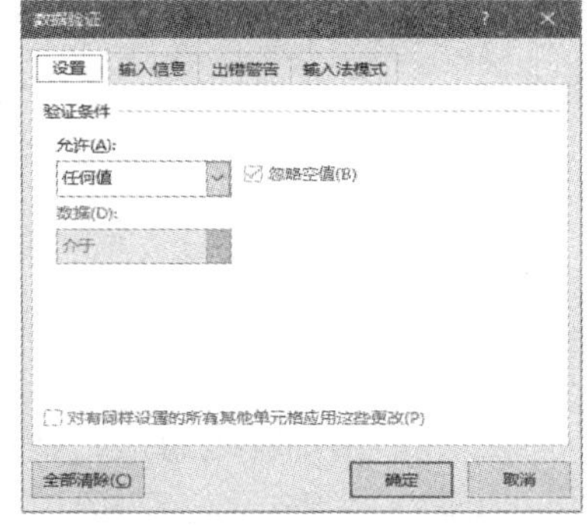

图 4-9　“数据验证”对话框

3. 圈释无效数据

“数据验证”功能只能限制单元格可接收的数据，但对于一个已经输入完成的工作表区域，该规则不能显示有误的数据；对于已经输入的数据，可以采用“圈释无效数据”功能，将不满足有效性规则的数据标示出来。

使用方法：首先选择数据区域，使用数据验证功能设置数据的有效范围，然后在“数据”选项卡的“数据工具”组中选择“圈释无效数据”命令，此时不满足有效规则的数据将被圈释出来，如图 4-10 所示。此例中设置的数据有效规则是 E3:G16 的数据范围在 0 至 100 之间，将不满足条件的圈示。

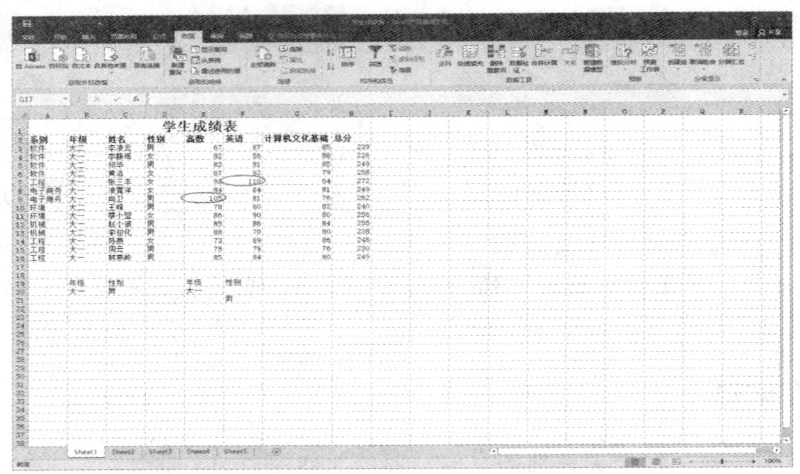

图 4-10 “圈释无效数据”

4.2.4 编辑数据

1. 修改单元格数据

若单元格中的数据全部出错，可选中单元格直接修改；若单元格中的数据部分错误，可双击单元格或在编辑栏中将光标定位于错误字符处修改。

2. 选择性粘贴

若复制的数据不需要原样粘贴，只需要粘贴格式、公式、图片、转置或者需要链接粘贴时，则需要用到选择性粘贴。

3. 查找替换

Excel 中的查找或替换功能能快速、高效地实现工作表中数据的查找和替换。方法：单击“开始”选项卡的“编辑”组中的“查找和选择”，从下拉列表中选择要进行操作的项即可。Excel 中的查找替换功能同 Word 操作，此处不再赘述。

4. 填充成组工作表

当需要将一个工作表中的数据格式填充到同组中的其他工作表，以便于快速生成一组基本结构相同的工作表时，则使用此功能，操作方法如下：

（1）首先在一张工作表中输入要复制的数据，并设置格式。

（2）插入多张工作表。

（3）在首张工作表中选择包含填充内容及格式的单元格区域，然后按住 Ctrl 键依次选择其他工作表以形成工作组。

（4）在“开始”选项卡的“编辑”组中，单击“填充”按钮，从下拉列表中选择“成组工作表”，打开“填充成组工作表”对话框，如图 4-11 所示。

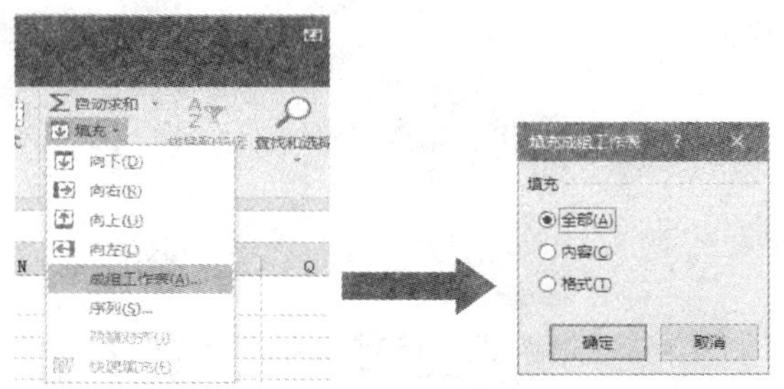

图 4-11　成组工作表

（5）从“填充”区域下选择需要填充的项目，单击“确定”按钮，此时第一张工作表中的数据或格式将会显示在同组的其他工作表中。

4.3 Excel 2016 工作表的格式化

4.3.1 设置单元格格式

单元格的格式设置主要包括字体、对齐、数字、边框、底纹等，可以通过“开始”选项卡中的“字体”组、“对齐方式”组、“数字”组及格式刷实现格式设置，字体和对齐方式的设置方法同 Word 类似，此处不再赘述。

1. 数字格式化

在“开始”选项卡的“数字”组中提供了五种快速格式化数字的按钮，会计数字格式按钮、百分比样式按钮、千位分隔按钮、增加小数位数、减少小数位数。当需设置数字格式时，可直接单击此处按钮实现格式设置，若需详尽设置可单击“常规”下拉列表，从中选择相应格式，单击下拉列表中的“其他数字格式”则调出“设置单元格格式”对话框，此时可按需求详细设置。对数字格式化后，单元格上表现的是格式化后的结果，编辑栏中表现的是系统实际存储的数据。

2. 浮动工具栏设置格式

选择单元格后右击，显示浮动工具栏，可单击相应按钮设置格式。

4.3.2 设置行高和列宽

1. 非精确设置

非精确调整行高或列宽有两种方法：将鼠标移动至行号或列标之间的分隔线上，按下鼠标左键拖动鼠标即可调整；将鼠标移动至行号或列标之间的分隔线上，双击，将调整为合适的行高或列宽。

2. 精确设置

在“开始”选项卡的“单元格”组中单击“格式”按钮，在弹出的下拉列表中单击“行高”或“列宽”，会弹出“行高”或“列宽”对话框，输入需要设置的值即可。或者右击行号（或列标），在弹出的菜单中选择“行高”（或“列宽”），会弹出“行高”（或“列宽”）对话框，输入需要设置的值即可。

4.3.3 自动套用格式

Excel 提供了大量预设好的表格样式，可自动实现包括字体大小、填充和对齐方式等单元格格式集合的应用。

1. **设置单元格样式**

选择需要设置格式的单元格，在“开始”选项卡的“样式”组中，单击“单元格样式”按钮，打开预置样式列表，选择即可，如图 4-12 所示。

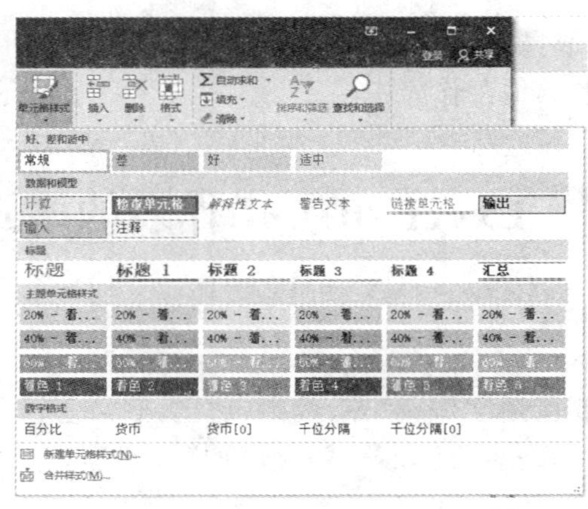

图 4-12　单元格样式

2. **设置表格样式**

选择单元格区域，在“开始”选项卡的“样式”组中，单击“套用表格格式”按钮，打开预置样式列表，如图 4-13 所示，从中选择某个样式，即可应用到单元格区域中。注意，套用表格样式，不可应用在包含合并单元格的数据列表中。

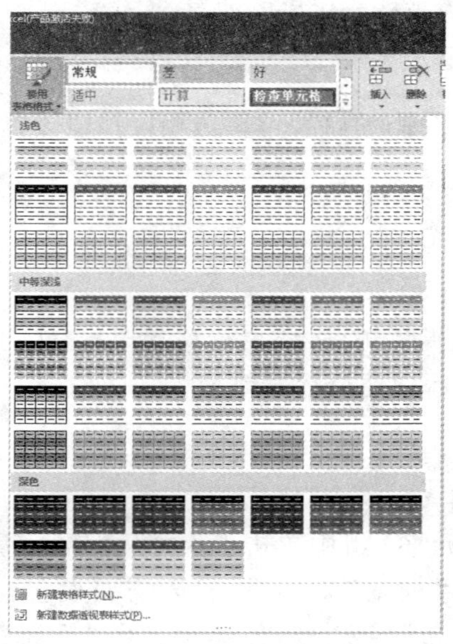

图 4-13　套用表格格式

套用表格格式后，工作表的第一行将出现“筛选”箭头标记，此时的该区域被定义成了一个“表”。可以将其看作是“表中表”，表要求有一个标题行，以便于对“表”中的数据进行管理与分析，套用格式的表在使用公式或函数时，将会自动填充，不需要拖动填充。被定义为“表”的区域，不可以进行分类汇总，不能进行单元格合并操作。如仅需要快速应用一个表格样式，但无需“表”功能，则可以将“表”转换为常规数据区域，将“表”转换为普通区域的方法是：

（1）单击“表”中的任意位置，显示“表格工具 / 设计”选项卡。

（2）在“表格工具 / 设计”选项卡的“工具”组中，单击“转换为区域”按钮。

4.3.4　条件格式

Excel 条件格式是一种按某种条件设置单元格格式的方式，例如找出销售表中的最大值、最小值或者在一个数值区域内的值，无论这份销售表中有多少数据，利用条件格式都可以迅速地以特殊格式来标示出这些数据所在的单元格。

1. 利用预置条件实现快速格式化

Excel 提供了五大类预设条件规则，具体如下：

（1）突出显示单元格规则。

通过使用大于、小于、等于、包含等比较运算符限定数据范围，对属于该数据范围内的单元格设定格式。

（2）项目选取规则。

可以将选定单元格区域中的若干个最大值或最小值，高于平均值或低于平均值的单元格设置特殊格式。

（3）数据条。

用于查看某个单元格相对于其他单元格的值。数据条的长度代表单元格中的值。数据条越长，表示值越高；数据条越短，表示值越低。

（4）色阶。

使用两种或三种颜色的渐变效果来直观地比较单元格区域中的数据，用来显示数据分布和数据变化。一般颜色深浅表示值的高低。

（5）图标集。

用于对数据进行注释，每个图标代表一个值的范围。例如：在三色交通灯图标集中，绿色的圆圈代表较高值，黄色的圆圈代表中间值，红色的圆圈代表较低值。

实现方法：在“开始”选项卡的“样式”组中，单击“条件格式”下拉箭头，根据需要具体选择相应功能，如图 4-14 所示。

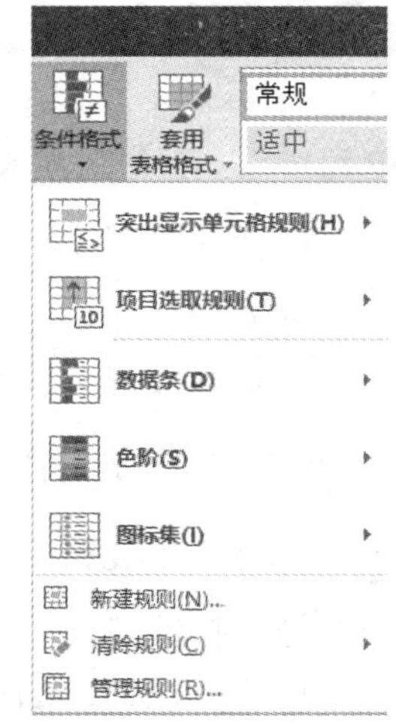

图 4-14　“条件格式”下拉列表

2. 自定义规则实现高级格式化

可以利用自定义规则，实现复杂条件格式设置，实现自定义条件规则的操作方法如下：

在“开始”选项卡的“样式”组中，单击“条件格式”下拉箭头，在弹出的下拉列表中选择“新建规则”或者单击“管理规则”，在弹出的“条件格式规则管理器”对话框中单击“新建规则”按钮，在弹出的“新建格式规则”对话框中，选择一个规则类型，然后在“编辑规则说明”区中设定条件及格式，最后单击“确定”按钮退出。

例如，设置非手机电话号码格式加粗红色显示，操作方法：首先选中联系方式列，然后在“开始”选项卡的“样式”组中，单击“条件格式”向下的箭头，在弹出的下拉列表中选择“新建规则”，在弹出的“新建格式规则”对话框中，选择规则类型为“使用公式确定要设置格式的单元格”，在“为符合此公式的值设置格式”中输入公式“=len(k2)< >11”（LEN 函数是获取字符串长度），在格式里设置“加粗、红色”，单击“确定”按钮，如图 4-15 所示。

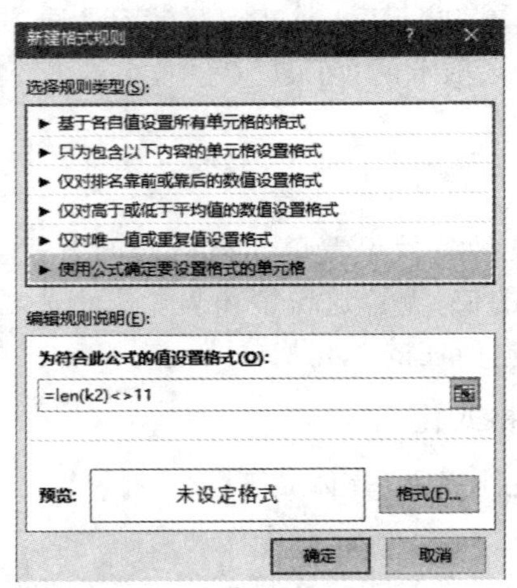

图 4-15 “新建格式规则”对话框

4.3.5 合并单元格

将多个单元格合并成一个单元格有三种方式，分别是“合并后居中”“跨越合并”和“合并单元格”。各合并方式的作用如下：

1. 合并后居中

将多个单元格合并成一个单元格，且内容在合并后单元格的对齐方式是居中对齐。

2. 跨越合并

列与列之间相互合并，而上下行单元格之间不参与合并。

3. 合并单元格

将选择的多个单元格合并成一个较大的单元格。

具体方法为：选择将要合并的单元格区域，在“开始”选项卡的“对齐方式”组中单击“合并后居中”按钮右侧的下拉箭头，在弹出的下拉列表中选择“合并单元格”即可。

若需取消合并，同理单击“合并后居中”按钮右侧的下拉箭头，在弹出的下拉列表中选择“取消单元格合并”即可。

4.4 公式和函数

公式和函数是 Excel 中数据进行计算的最有效的手段之一，当数据更新后，计算结果会自动发生变化。

4.4.1 公　式

公式始终以等号“=”开始，运用各种运算符，将常量、单元格引用、值、函数等连接起来，形成公式的表达式。例如：“=MAX(B2:B6)*10”。

1. 公式中的运算符和优先级

常用到的公式运算符主要有 4 类，见表 4-2。

表 4-2　运算符和优先级

运算符类型	运算符	优先级
引用运算符	:（冒号）、,（逗号）、（空格）	高 ↓ 低
算术运算符	-（负号）、%（百分比）、^（乘方）、* 和 /、+ 和 -	
字符运算符	&（字符串连接）	
比较运算符	=、<、>、<=、>=、<>	

引用运算符是指将单元格合并计算运算符。

单元格引用运算符“:”冒号，用于合并多个单元格区域。例如，“A1:A5”表示引用 A1 到 A5 之间的所有单元格。

联合运算符“,”（逗号），将多个引用合并为一个引用。例如，=SUM(A1:C5,B3:E9) 求的是这两个区域所覆盖的数值分别求和后累加起来的总和，重复的单元格需要重复计算。

交叉运算符为空格，引用两个单元格区域中共有的部分，例如，=SUM(A1:C5 B3:E9) 求的是这两个区域中公共部分的单元格数值总和。

字符连接运算符“&”，用来连接多个单元格中的字符形成一串字符。例如，在单元格中输入“="山东外事职业大学"&"信控学院" 后按回车键，单元格中将显示“山东外事职业大学信控学院”。

运算符的优先级从高到低，分别是引用运算符→算术运算符→字符运算符→比较运算符，同级运算符的优先级是从左到右进行计算。

2. 公式的输入

公式的输入以“=”开始，然后输入表达式，可以通过单元格名称引用单元格中的数据，利用填充柄的方法实现公式的复制。

3. 单元格的引用

单元格的引用有相对引用、绝对引用、混合引用、三维地址引用四种引用方式。

（1）相对引用。

相对引用是指单元格地址不是固定地址，而是相对于公式所在单元格的相对位置，当公式所在的单元格位置发生改变时，引用也随之发生改变。例如，在 C1 单元格中输入公式“=B1”，表示的是在 C1 单元格中引用 B1 单元格中的值，使用填充柄向下填充到单元格 C2 时，C2 中的公式为“=B2”。

（2）绝对引用。

绝对引用与单元格的位置无关，复制公式时，地址不变，绝对引用是指在地址前插入“$”符号，表示为“$ 列标 $ 行号”。例如，在 C1 单元格中输入公式“=$B$1”，表示的是在 C1 单元格中引用 B1 单元格中的值，使用填充柄向下填充到单元格 C2 时，C2 中的公式为“=$B$1”。

（3）混合引用。

当需要引用固定行，而需要列变化时，在行号前加符号“$”，例如“=B$1”；当引用固定列，而需要行号变化时，在列前加符号“$”，例如“=$B1”。使用填充柄填充时，加了“$”的行或列将不会发生改变。

（4）三维引用。

三维引用是指对当前工作簿（或不同工作簿）中的多个工作表中的单元格的引用，引用格式为：[工作簿名]＋工作表名！＋单元格引用。例如，需要在 Sheet2 工作表 A1 单元格中引用 Sheet1 工作表中的 A1 单元格的值时，只需在 Sheet2 工作表的 A1 单元格中输入“=”后，依次单击 Sheet1 及其中的 A1 单元格后，按回车键，即可完成引用，编辑栏中显示为“=Sheet1！A1”。

4.4.2 函　数

函数其实是公式的一种特殊应用，是预定义好了的公式。Excel 提供了大量的预置函数供用户使用，函数通常表示为：函数名（[参数 1]，[参数2]，……），括号中的参数可以是多个，中间用逗号隔开，其中方括号 [] 中的参数是可选参数，有的函数是没有参数的。函数中的参数可以是常量、单元格地址、数组、定义的名称、函数等。例如：“=SUM(A2:E10)”用来计算 A2:E10 区域中的所有数据的和。Excel 2016 中的函数可分为财务、逻辑、文本、日期和时间、查找与引用、数学和三角函数、统计、信息、工程、多维数据集、Web 等几大类。

1. 函数的输入

函数的输入方法有多种。

（1）直接输入函数。

单击要输入函数的单元格，直接输入相应函数即可，此法要求牢记函数的名称、参数个数及含义。

（2）插入函数。

方法一：单击编辑栏左侧的 *fx* 按钮，调出“插入函数”对话框，如图 4-16 所示。可在其中选择不同类别中的函数，选择函数名后，单击“确定”，便可显示该函数的对话框。

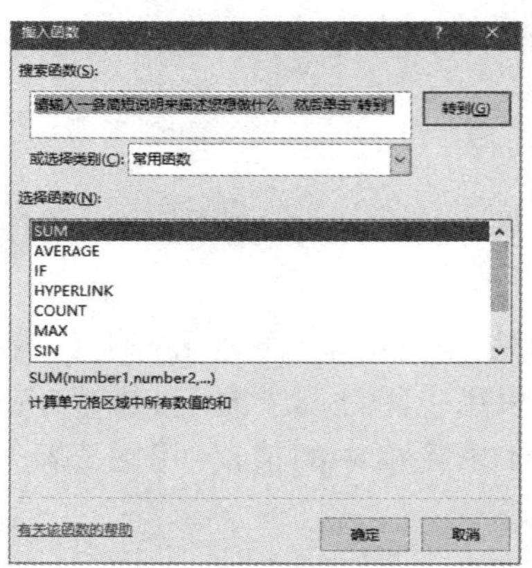

图 4-16 “插入函数”对话框

方法二：单击“公式”选项卡中的“插入函数”按钮，调出“插入函数”对话框，如图 4-16

所示。

方法三：对于常用函数，可单击“开始”选项卡的“编辑”组中的“自动求和”向下的箭头，从中选择相应的函数。

如果忘记了函数名，可在图 4-16 的“搜索函数”框中输入函数的功能，单击“转到”按钮搜索该函数。例如，要搜索显示系统日期的函数，可在“搜索函数”框中输入“当前日期”，如图 4-17 所示。单击左下角的“有关该函数的帮助”，可调出图 4-18 所示的 TODAY( ) 函数的帮助文档。

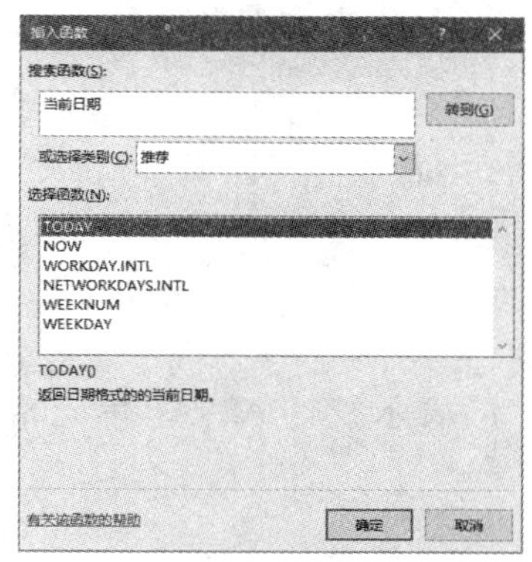

图 4-17　搜索函数

图 4-18　TODAY( ) 函数的帮助文档

2. 常用函数

（1）求和函数 SUM。

语法：SUM(number1,[number2],…)。

用途：计算一组数值 number1，number2……的和。

例如：“=SUM(A2:A10) ”将单元格区域 A2:A10 中的值相加。

（2）求平均值函数 AVERAGE。

语法：AVERAGE(number1,[number2],…)。

用途：计算一组数值 number1、number2……的平均值。

例如：“=AVERAGE(A2:A6) ”表示计算 A2 到 A6 单元格区域中数值的平均值。

（3）计数函数 COUNT。

语法：COUNT(value1,[value2],…)。

用途：计算包含数字的单元格以及参数列表中数字的个数。使用函数 COUNT 可以获取区域或数字数组中数字字段的输入项的个数。

例如：输入以下公式可以计算区域 A1:A20 中数字的个数“=COUNT(A1:A20)”，在此示例中，如果该区域中有五个单元格包含数字，则结果为 5。

（4）计数函数 COUNTA。

语法：COUNTA(value1,[value2],…)。

用途：计算非空单元格的个数。可对包含任何类型信息的单元格进行计算。

例如：“=COUNTA(A1:A20)”计算区域 A1:A20 中非空单元格的个数。

（5）条件统计函数 COUNTIF。

语法：COUNTIF(range,criteria)。

用途：用于统计满足某个条件的单元格的数量。

COUNTIF 的最简形式为：=COUNTIF(要检查哪些区域？要查找哪些内容？)

例如：统计特定城市在客户列表中出现的次数，“=COUNTIF(A2:A5,"London")”。

（6）最大值函数 MAX。

语法：MAX(number1,[number2],…)。

用途：返回指定区域中的最大值。

例如：“=MAX(A2:A6)”表示从单元格区域 A2:A6 中查找并返回最大值。

（7）最小值函数 MIN。

语法：MIN(number1,[number2],…)。

用途：返回指定区域中的最小值。

例如：“=MIN(A2:A6)”表示从单元格区域 A2:A6 中查找并返回最小值。

（8）多条件统计函数 COUNTIFS。

语法：COUNTIFS(criteria_range1,criteria1,[criteria_range2,criteria2],…)。

用途：用于统计满足多个条件的单元格的数量。

例如：“=COUNTIFS(A2:A6,">80",A2:A6,"<100")”表示统计 A2:A6 单元格区域中满足 80 到 100 分之间的单元格个数。

（9）条件求和函数 SUMIF。

语法：SUMIF(range,criteria,[sum_range])。

用途：用于对区域中符合指定条件的数值求和。省略 sum_range 表示对 range 中满足条件的值求和。

例如：“=SUMIF(A2:A6,">60",C2:C6)”表示对满足条件 A2:A6 单元格区域中大于 60 的单元格区域 C2:C6 中的数值求和。

（10）条件求平均值函数 AVERAGEIF。

语法：AVERAGEIF（range, criteria, [average_range]）。

用途：用于对区域中符合指定条件的数值求平均值。省略 average_range 表示对 range 中满足条件的值求平均值。

例如：“=AVERAGEIF(A2:A6,">60",C2:C6)”表示对满足条件 A2:A6 单元格区域中大于 60 的单元格区域 C2:C6 中的数值求平均值。

（11）条件函数 IF。

语法：IF(logical_test,value_if_true,value_if_false)。

用途：判断是否满足某个条件，如果满足返回一个值，如果不满足则返回另一个值。

例如：“=IF(A2>60,"及格","不及格")”表示 A2 单元格中的值大于 60 时，显示及格，否则显示不及格。

（12）排位函数 RANK。

语法：RANK(number,ref,order)。

用途：其中 number 为需要找到排位的数字，ref 为包含一组数字的数组或引用，order 为一数字，用来指明排位的方式。如果 order 为 0 或省略，按照降序排列。如果 order 不为零，则按照升序排列。此函数兼容 2007 版。

（13）排位函数 RANK.EQ 和 RANK.AVG。

语法：RANK.EQ(number,ref,order),RANK.AVG(number,ref,order)。

用途：返回某数字 number 在一列数字 ref 中相对于其他数值的大小排名，如果多个数值排名相同，则返回该组数值的最佳排名。如果 order 为 0 或省略，按照降序排列。如果 order 不为零，则按照升序排列。使用 RANK. AVG 返回平均排位。

例如："=RANK.EQ("60",A2:A6,1)" 表示数值 60 在 A2: A6 单元格区域中的升序排位。

（14）截取字符串函数 MID。

语法：MID(text,start_num,num_chars)。

用途：从文本字符串 text 中的指定位置 start_num 开始返回指定个数 num_chars 的字符。

（15）左截取函数 LEFT 和右截取函数 RIGHT。

语法：LEFT(text,[num_chars])、RIGHT(text,[num_chars])。

用途：从文本字符串 text 最左（右）边开始返回指定个数 num_chars 的字符串。

例如："=LEFT(A1,2)" 表示从单元格 A1 中的字符串最左侧开始提取 2 个字符。

（16）与函数 AND 或函数 OR。

语法：AND（logical1, logical2,…）、OR（logical1, logical2,…）。参数必须为逻辑型。

用途：对于 AND 函数，所有参数的逻辑值为真时，返回 True；只要一个参数的逻辑值为假，即返回 False。对于 OR 函数，所有参数的逻辑值为假时，返回 False；只要一个参数的逻辑值为真，即返回 True。

（17）垂直查询函数 VLOOKUP。

语法：VLOOKUP(lookup_value,table_array,col_index_num,range_lookup)。

用途：搜索表区域首列满足条件的元素，确定待检索单元格在区域中的行序号，再进一步返回选定单元格的值。VLOOKUP 函数表示：=VLOOKUP（你想要查找的内容，要查找的位置，包含要返回的值的区域中的列号，返回近似或精确匹配 – 表示为 1/TRUE 或 0/FALSE）。

例如："=VLOOKUP(102,A2:C7,2,FALSE)" 表示在 A2:C7 范围内第二列（B 列）查找与 102 完全匹配的姓氏，并返回结果，如图 4-19 所示。

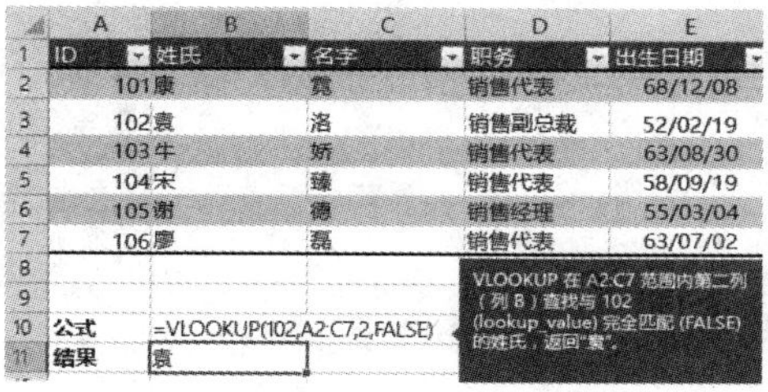

	A	B	C	D	E
1	ID	姓氏	名字	职务	出生日期
2	101	康	霓	销售代表	68/12/08
3	102	袁	洛	销售副总裁	52/02/19
4	103	牛	娇	销售代表	63/08/30
5	104	宋	臻	销售代表	58/09/19
6	105	谢	德	销售经理	55/03/04
7	106	廖	磊	销售代表	63/07/02
8					
9					
10	公式	=VLOOKUP(102,A2:C7,2,FALSE)			
11	结果	袁			

VLOOKUP 在 A2:C7 范围内第二列（列 B）查找与 102 (lookup_value) 完全匹配 (FALSE) 的姓氏，返回"袁"。

图 4-19 VLOOKUP 函数的应用

（18）计算行号函数 ROW 和列号函数 COLUMN。

语法：ROW([reference])、COLUMN([reference])。

用途：ROW 函数返回指定单元格引用的行号；COLUMN 函数返回指定单元格引用的列号。

例如："=ROW( )" 返回当前行的行号；"=COLUMN(H7)" 返回 H7 单元格的列号 8。

（19）取余函数 MOD。

语法：MOD(number,divisor)。

用途：返回两数相除的余数。

例如："=MOD(5,2)" 返回结果为 1。

4.4.3 常见错误值列表

当使用公式或函数的过程中，输入有误时，或者单元格不能正确计算结果时，将会给出错误信息，以便于更正公式或函数，常见的错误信息见表 4-3。

表 4-3 常见错误信息

错误显示	说 明
#####	当某一列的宽度不够而无法在单元格中显示所有字符时，或者单元格中包含负的日期和时间值时，出现此错误
#DIV/0!	当一个数除以零(0)或不包含任何值的单元格时，出现此错误
#N/A	当某个值不允许被用于函数或公式但却被其引用时，出现此错误
#NAME?	无法识别公式中的文本，出现此错误
#NULL!	当指定两个不相交的区域的交集时，显示此错误
#NUM!	当公式或函数包含无效数值时，显示此错误
#REF!	当单元格引用无效时，显示此错误
#VALUE!	当使用了错误的参数或运算的数据类型不同，或者公式自动更正功能不能更正公式时，显示此错误

当出现错误时，可根据错误提示解决问题，具体方法为：如使用公式，出现计算结果错误时，选中显示错误值的单元格，然后单击“错误检查”选项按钮，在打开的下拉菜单中，单击“显示计算步骤”命令，打开“公式求值”对话框，通过单击“求值”“步入”“步出”按钮可以对公式进行分步求值，如图 4-20 所示。

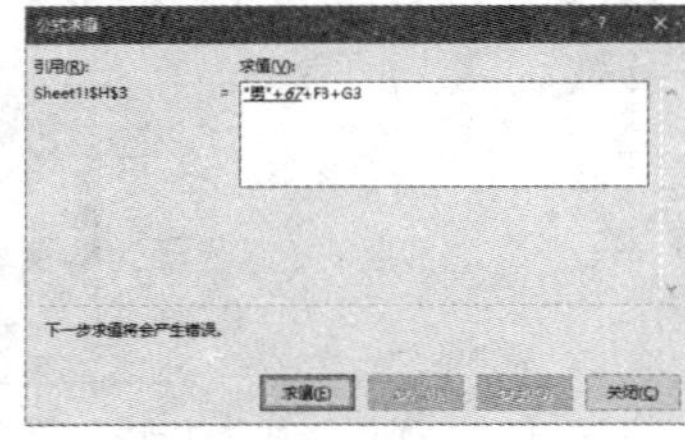

图 4-20 错误检查

4.5 数据管理和分析

Excel 2016 不仅具有快速的数据计算能力，而且还具有较强的数据管理和分析能力，可以利用 Excel 对数据进行排序、筛选、分类汇总、合并计算、数据透视表等功能，从而实现对复杂数据的管理和分析。

4.5.1 数据排序

排序有助于直观的查找数据及对数据进行分析，可以对一列或多列中的数值、单元格颜色、字体颜色、单元格图标进行排序。对于数值型数据，如果是数字或日期型数据，按照大小排序；如果是字符型数据，按照 ASCII 码排序，如果是汉字，按照汉字机内码或笔画排序；同时对于数值数据，还提供了自定义序列排序方式。

1. 单关键字排序

适用于单列排序，首先单击要排序的字段内的任意一个单元格，然后单击“数据”选项卡的“排序和筛选”组中的升序按钮或降序按钮，数据就会按照从小到大或从大到小的顺序排序。

2. 多关键字排序

适用于多列排序，即多个关键字排序。例如，对学生成绩表的数据按总分从高到低排序，总分相同的情况下，按英语成绩从高到低排序。操作方法如下：

（1）选择数据区域 A2:H16。

（2）单击“数据”选项卡的“排序和筛选”组中的“排序”按钮，弹出“排序”对话框，在该对话框中的主要关键字处选择“总分”，排序依据“数值”，次序“升序”，单击“添加条件”按钮，选择次要关键字为“英语”，排序依据“数值”，次序“升序”，设置如图 4-21 所示。单击“确定”按钮完成排序。

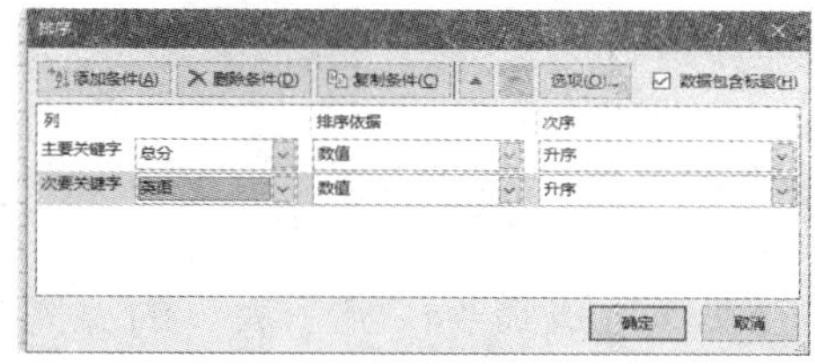

图 4-21　“排序”对话框

3. 自定义序列排序

例如，对学生成绩表需要按“系别”列中的软件、工程、电子商务、环境、机械的顺序排序，操作步骤如下：

（1）选择 A2:H16 单元格区域。

（2）单击“数据”选项卡的“排序和筛选”组中的“排序”按钮，弹出“排序”对话框，在对话框中的主要关键字处选择“系别”，排序依据处选择“数值”，次序处选择“自定义序列”，弹出“自定义序列”对话框，在“自定义序列”对话框中的“输入序列”处依次输入“软件、工程、电子商务、环境、机械”，单击“添加”按钮，将新序列添加到自定义序列中，如图 4-22 所示。单击“确定”按钮关闭“自定义序列”对话框。

（3）此时，在“排序”对话框的次序处已添加自定义序列，如图 4-23 所示。单击“确定”按钮完成排序。

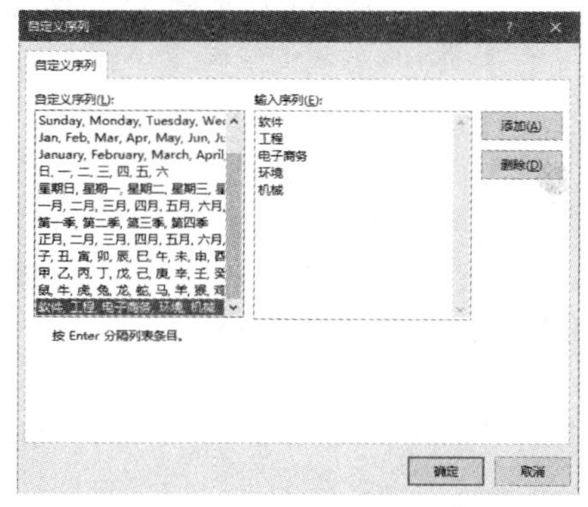

图 4-22　“自定义序列”对话框

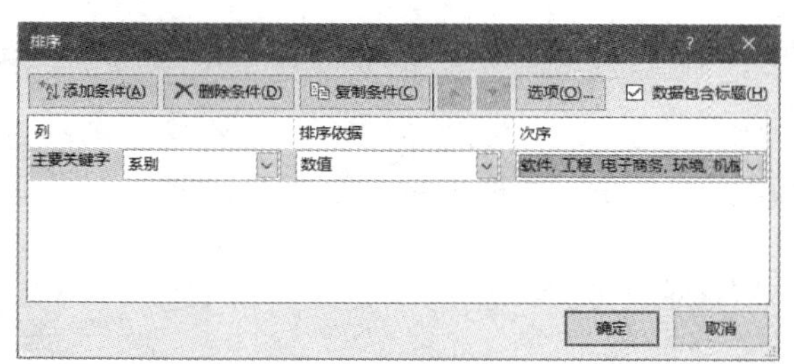

图 4-23　“排序”对话框

4.5.2 数据筛选

数据筛选是将符合条件的显示出来，不符合条件的隐藏起来的一种方便用户查看数据的功能。有两种筛选方式：自动筛选、高级筛选。

1. 自动筛选

单击“数据”选项卡的“排序和筛选”组中的“筛选”按钮，此时在表字段名称的右侧出现一个向下的箭头▼，单击箭头，在下拉列表中选择筛选条件，如只想显示“性别为男”的同学的信息，只需勾选“男”即可。

清除自动筛选时，只需再次单击“数据”选项卡的“排序和筛选”组中的“筛选”按钮即可。

2. 高级筛选

当需要按多个条件进行筛选时，用高级筛选。高级筛选需要设置筛选条件，条件区域至少为两行，第一行为字段名，第二行为条件，当条件多于一个时，根据条件所处位置不同，代表的含义不同，同一行中的条件表示逻辑“与”的关系，不同行中的条件表示逻辑“或”的关系。如要在学生成绩表中显示大一的男同学的信息，条件设置如图 4-24 所示。图 4-25 则表示的是显示年级为大一的同学或者性别为男的同学。

年级	性别
大一	男

图 4-24 高级筛选中“与”关系的条件

年级	性别
大一	
	男

图 4-25 高级筛选中“或”关系的条件

具体操作步骤如下：

（1）选择要筛选的数据区域。

（2）单击“数据”选项卡的“排序和筛选”组中的“高级”按钮，弹出“高级筛选”对话框。

（3）单击“条件区域”文本框，选择条件区域，如图 4-26 所示。

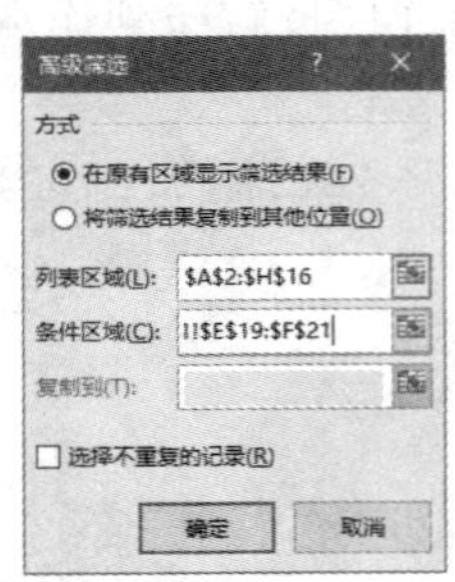

图 4-26 “高级筛选”对话框

（4）结果显示方式有“在原有区域显示筛选结果”和“将筛选结果复制到其他位置”两种，若选择“将筛选结果复制到其他位置”，需在“复制到”文本框中选择显示区域。

4.5.3 分类汇总

分类汇总是将工作表中的数据先按照一定的标准分组，然后对同组数据应用分类汇总函数进行统计。

1. 插入分类汇总

具体操作步骤：首先，对分类字段进行排序，然后单击“数据”选项卡的“分级显示”组中的“分类汇总”按钮，弹出“分类汇总”对话框，如图 4-27 所示。设置完成后，单击“确定”按钮。

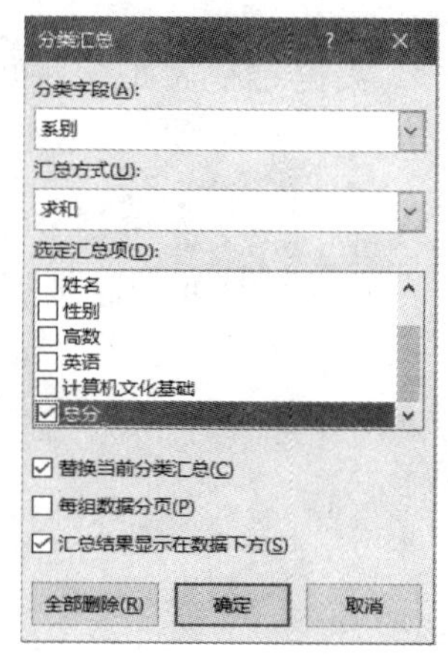

图 4-27　“分类汇总”对话框

2. 分级显示

当一个数据经过分类汇总后，在数据区域的左侧就会出现分级显示符号，其中上方的 1 2 3，表示分级的级别及级数，数字越大级别越小；单击级别可折叠和展开数据。如单击 1，只显示最终的汇总结果，单击 2，显示第二级的汇总结果。

3. 复制分级数据

若只希望复制分级显示中的内容，操作步骤如下：通过单击分级符号，隐藏不需要复制的数据，在“开始”选项卡的“编辑”组中单击“查找和选择”按钮，在下拉列表中单击“定位条件”命令，弹出“定位条件”对话框，选择“可见单元格”单选项，单击“确定”按钮，通过“复制”“粘贴”命令实现可见数据的复制。

4.5.4　合并计算

将结构或内容相似的多个表格进行合并汇总，使用 Excel 中的“合并计算”功能实现。

“合并计算”功能可以汇总或合并多个数据源区域中的数据，数据源区域可以是同一工作表中的不同表格，也可以是同一工作簿中的不同工作表，还可以是不同工作簿中的表格。

打开“工作表超市 5 月份销售表 .xlsx”，有两个结构相同的数据工作表“一分店”和“二分店”，反映了两个分店中的各产品的销售情况，利用合并计算汇总两个表，操作步骤如下：

（1）单击 Sheet3 工作表中的 A1 单元格，单击“数据”选项卡的“数据工具”组中的“合并计算”按钮，弹出“合并计算”对话框。

（2）在“合并计算”对话框的函数下拉列表框中选择“求和”，在“引用位置”编辑框中，选择“超市 5 月份销售表”中的“一分店”工作表中的 A2:B20 单元格区域，然后在“合并计算”对话框中单击“添加”按钮，所引用的单元格区域地址会显示在“所有引用位置”列表框中。同样的方法，添加“二分店”工作表中的 A2:B20 单元格区域。

（3）选择“首行”和“最左列”复选框，如图 4-28 所示。单击“确定”按钮，即可生成合并计算结果表。

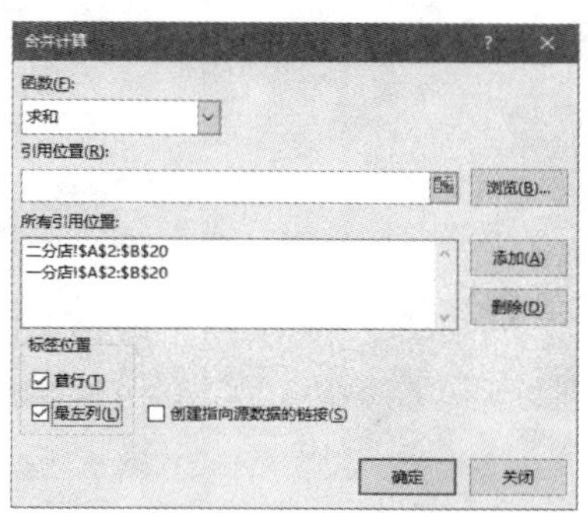

图 4-28　“合并计算”对话框

4.5.5 数据透视表

数据透视表是一种可以快速汇总大量数据的交互式报表,可以通过转换行和列查看源数据的不同汇总项,显示不同的页面以筛选数据,为用户进一步分析数据和快速决策提供依据。

1. 创建数据透视表

(1) 选择要创建数据透视表的源数据区域。

(2) 单击“插入”选项卡的“表格”组中的“数据透视表”按钮,弹出图 4-29 所示的对话框。

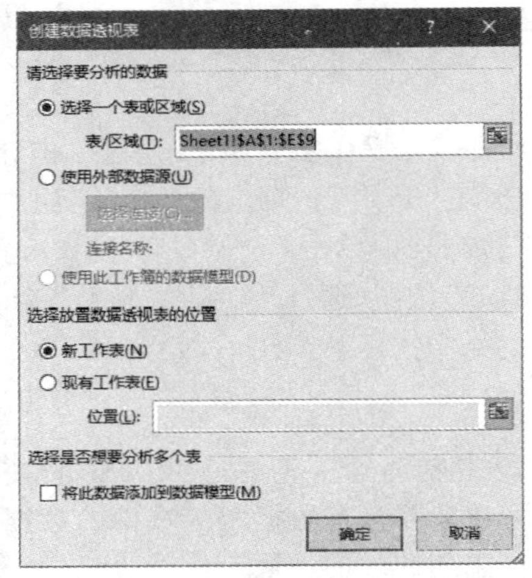

图 4-29 “创建数据透视表”对话框

(3) 选择放置数据透视表的位置“新工作表”,单击“确定”按钮,出现图 4-30 所示的界面。该窗口右侧显示“数据透视表字段”窗格,该窗格的上半部分为字段列表,下半部分为布局部分,包括“筛选器”“列”“行”“值”。

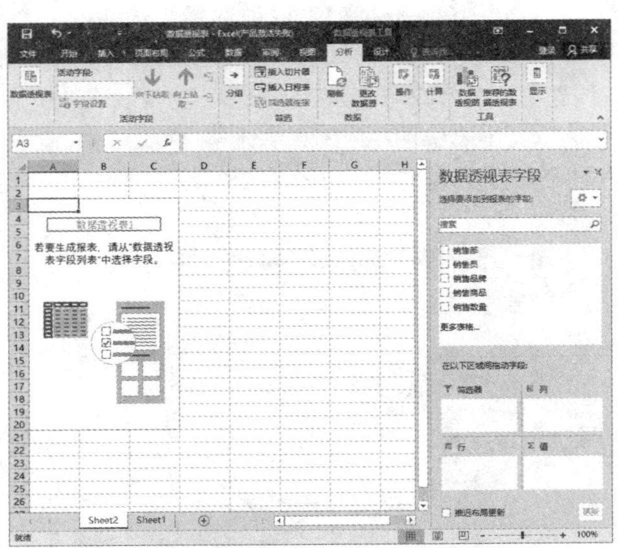

图 4-30 在新工作表中插入空白的数据透视表

（4）若要将字段放置到布局部分的默认区域中，可在字段列表中单击选中相应字段名复选框，默认情况下，非数值字段将会自动添加到“行”区域，数值字段会添加到“值”区域中，格式为日期和时间的字段则会添加到“列”区域中。

若要将字段放置到指定区域，可直接将字段名从字段列表中拖动至布局部分的某个区域中。

若要删除字段，只需要在字段列表中单击取消该字段名复选框的选择即可。

2. 维护数据透视表

维护数据透视表包括修改数据透视表的名称、字段设置等相关操作。

（1）修改数据透视表名称，单击“数据透视表工具 / 分析”选项卡的“数据透视表”组的文本框，修改数据透视表的名称。

（2）活动字段设置是指对筛选器、行、列、值字段的设置，在“活动字段”下方的文本框中输入新的字段名，可更改当前字段名称。单击“字段设置”按钮，打开“值字段设置”对话框，如图 4-31 所示。选择的字段不同，此对话框中的选项会不同。在该对话框中可以设置值汇总方式和值显示方式。

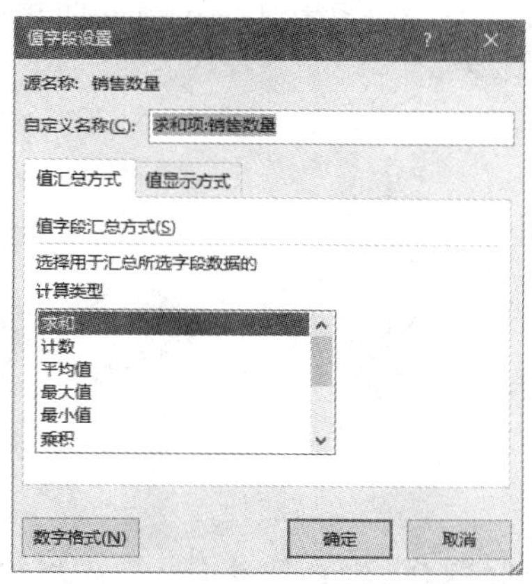

图 4-31　“值字段设置”对话框

3. 设置数据透视表的格式

可以像对普通表格一样设置格式，单击“数据透视表工具 / 设计”选项卡，选择“数据透视表样式”设置样式。

4. 切片器

切片器是一种动态分析数据的方式，使用时需结合数据透视表来使用：选择“数据透视表工具 / 分析”选项卡，单击“筛选”组中的“插入切片器”，弹出“插入切片器”对话框，从中选择一项字段，即可将切片器插入工作表中，单击切片器中的字段值，就可动态查看对应的结果。

如按“销售部”动态查看数据，在“插入切片器”对话框中勾选“销售部”，如图 4-32 所示，单击“确定”按钮。在工作表中出现切片器，如图 4-33 所示，单击字段值即可动态地在数据透视表中查看相应的数据。

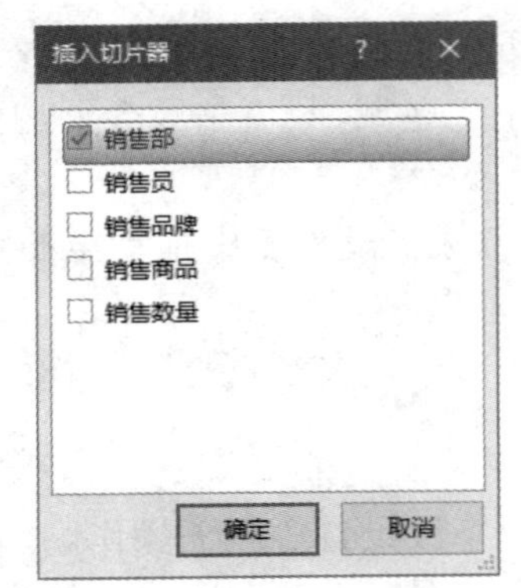

图 4-32 “插入切片器”对话框

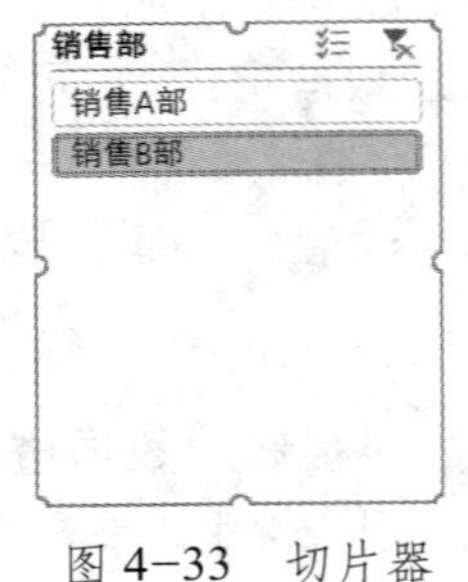

图 4-33 切片器

4.6 图 表

图表可以生动地说明数据报表中的数据的内涵，形象地展示数据间的关系，直观清晰地表达数据处理分析情况。图表分为嵌入式图表和独立图表两种，嵌入式图表同数据在一个工作表中，独立图表则单独占一个工作表。

4.6.1 创建图表

（1）选择要创建图表的数据区域。

（2）在“插入”选项卡的“图表”组中选择要创建的图表类型，可单击右下角的箭头，在弹出的“插入图表”对话框中，选择要插入的图表类型。

4.6.2 图表的组成

图表由图表标题、横坐标轴标题、纵坐标轴标题、绘图区、图表区、网格线、图例等组成，如图 4-34 所示。

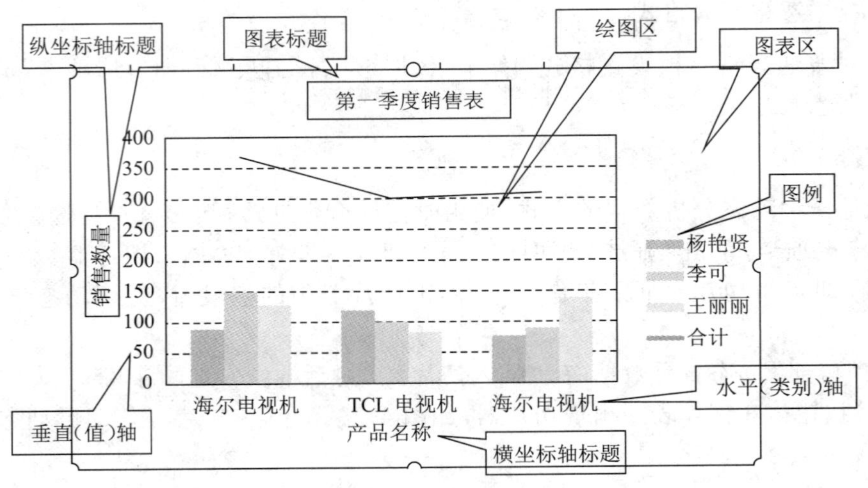

图 4-34 图表的组成

4.6.3 图表的修饰和编辑

在“图表工具 / 设计”选项卡中，可以对图表进行修饰和编辑。

1. 更改图表的布局和样式

从“图表布局”组中单击“快速布局”按钮，从中选择布局，在“图表样式”组中选择样式。

2. 添加图表元素

单击“图表布局”组中的“添加图表元素”按钮，出现图 4-35 所示的下拉列表，在下拉列表中选择要设置的图表元素，选择相应元素可让其显示或隐藏。若选择了其下方的对应选项，则会在工作表的右侧显示相应的格式设置窗格。图 4-36 是单击“网格线”下的“更多网格线选项”的弹出窗格，从中可以设置格式。

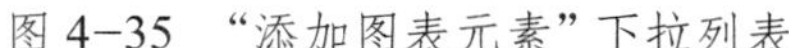
图 4-35 “添加图表元素”下拉列表

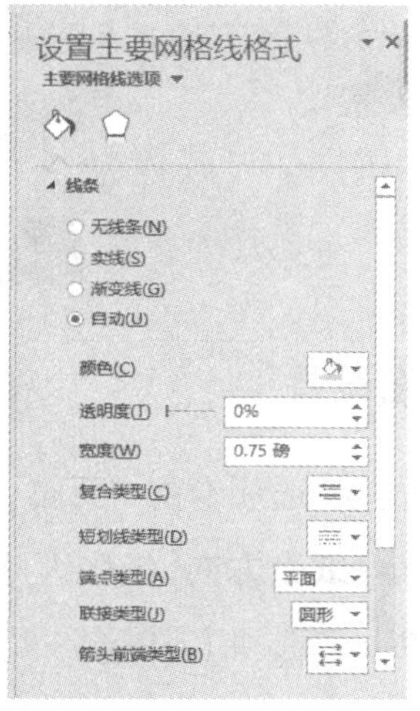

图 4-36 网格线元素的选项窗格

3. 更改图表类型

单击“类型”组中的“更改图表类型”，弹出“更改图表类型”对话框，从中选择图表即可。

4. 改变图表的位置

创建的图表默认情况下和工作表放在一起，即图表是嵌入式的。若要将图表单独存放，需单击“位置”组中的“移动图表”按钮，弹出“移动图表”对话框，选择“新工作表”将会移动到新工作表中。

5. 切换行 / 列

生成的图表行、列的转换通过单击“数据”组中的“切换行 / 列”实现。

6. 更改数据源

单击“数据”组中的“选择数据”按钮，弹出“选择数据源”对话框，如图 4-37 所示。从中可以添加数据源、删除和编辑数据源。

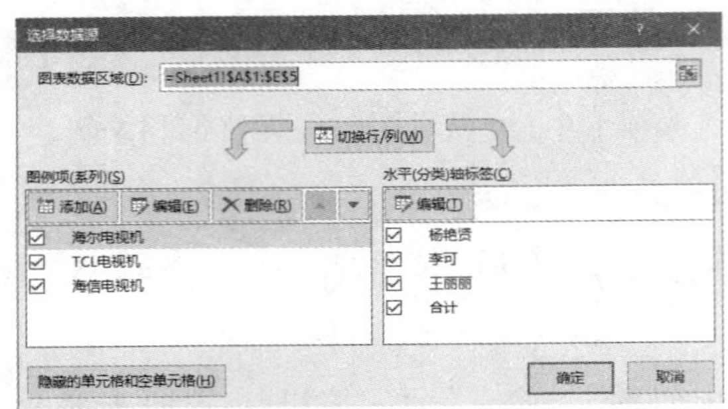

图 4-37 “选择数据源”对话框

4.6.4 图表的格式化

图表的格式化方法既可通过“图表工具 / 格式”选项卡中的各个功能设置，也可通过图表元素的选项窗格设置。

4.7 打印设置

4.7.1 页面设置

通过“页面布局”选项卡的“页面设置”组设置页面格式。

1. 设置页边距、纸张方向、纸张大小

选择“页面布局”选项卡，单击“页面设置”组中的相应选项，即可设置。

2. 设置打印区域

如果工作表中的数据较多，只打印其中的部分数据时，可先选择需打印区域，然后单击“页面设置”组的“打印区域”下拉按钮的下拉列表中的“设置打印区域”，即可将选择区域设置为打印区域。

3. 设置页眉、页脚

选择“页面布局”选项卡，单击“页面设置”组右下角的 ↘ 按钮，打开“页面设置”对话框，切换至“页眉 / 页脚”选项卡进行设置。

4. 打印标题

单击“页面设置”组中的“打印标题”按钮，弹出“页面设置”对话框，切换至“工作表”选项卡进行设置。

（1）打印区域：用于选择打印区域。

（2）设置打印标题：打印数据由若干页组成时，想让标题出现在每一页上，就要设置打印标题。

5. 调整合适大小

按需求调整数据显示在几页中，例如：当工作表中的数据默认情况下无法显示在一页中，但又需其显示到一页宽一页高时，设置方法如下：在“调整为合适大小”组的高度中选择“1页”，宽度中选择“1 页”。

4.7.2 分页符

用于对工作表中的数据从某行或某列处强行分页。设置方法如下：选定要插入分页符位置的下一行或者右侧列，单击“页面设置”组中的“分隔符”，在下拉列表中选择“插入分页符”即可插入水平或垂直分页符。

删除分页符的方法：选定要删除分页符位置的下一行或者右侧列，单击“页面设置”组中的“分隔符”，在下拉列表中选择“删除分页符”即可删除水平或垂直分页符。

CHAPTER 5

第 5 章 演示文稿软件 PowerPoint 2016

PowerPoint 2016 是微软 Office 办公软件中的一款专门用于设计演示文稿的软件，它能帮助用户设计出包含各种文字、图形、图表、影音、动画、视频剪辑等多媒体元素融于一体的幻灯片。

学习目标

1. 初识 PowerPoint 2016。
2. 创建演示文稿。
3. 幻灯片的基本操作。
4. 编辑幻灯片。
5. 设置动画效果。
6. 放映和打印演示文稿。
7. PowerPoint 2016 的其他功能。

5.1 初识 PowerPoint 2016

PowerPoint 和 Word、Excel 等应用软件一样，都是微软公司推出的 Office 系列产品之一，主要用于设计制作广告宣传、产品演示的电子版幻灯片，制作的演示文稿可以通过计算机屏幕或者投影机播放。利用 PowerPoint 做出来的东西叫演示文稿，它是一个文件，其默认扩展名为 pptx。演示文稿中的每一页叫作幻灯片，每张幻灯片在演示文稿中是既相互独立又相互联系的内容。

利用 PowerPoint，不但可以创建演示文稿，还可以在互联网上召开面对面会议、远程会议或在 Web 上给观众展示演示文稿。

5.1.1 启动和退出 PowerPoint 2016

在学习 PowerPoint 2016 之前，首先应掌握 PowerPoint 2016 启动和退出的方法。

1. PowerPoint 2016 的启动

PowerPoint 2016 是在 Windows 环境下开发的应用程序，和启动 Microsoft Office 软件包的其他应用程序一样，可以采用以下几种方法来启动 PowerPoint 2016。

（1）执行“开始”→“PowerPoint 2016”命令，启动 PowerPoint 2016。

（2）如果桌面设置了 PowerPoint 2016 的快捷方式图标，直接双击图标，即可启动。

（3）双击任意一个 PowerPoint 2016 文件，即可启动并且打开相应文件。

（4）单击“开始”→“运行”，在运行框中输入“PowerPoint”，用命令方式启动 PowerPoint 2016。

2. PowerPoint 2016 的退出

在完成演示文稿的制作以及保存后，要退出 PowerPoint 2016，释放所占用的系统资源。退出的方法有如下几种：

（1）执行“文件”→“关闭”命令（注：此方法可以关闭当前的演示文稿，但不能退出 PowerPoint 2016 应用程序）。

（2）单击窗口右上角的“关闭”按钮 ×。

（3）用 Alt ＋ F4 组合键关闭窗口。

5.1.2 PowerPoint 2016 的界面

PowerPoint 2016 启动后，默认进入普通视图，如图 5-1 所示的工作界面。其中除了用户常见的标题栏、菜单栏、工具栏、状态栏，还有与其他软件界面不同的幻灯片 / 大纲窗格、幻灯片编辑窗格和备注窗格。

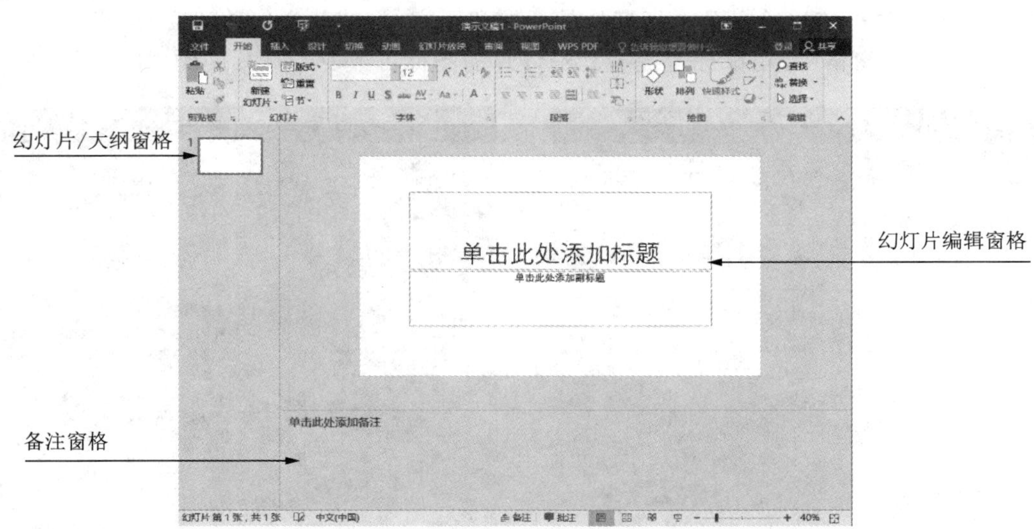

图 5-1　PowerPoint 2016 的工作界面

1. 幻灯片 / 大纲窗格

幻灯片窗格中列出了演示文稿中的所有幻灯片的缩略图，方便组织幻灯片。大纲窗格主要显示幻灯片的主题和主要文本信息，用户可以在大纲窗格中直接创建、编排和组织幻灯片。

2. 幻灯片编辑窗格

该编辑区位于主界面之内，其中显示的是幻灯片窗格中选中的幻灯片的内容，用户可以在这里详细地查看、编辑每张幻灯片，幻灯片的所有操作都在该窗格中完成。

3. 备注窗格

备注窗格位于幻灯片编辑窗格的下方，在该窗格中可以显示和为当前幻灯片添加注释说明，供演讲者演示时使用。

5.1.3 PowerPoint 2016 的视图方式

在演示文稿制作的不同阶段，PowerPoint 2016 提供了不同的工作环境，称为视图。在 PowerPoint 2016 中，给出了六种基本的视图模式：普通视图、大纲视图、幻灯片浏览视图、幻灯片放映视图、备注页视图和阅读视图。在不同的视图中，可以使用相应的方式查看和操作演示文稿。普通视图和幻灯片浏览视图是最常用的两种视图模式。

1. 普通视图和大纲视图

打开一个演示文稿，单击窗口右下角的“视图切换”按钮中的“普通视图”按钮（注意观察光标尾部的按钮的注释），看到的就是普通视图模式。普通视图是主要的编辑视图，可用于撰写或设计演示文稿，如图 5-2 所示。

在演示文稿普通视图模式下，单击可切换到大纲视图模式，反之亦然。幻灯片 / 大纲窗格在普通视图中显示幻灯片窗格，在大纲视图中显示大纲窗格。大纲窗格只显示演示文稿的文本部分，不显示图形对象和色彩。当用户暂时不考虑幻灯片的构图，而仅仅建立贯穿整个演示文稿的构思时，通常采用大纲模式。使用大纲模式是整理、组织和扩充文字最有效的途径，只需直接在大纲窗格依次输入各个幻灯片的标题和正文，系统就会自动建立每张幻灯片，如图 5-3 所示。在大纲窗格中，用鼠标左键拖动幻灯片的图标可改变幻灯片的顺序。

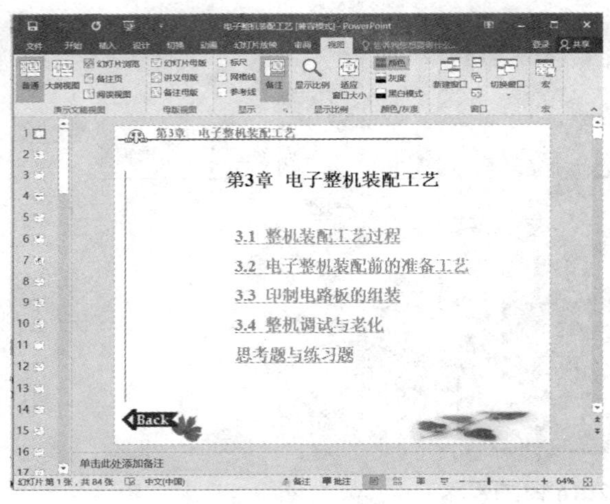

图 5-2 普通视图

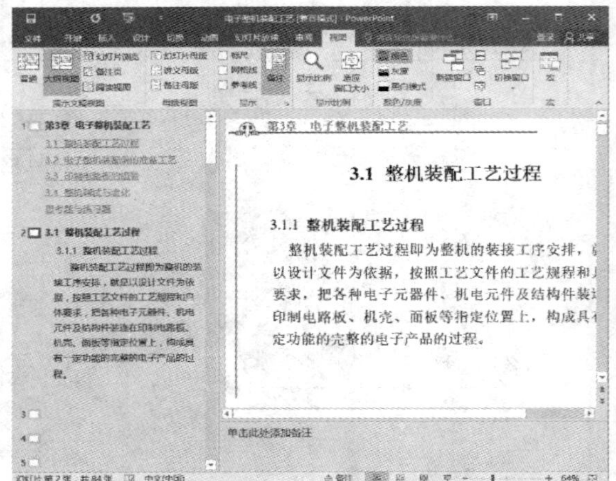

图 5-3 大纲视图

2. 幻灯片浏览视图

在演示文稿窗口中，单击视图切换按钮中的“幻灯片浏览视图”按钮，可切换到幻灯片浏览视图模式，如图 5-4 所示。在这种视图方式下，可以从整体上浏览所有幻灯片的效果，并可进行幻灯片的复制、移动、删除等操作。但此种视图中，不能直接编辑和修改幻灯片的内容，如果要修改幻灯片的内容，则可双击某张幻灯片进行编辑。

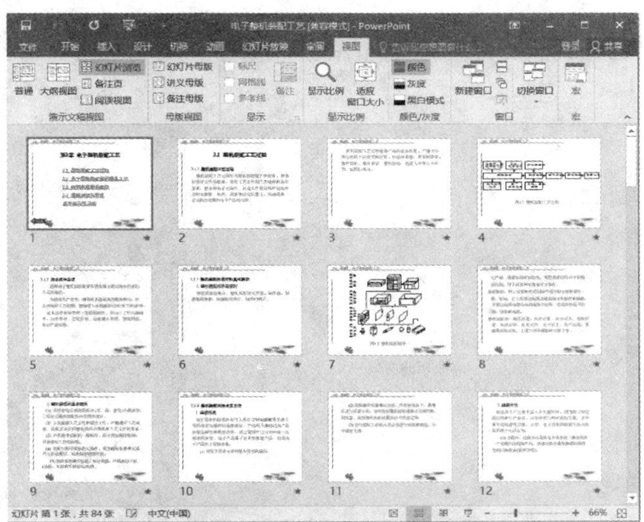

图 5-4　幻灯片浏览视图

3. 幻灯片放映视图

在演示文稿窗口中，单击视图切换按钮中的“幻灯片放映”按钮，切换到幻灯片放映视图模式，如图 5-5 所示。在这个模式下，可以查看演示文稿的放映效果。

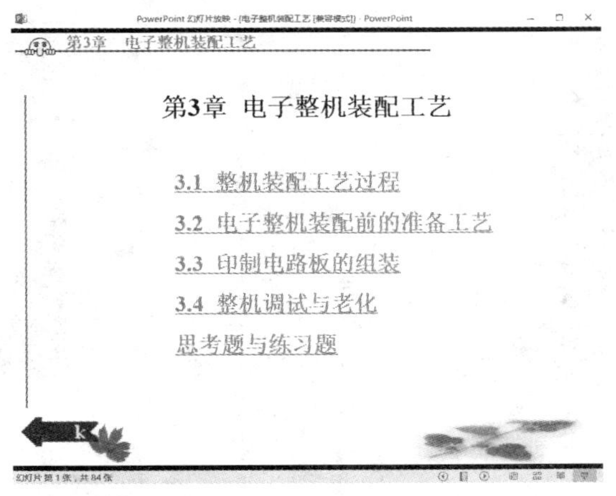

图 5-5　幻灯片放映视图

在放映幻灯片时，幻灯片按顺序全屏幕播放，可以单击，一张张放映幻灯片，或设置自动放映（预先设置好放映方式）。放映完毕后，视图恢复到原来状态。

4. 备注页视图

在演示文稿窗口中，单击“视图”选项卡中“演示文稿视图”组的“备注页”按钮，切换到备注页视图模式，比如备注内容为“周四下午 15:30 在 7 号楼 102 培训”，如图 5-6 所示。备注页视图是系统提供用来编辑备注页的，备注页分为两个部分；上半部分是幻灯片的缩小图像，下半部分是文本预留区。可以一边观看幻灯片，一边在文本预留区内输入幻灯片的备注内容。备注页的备注部分与演示文稿的配色方案彼此独立，打印演示文稿时，可以选择只打印备注页。

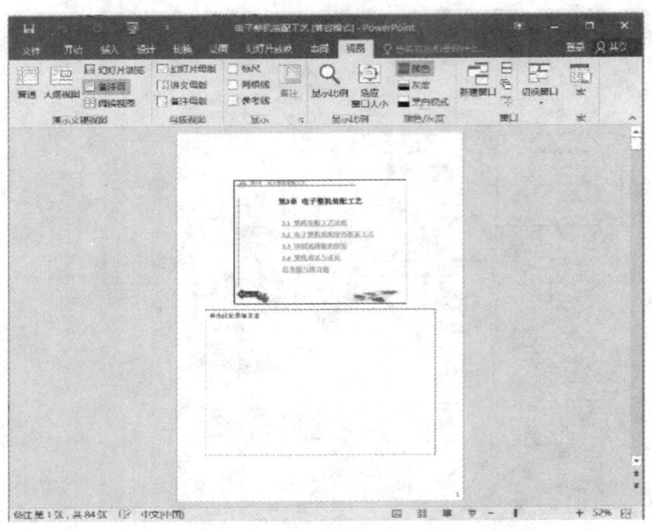

图 5-6　备注页视图

5. **阅读视图**

在演示文稿窗口中，单击“视图”选项卡中“演示文稿视图”组的“阅读视图”按钮，切换到阅读视图模式，如图 5-7 所示。可单击进行翻页阅读幻灯片。

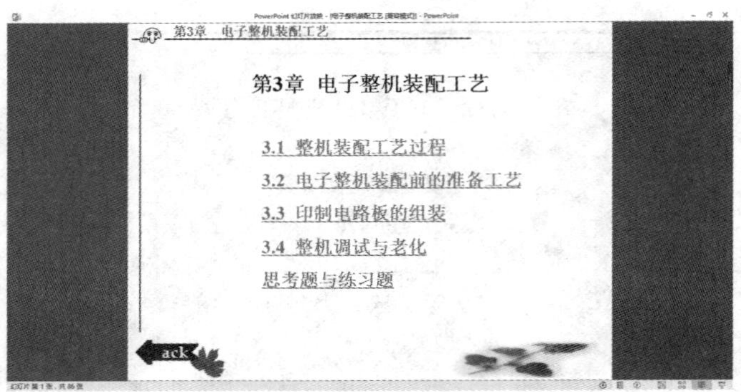

图 5-7　阅读视图

5.2 创建演示文稿

演示文稿是由一张张独立的幻灯片组成的，把幻灯片放在一起逐张播放，就形成了演示文稿。演示文稿可以应用于很多方面，比如演示课件、产品宣传、工作汇报等。

5.2.1 使用模板创建演示文稿

使用 PowerPoint 2016 提供的模板可以创建出专业水平的演示文稿，模板让用户能够集中精力创建文稿的内容而不用花费时间去设计文稿的整体风格。用户可以使用模板来帮助创建演示文稿的结构方案，例如色彩配置、背景对象、文本格式和版式等。

使用模板创建演示文稿的操作步骤如下：

（1）单击“文件”选项卡，在弹出的命令项中选择“新建”命令，显示已经安装的模板样式，如图 5-8 所示。

（2）选择一种模板，单击“创建”按钮即可创建演示文稿，如图 5-9 所示。

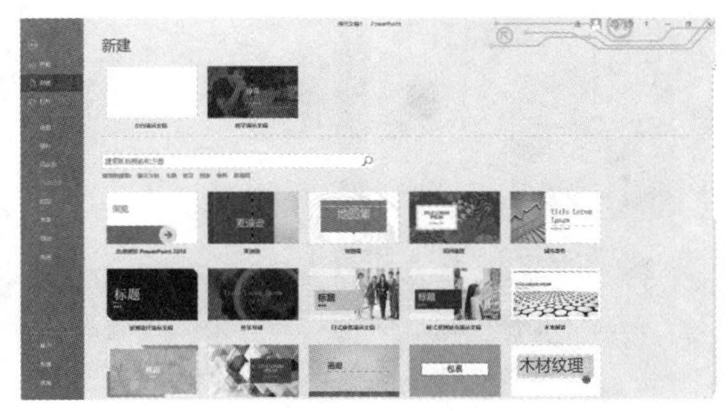

图 5-8　模板样式

图 5-9　选择模板样式

5.2.2　创建空白演示文稿

如果需要自己设计演示文稿的版式，可以先创建空白的演示文稿，然后自己向演示文稿中添加各种元素，创建空白演示文稿的方法有以下几种方法。

（1）启动 PowerPoint 后，单击“空白演示文稿”，即可新建一个空白演示文稿。

（2）单击快速访问工具栏中的“新建”按钮。

（3）按下 Ctrl＋N 组合键就可以快速创建一个空白的演示文稿。

（4）单击“文件”→“新建”→“空白演示文稿”，即可完成创建。

5.3　幻灯片的基本操作

演示文稿是由幻灯片组成的，因此要制作出成功的演示文稿，首先要熟悉幻灯片的基本操作，例如幻灯片的浏览、插入、选取、复制、移动、删除、隐藏等操作。

5.3.1　浏览幻灯片

在普通视图中若要浏览幻灯片，单击幻灯片窗格中某一张幻灯片的编号、图标或者文字，就可以切换到当前幻灯片；单击滚动条下端的“上一张幻灯片”按钮或“下一张幻灯片”按钮或者拖动滚动条，就可以方便地切换浏览幻灯片。

5.3.2　插入新幻灯片

（1）打开一个演示文稿，在“开始”选项卡的“幻灯片”组中，选择“新建幻灯片”按钮，然后在弹出的下拉菜单中选择一种幻灯片版式，如图 5-10 所示。

（2）确认选择之后，可以看到在幻灯片“1”后面插入了一个新的幻灯片，如图 5-11 所示。

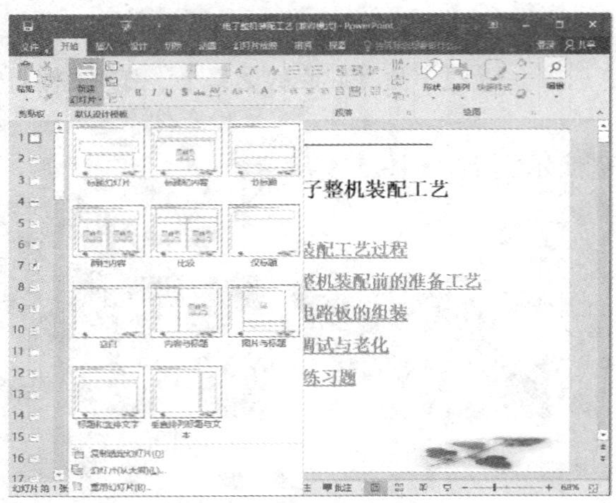
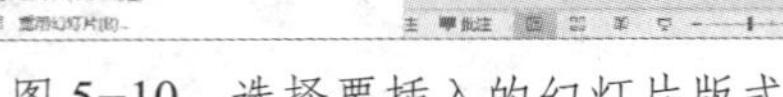

图 5-10 选择要插入的幻灯片版式

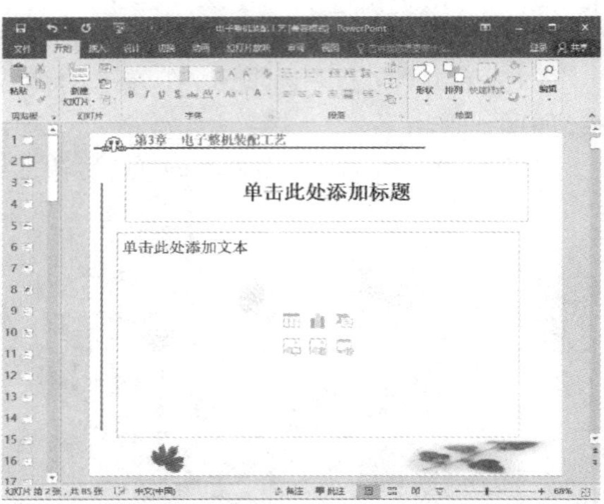

图 5-11 插入新的幻灯片

另外，在“插入”选项卡的“幻灯片”组中，选择“新建幻灯片”按钮，同样可以实现插入新的幻灯片，如图 5-12 所示。

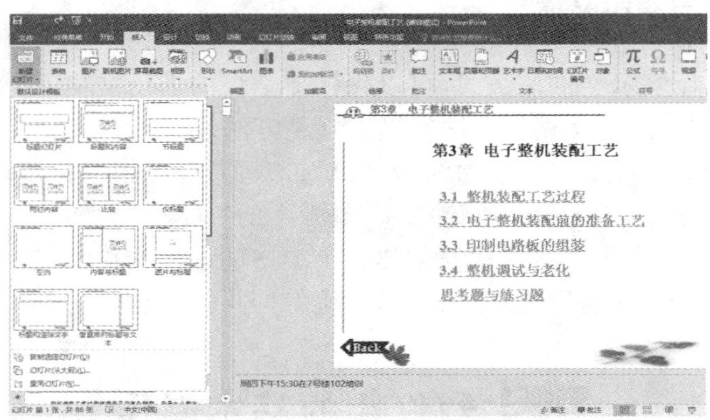

图 5-12 “插入”选项卡操作

5.3.3 选取幻灯片

在对幻灯片进行移动、删除、复制等操作时，首先需要选中目标幻灯片，可以按以下方法选中幻灯片。

（1）单击某张幻灯片可选中当前幻灯片。

（2）如果要选中多张连续的幻灯片，可先单击第一张幻灯片，然后按住 Shift 键，再单击最后一张幻灯片。

（3）如果要选中多张不连续的幻灯片，可先单击第一张幻灯片，然后按住 Ctrl 键，再单击其他的幻灯片。

5.3.4 移动和复制幻灯片

1. 移动幻灯片

在幻灯片浏览视图中，用户可以通过鼠标拖动或剪贴板的方法移动或复制幻灯片，其操作步骤如下：

（1）选中需要移动的幻灯片，按住鼠标左键，拖动幻灯片到需要的位置，然后松开鼠标左键即可。

（2）用“剪切”和“粘贴”命令来改变顺序。选择需要移动的幻灯片，单击“开始”选项卡的“剪贴板”组中的“剪切”按钮，将鼠标移动到要粘贴的位置，然后单击“粘贴”按钮，即可实现移动幻灯片操作。

2. 复制幻灯片

通过剪贴板或者复制幻灯片的操作步骤如下：

（1）其操作步骤与移动幻灯片的第二种方法相似，只不过用“复制”按钮代替“剪切”按钮。

（2）在要复制的幻灯片上右击，在弹出的快捷菜单中选择“复制”或者“复制幻灯片”命令，将鼠标定位到需要粘贴幻灯片的目标位置处，右击，在弹出的快捷菜单中选择“粘贴选项”命令，根据需要选择一种粘贴方式即可。

5.3.5 删除幻灯片

删除幻灯片的操作方法如下：

（1）在幻灯片窗格中右击要删除的幻灯片，在弹出的快捷菜单中选择“删除幻灯片”命令即可，如图 5-13 所示。

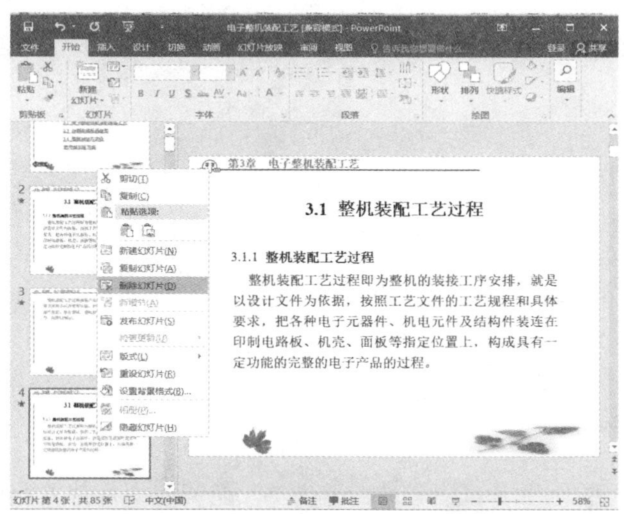

图 5-13　删除幻灯片

（2）另外，还可以选中要删除的幻灯片，按 Delete 键删除幻灯片。

5.3.6 隐藏幻灯片

选择欲隐藏的幻灯片，然后在“幻灯片放映”选项卡的“设置”组中选择“隐藏幻灯片”按钮即可，或者选中欲隐藏的幻灯片，右击，在快捷菜单中选择“隐藏幻灯片”命令实现隐藏幻灯片功能。

5.4 编辑幻灯片

一张精美的幻灯片包含的内容极其丰富，有文本、图片、表格、声音、视频等元素，只有将这些元素完美地融合在一起才能够做出精美专业的演示文稿。

5.4.1 添加文本

文本是幻灯片中最基本的元素，在幻灯片中添加文本的方法主要有 4 种：根据版式占位符设置文本、使用文本框输入文本、自选图形文本和艺术字。输入文本最简单的方法就是使用文本框输入文字，具体操作步骤如下：

（1）打开一个演示文稿，选中需要添加文本的幻灯片，然后单击“插入”选项卡，在“文本”组中单击“文本框”按钮，在弹出的菜单中选择“横排文本框”选项，如图 5-14 所示。

（2）在需要添加文本的地方，按住鼠标左键不放，在幻灯片中拖动即可绘制文本框，然后将光标定位到文本框中输入文本即可，如图 5-15 所示。

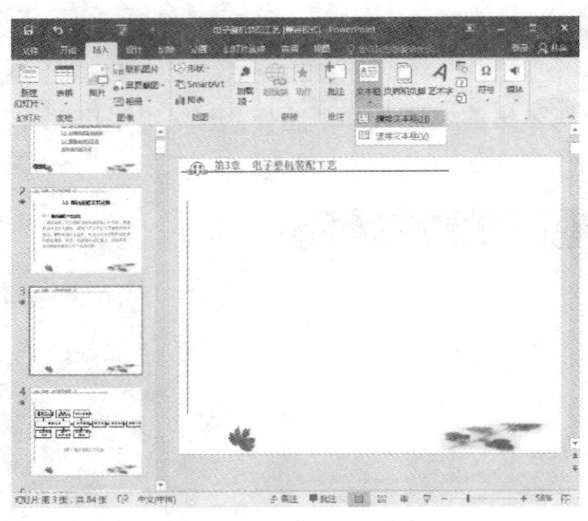

图 5-14 选择“横排文本框”选项

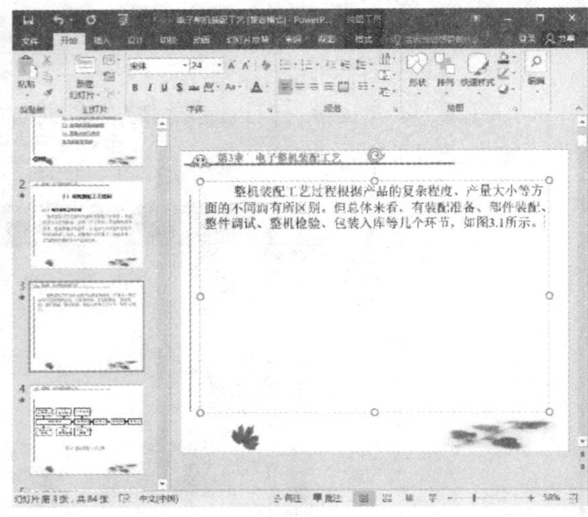

图 5-15 绘制文本框并输入文字

5.4.2 插入对象

通过插入表格、剪贴画、图片或者艺术字等对象，能够使幻灯片看起来更加精美，更能吸引人的注意，也更加能够突出表达幻灯片的主要内容。

1. 插入表格

在 PowerPoint 2016 中插入表格的操作步骤如下：

（1）打开一个演示文稿，选中需要插入表格的幻灯片，然后单击“插入”选项卡，在“表格”组中单击“表格”按钮，如图 5-16 所示。

（2）在弹出的下拉列表中选择“插入表格”选项，会弹出“插入表格”对话框，设置需要插入的行列数即可，如图 5-17 所示。

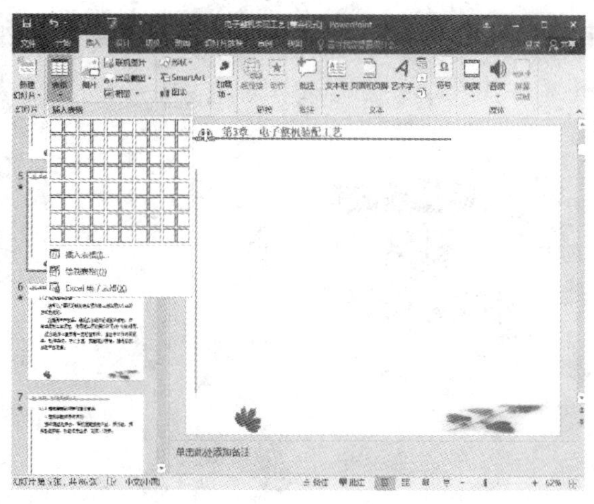

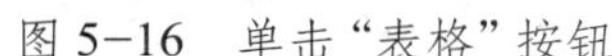

图 5-16 单击“表格”按钮

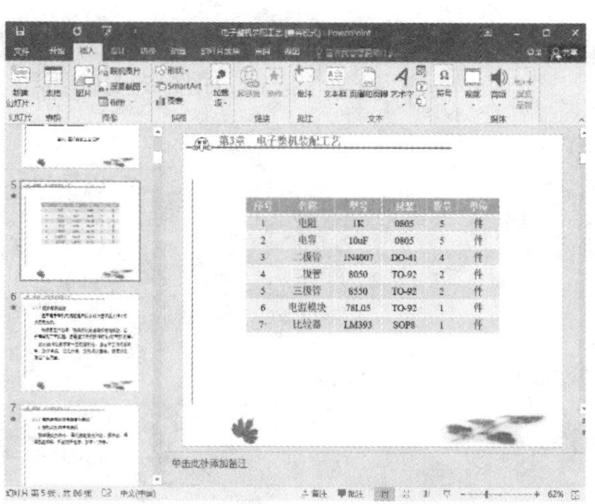

图 5-17 插入表格后的效果

2. 插入来自文件的图片

在幻灯片中插入来自文件的图片的具体操作步骤如下：

（1）打开一个演示文稿，选中需要插入图片的幻灯片，然后单击“插入”选项卡，在“图像”组中单击“图片”按钮。

（2）随后弹出“插入图片”对话框，在该对话框中选择需要插入的图片，然后单击“插入”按钮，这样就在幻灯片中插入了所选图片，如图 5-18 所示。

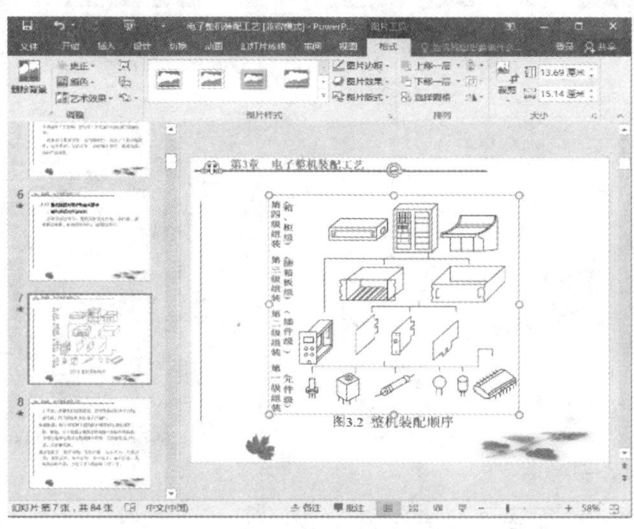

图 5-18 插入图片

3. 插入 SmartArt 图形

在幻灯片中用户可根据需要插入各种类型的 SmartArt 图形，虽然这些 SmartArt 图形的样式有所区别，但其操作方法类似，具体操作方法如下：

（1）选中要插入 SmartArt 图形的幻灯片，单击“插入”选项卡，再单击“插图”组中的“SmartArt”按钮。

（2）弹出“选择 SmartArt 图形”对话框，单击“列表”选项卡，在右侧单击选择“垂直框列表”选项，单击“确定”按钮，如图 5-19 所示。

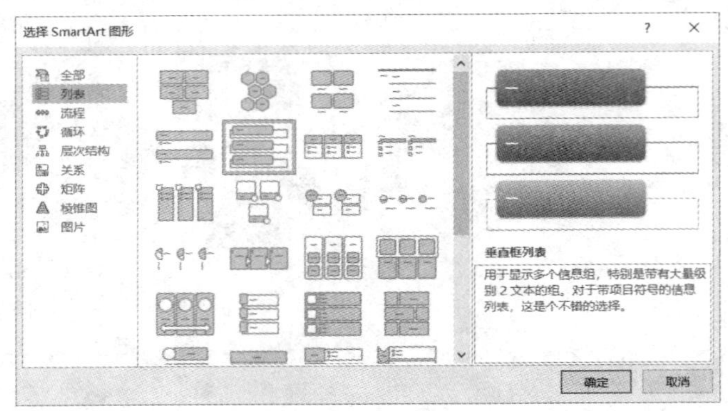

图 5-19　垂直框列表

（3）在“SmartArt 工具 / 设计”选项卡中，单击“创建图形”组中的“添加形状”按钮，在展开的下拉列表中选择“在后面添加形状”命令，如图 5-20 所示。

（4）使用同样的方法，再在后面插入 2 个形状。

（5）可在形状右侧添加项目符号，比如选中第 4 个形状，单击“创建图形”组中的“添加项目符号”按钮，如图 5-21 所示。

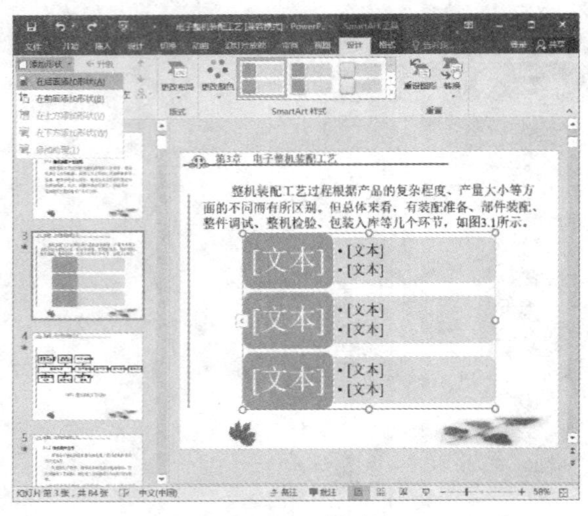

图 5-20　添加形状

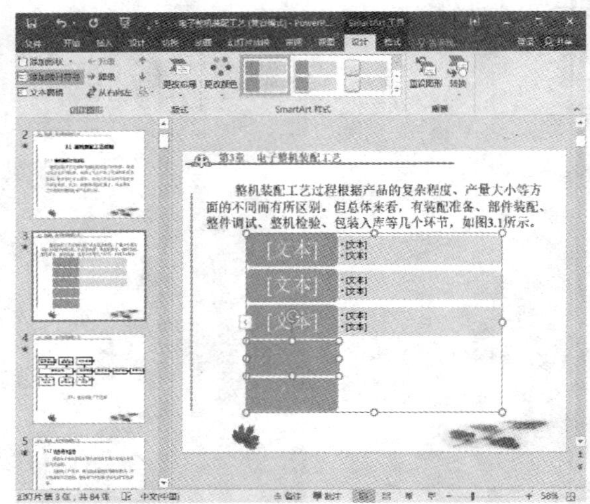

图 5-21　添加项目符号

（6）使用同样的方法为最后 1 个形状也添加项目符号。

（7）单击“创建图形”组中的“文本窗格”按钮，出现“在此处键入文字”窗格，可在列表中输入文字。

（8）使用同样的方法为其他的形状添加项目符号并输入说明文字。

（9）选中 SmartArt 图形，在“SmartArt 工具 / 设计”选项卡中，单击“SmartArt 样式”组中的“其他” 按钮，在展开的下拉列表中选择一种样式，包括二维和三维选项。

（10）此时，即可看到为 SmartArt 图形应用样式后的效果，如图 5-22 所示。

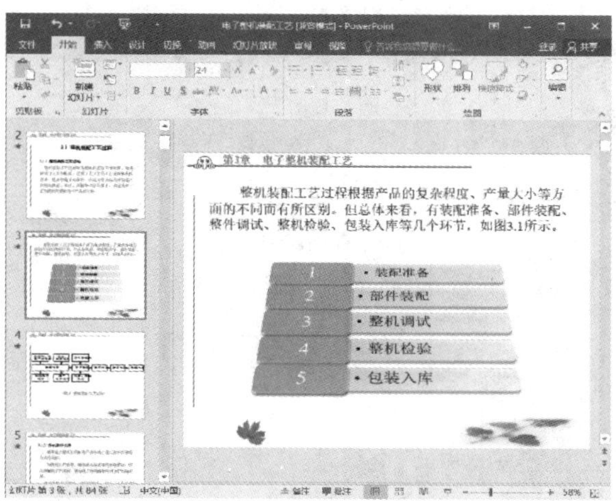

图 5-22　应用样式后的效果

5.4.3 添加影片和声音

一个优秀的演示文稿，不仅需要生动的文字、优美的图片，还需要搭配动听的声音和精彩的影片，这样可以使幻灯片中的内容更加富有活力。

1. 添加影片

在 PowerPoint 2016 中为演示文稿添加影片的具体操作步骤如下：

（1）选中需要插入影片的幻灯片，单击“插入”选项卡，在“媒体”组中单击“视频”按钮，在展开的列表中选择“PC 上的视频”，如图 5-23 所示。

（2）弹出“插入视频文件”对话框，选中需要插入的视频文件，单击“插入”按钮，如图 5-24 所示。

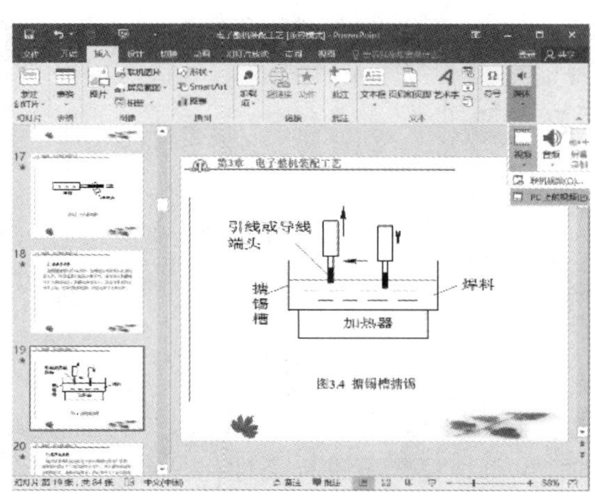

图 5-23　选择“PC 上的视频”命令

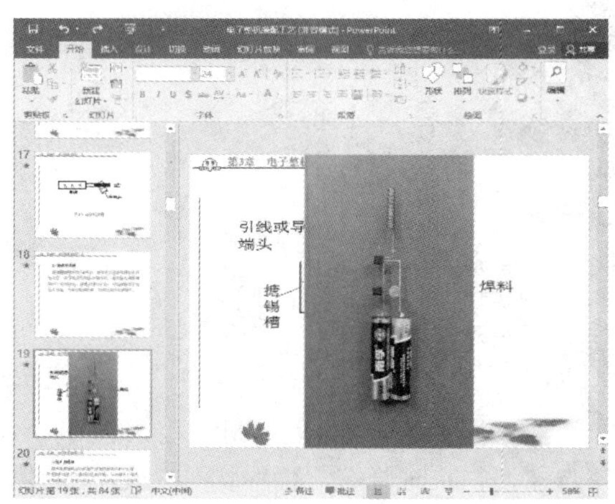

图 5-24　插入视频效果图

（3）拖动视频四周的控制点可调整视频的尺寸的大小。

（4）选中视频，单击“视频工具 / 格式”选项卡，再单击“视频样式”组中的“视频样式”按钮，在展开的列表中选择一种样式，如图 5-25 所示。

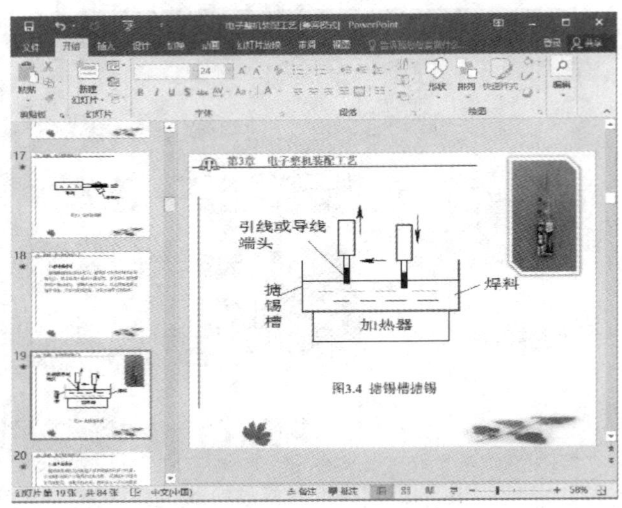

图 5-25 视频样式

2. 添加声音

在 PowerPoint 2016 中为演示文稿添加声音的具体操作步骤如下：

(1) 打开一个演示文稿，选中需要插入声音的幻灯片，然后单击“插入”选项卡，在“媒体”组中单击“音频”按钮🔊，在展开的列表中选择“PC 上的音频”按钮，如图 5-26 所示。

(2) 弹出“插入音频”对话框，选中需要插入的音频文件，单击“插入”按钮，此时可以看到在幻灯片中多出了一个喇叭的形状，如图 5-27 所示。

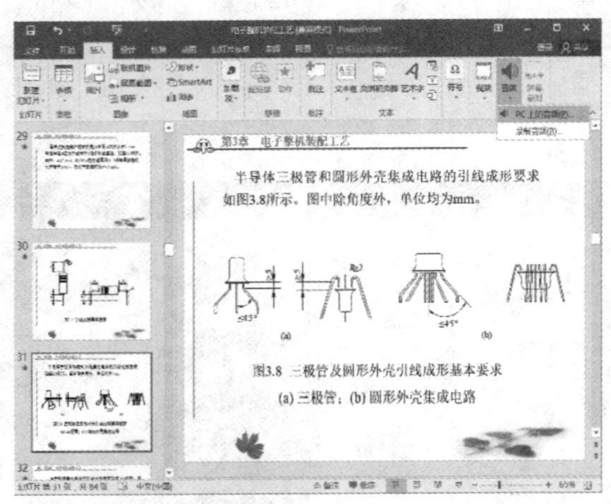

图 5-26 选择“PC 上的音频”命令

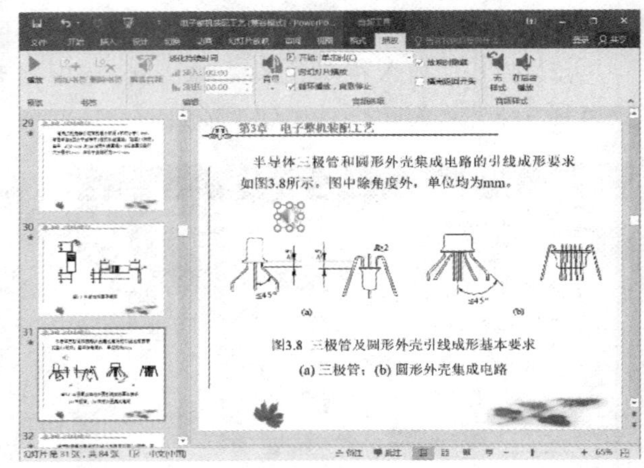

图 5-27 插入音频的效果图

(3) 选中喇叭形状，单击“音频工具 / 播放”选项卡，在“音频选项”组中可以看到，默认勾选了“放映时隐藏”和“循环播放，直到停止”选项，也可根据需要进行个性化设置。

5.4.4 插入动作

插入动作也是 PowerPoint 2016 的一大特色，插入动作的具体操作步骤如下：

(1) 定位到需要插入动作的幻灯片中，选择需要插入动作的对象，单击“插入”选项卡，在

“链接”组中单击“动作”按钮，如图 5-28 所示。

（2）在弹出的“操作设置”对话框中选择一种鼠标的动作，如选择“超链接到”的方式，单击“确定”按钮，如图 5-29 所示。

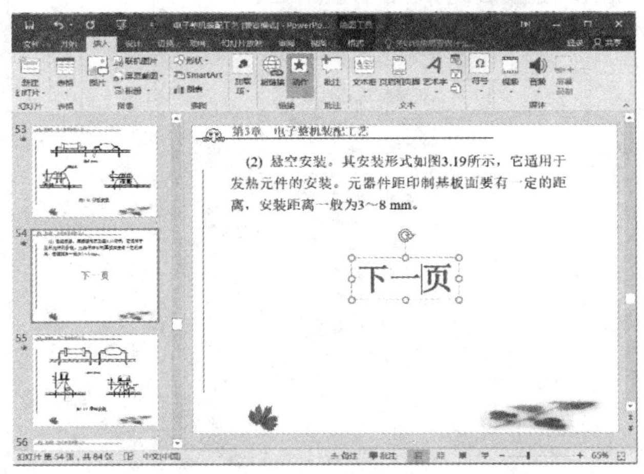

图 5-28　插入动作

图 5-29　“操作设置”对话框

5.4.5　添加备注

打开 PowerPoint 2016，在幻灯片编辑窗格下方有一个“单击此处添加备注”的空白栏。在此可以直接添加备注信息，前面介绍 PowerPoint 2016 界面时提到，比如备注内容为“周四下午 15:30 在 7 号楼 102 培训”，如图 5-30 所示。

如果在放映幻灯片时要查看备注信息，在只有一个显示器的情况下是看不到的，只有在有 2 个或者 2 个以上显示器的情况下，单击“幻灯片放映”选项卡，在“监视器”组中将“使用演讲者视图”项勾选，在放映幻灯片时才可以查看备注信息。

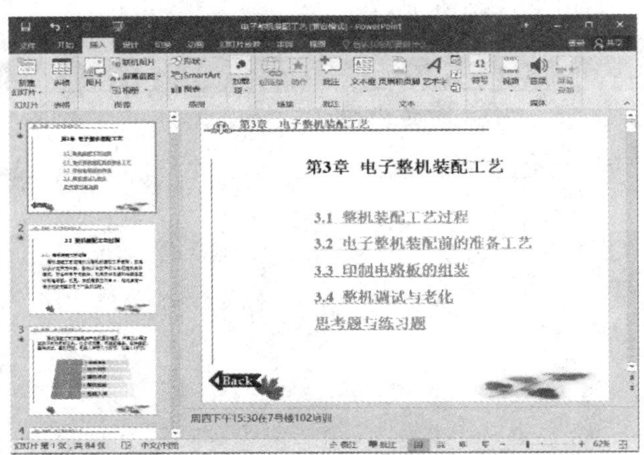

图 5-30　添加备注

5.4.6　更改版式

如对幻灯片中的版式不满意，我们可以重新选择版式，具体的操作步骤如下：

选中要更改版式的幻灯片，单击“开始”选项卡，在“幻灯片”组中单击“版式”按钮，在弹出的下拉列表中选择一种新的版式，如图 5-31 所示。

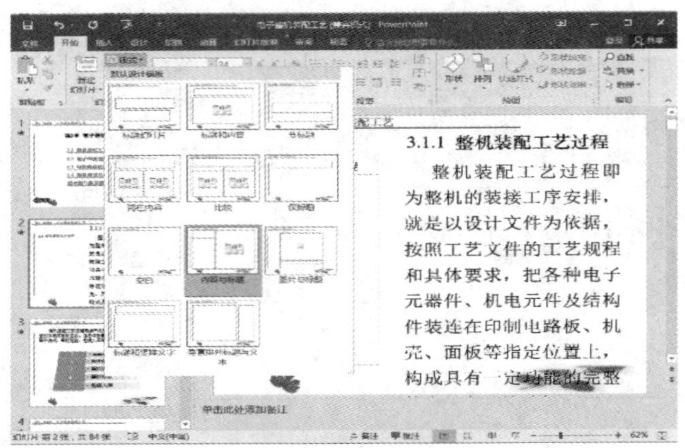

图 5-31　选择版式

5.4.7 幻灯片外观的修饰

PowerPoint 2016 的特色之一就是可以使演示文稿的幻灯片具有统一的外观，如对幻灯片中的外观不满意，我们可以进行修饰。

1. 使用背景

幻灯片的背景可以是单色块，也可以是渐变过渡色、底纹、图案、纹理或图片。

选中目标幻灯片，单击“设计”选项卡的“自定义”组中的“设置背景格式”按钮，在弹出的下拉菜单中选择需要的背景。也可以右击“设置背景格式”命令，在弹出的“设置背景格式”对话框中进行设置。PowerPoint 2016 提供的背景格式设置方式有纯色填充、渐变填充、图片或纹理填充、图案填充 4 种，如图 5-32 所示。

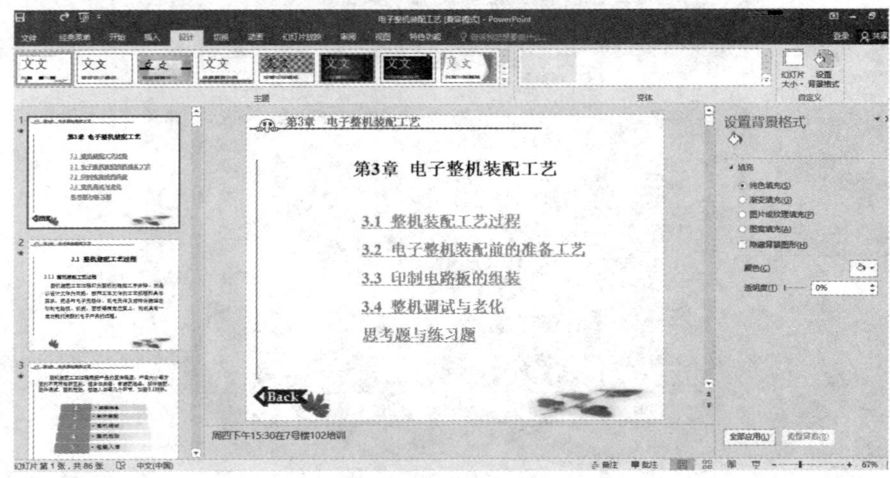

图 5-32　设置背景格式

还可以单击“设计”选项卡的“变体”组中的“其他”按钮，在弹出的下拉列表中选择

“设置背景格式”，如图 5-33 所示。

图 5-33　在“变体”组设置背景格式

2. 使用主题

主题是演示文稿的颜色搭配、字体格式化以及一些特效命令的集合，使用主题可以大大简化演示文稿的创作过程。PowerPoint 2016 为用户提供了 30 多种主题，用户可自由选择，也可以自定义新的主题。

在“设计”选项卡的“主题”组内单击“其他”按钮，在弹出的下拉列表中选择合适的主题单击即可。默认情况下，应用主题时会同时更改所有幻灯片的主题，若想只更改当前幻灯片的主题，需在主题上右击，在弹出的快捷菜单中选择“应用于选定幻灯片”，如图 5-34 所示。

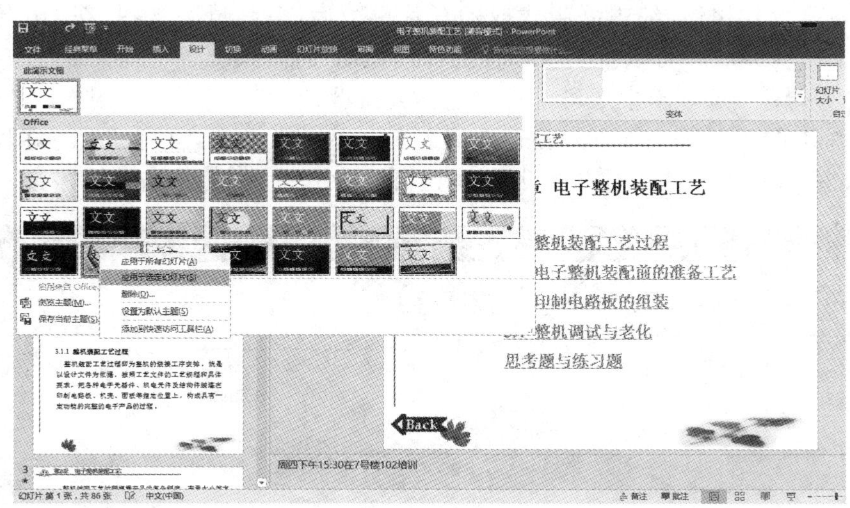

图 5-34　应用主题

若用户需要自定义主题，则可以在“设计”选项卡的“变体”组中通过“颜色”“字体”和“效果”命令进行自定义。

3. 使用母版

母版是模板的一部分，主要用来定义演示文稿中所有幻灯片的格式，其内容主要包括文本与对象在幻灯片中的位置、文本与对象占位符的大小、文本样式、效果、主题颜色、背景等信息。PowerPoint 2016 主要提供了幻灯片母版、备注母版和讲义母版 3 种。

在 PowerPoint 2016 中，系统提供了一套幻灯片母版，包括 1 个主版式和 11 个其他版式。在“视图”选项卡的“母版视图”组中单击“幻灯片母版”命令，会弹出“幻灯片母版”选项卡和窗格，选中目标版式，可进行插入、删除、重命名、设置主题、背景、标题、页脚等操作，如图 5-35 所示。

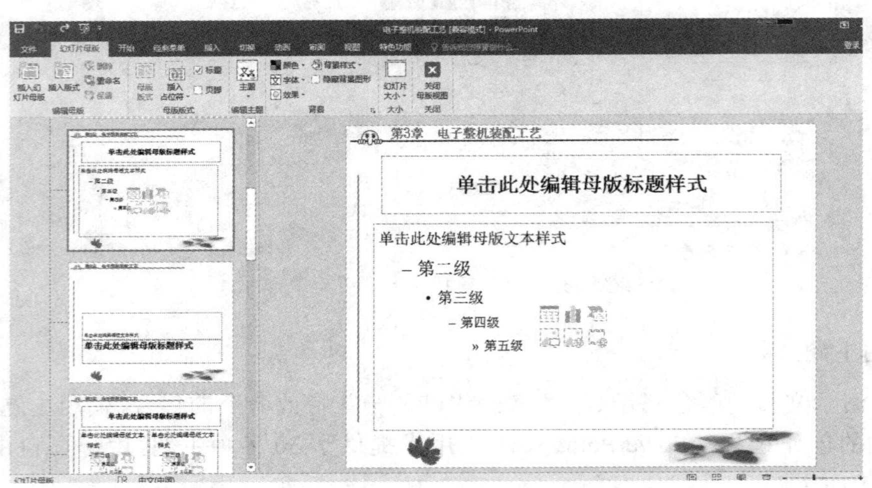

图 5-35 幻灯片母版

选中主版式作格式化设置时，格式化命令会改变所有版式的格式。

PowerPoint 2016 允许用户对幻灯片母版进行添加、删除、重命名及设置主题、背景等操作，操作方式与编辑版式相似，编辑好版式或幻灯片母版后，关闭母版视图，在“开始”选项卡的“版式”命令的下拉列表中可以看到新编辑的版式和幻灯片母版。

在“幻灯片母版”选项卡中还可以对其进行页面设置。单击“大小”组中的“幻灯片大小”按钮的▾，在弹出的下拉列表中单击“自定义幻灯片大小”命令，会弹出“幻灯片大小”对话框，如图 5-36 所示。在该对话框中可设置幻灯片的大小、方向、起始编号等。

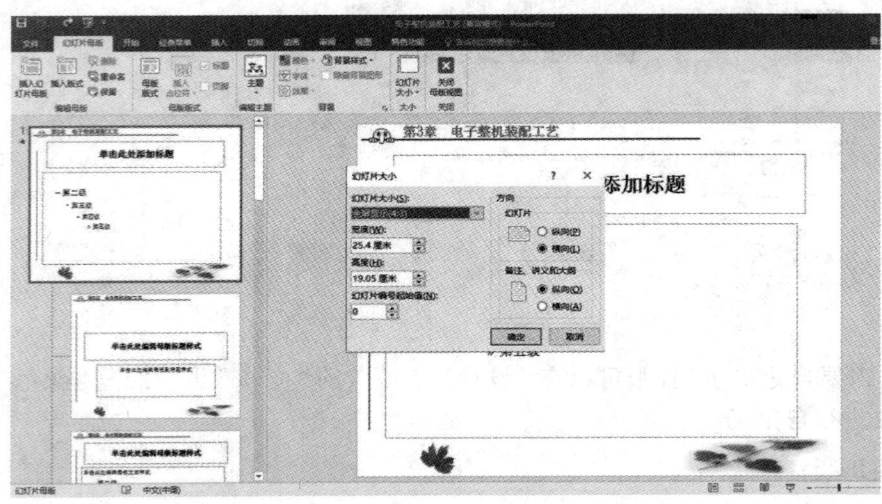

图 5-36 “幻灯片大小”对话框

在“幻灯片母版”选项卡的“母版版式”组中还可以对其进行页脚设置，用户可根据自己的需求进行设置，如图 5-37 所示。

图 5-37 “母版版式”组中的“页脚”按钮

讲义母版用得不多，主要用于控制幻灯片以讲义形式打印的格式。

备注母版主要设置备注幻灯片的格式及备注页打印样式。

5.5 设置动画效果

为了丰富演示文稿的播放效果，加强幻灯片在视觉上的效果，增加幻灯片的趣味性，我们可以为幻灯片的对象添加特殊的动画效果，如飞入、擦除和淡化等。

5.5.1 自定义动画效果

在 PowerPoint 2016 中，用户可以针对某个对象进行单独的动画设置，也可以为一个对象添加多个动画效果。设置自定义动画的具体操作步骤如下：

（1）选中需要添加进入动画的对象，首先单击“动画”选项卡，然后单击“高级动画”组中的“添加动画”按钮，如图 5-38 所示。

（2）在展开的下拉列表中选择“更多进入效果”命令，如图 5-39 所示。

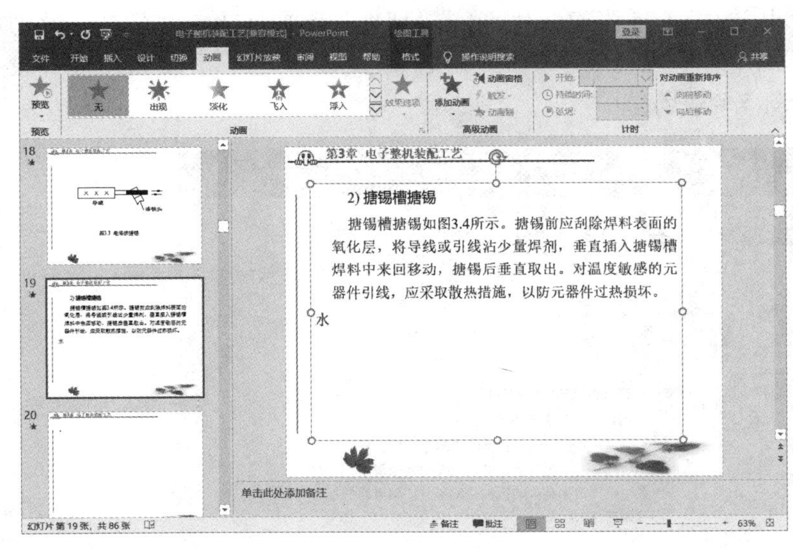

图 5-38 单击“添加动画”按钮

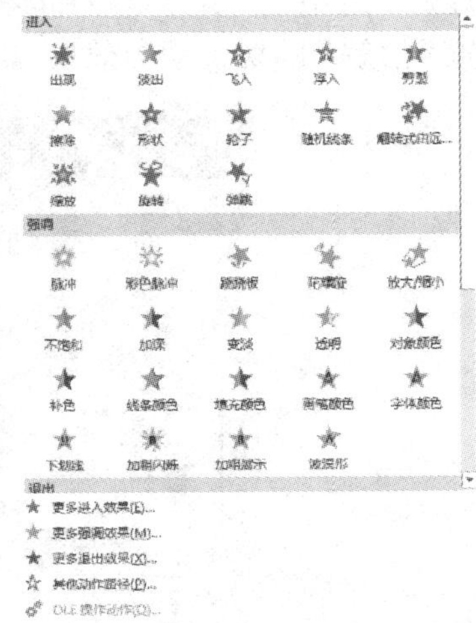

图 5-39 选择“更多进入效果”命令

（3）弹出“添加进入效果”对话框，在“基本型”下选择“阶梯状”选项，单击“确定”按钮，即可为选中的对象添加上“阶梯状”的进入动画效果，如图 5-40 所示。

（4）选中需要添加强调动画效果的对象，单击“高级动画”组中的“添加动画”按钮，在展开的下拉列表中选择“更多强调效果”命令，如图 5-41 所示。

（5）弹出“添加强调效果”对话框，在“基本型”下选择“陀螺旋”选项，即可为选中的对象添加上“陀螺旋”的强调动画效果，如图 5-42 所示。

图 5-40　选择进入动画效果图

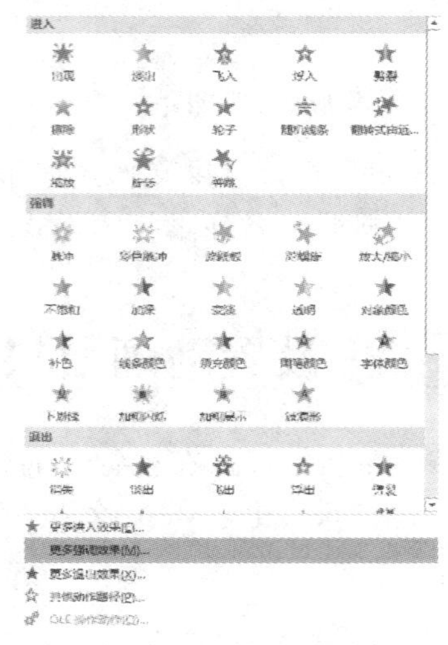

图 5-41　选择“更多强调效果”命令

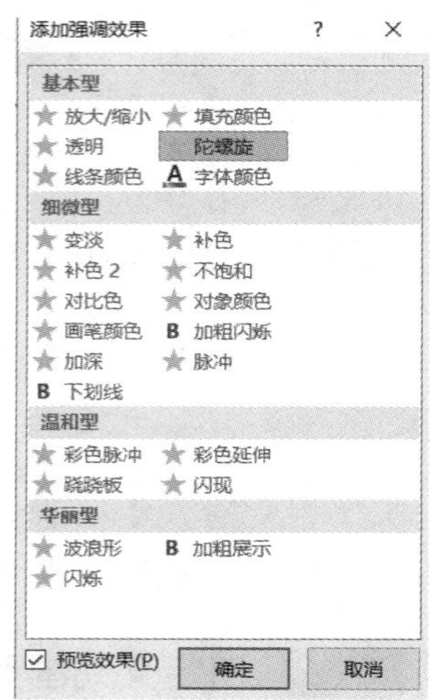

图 5-42　选择强调动画效果

5.5.2 幻灯片的切换

幻灯片切换就是在放映幻灯片时，一张幻灯片放映完毕，下一张幻灯片以某种显示方式出现在屏幕中，制作幻灯片切换的具体操作步骤如下：

（1）打开一个演示文稿，比如选中第 75 张幻灯片，单击“切换”选项卡，单击“切换到此幻灯片”组中的“其他”按钮，在展开的下拉列表中单击“溶解”选项，即可为第 75 张幻灯片设置“溶解”的切换动画效果，如图 5-43 所示。

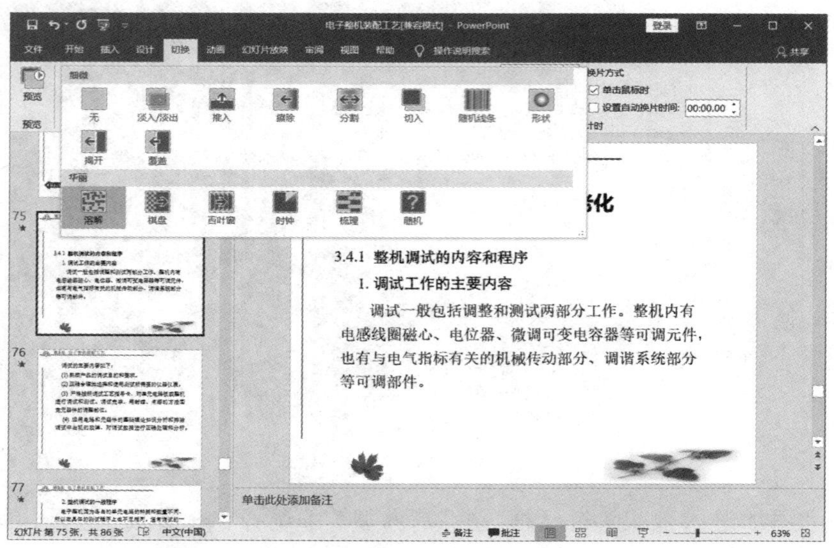

图 5-43　设置“溶解”的切换动画效果

（2）选中第 76 张幻灯片，单击“切换到此幻灯片”组中的“其他”按钮，在展开的下拉列表中选择“棋盘”选项，即可为第 76 张幻灯片设置“棋盘”的切换动画效果，如图 5-44 所示。

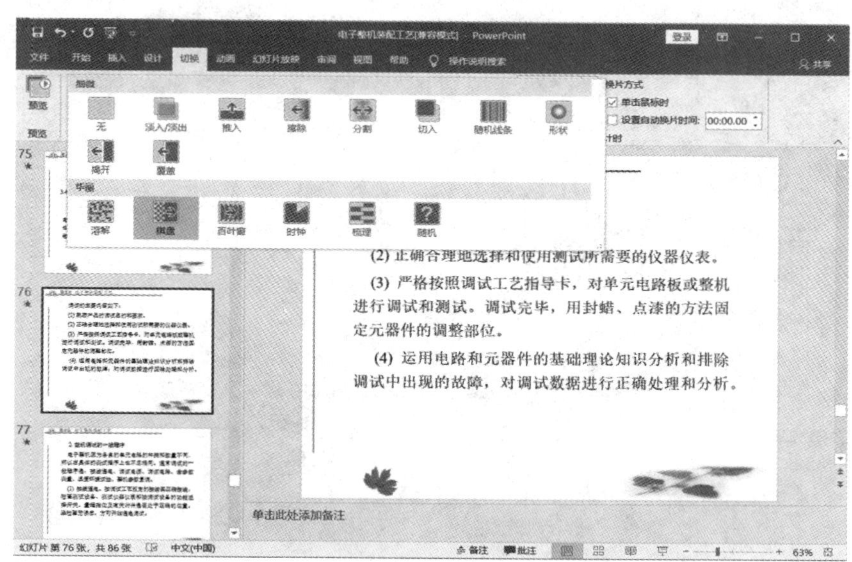

图 5-44　设置“棋盘”的切换动画效果

（3）选中第 77 张幻灯片，单击“切换到此幻灯片”组中的“其他”按钮，在展开的下拉列表中选择“揭开”选项，在右侧的“效果选项”中选择“自底部”命令，即可更改“揭开”动画的效果，如图 5-45 所示。

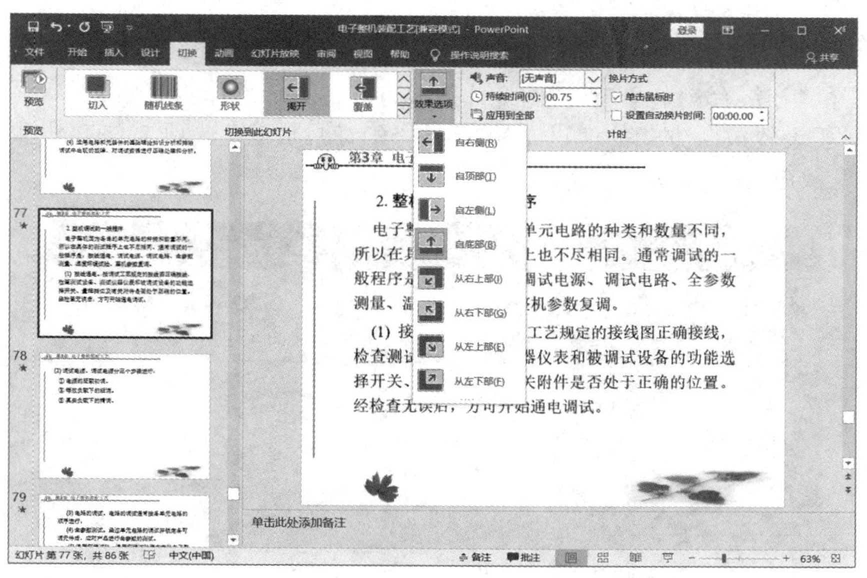

图 5-45　选择“自底部”命令

（4）选中第 78 张幻灯片，单击“切换到此幻灯片”组中的“其他”按钮，在展开的下拉列表中选择“百叶窗”选项，即可为选中的幻灯片设置“百叶窗”的切换动画效果，如图 5-46 所示。其余的幻灯片可以根据自己爱好进行相关设置。

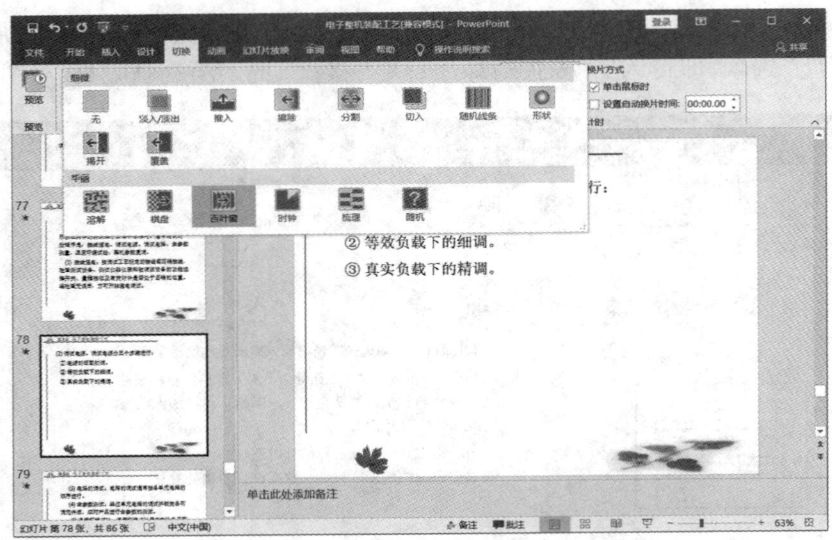

图 5-46 设置“百叶窗”的切换动画效果

5.6 放映和打印演示文稿

演示文稿制作完成后就可以进行放映了，在放映之前可以设置幻灯片的放映方式。

5.6.1 设置幻灯片放映方式

PowerPoint 2016 提供了 3 种在计算机中播放演示文稿的方式，分别是“演讲者放映”“观众自行浏览”和“在展台浏览”。设置幻灯片放映方式的具体操作步骤如下：

(1) 打开要设置放映方式的演讲文稿，单击“幻灯片放映”选项卡，在“设置”组中，单击“幻灯片放映”按钮，如图 5-47 所示。

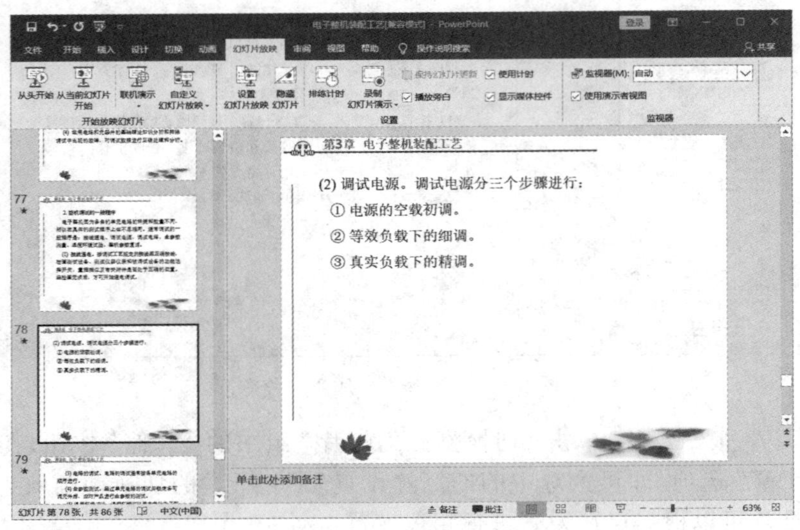

图 5-47 “幻灯片放映”选项卡

（2）随后，打开图 5-48 所示的“设置放映方式”对话框。

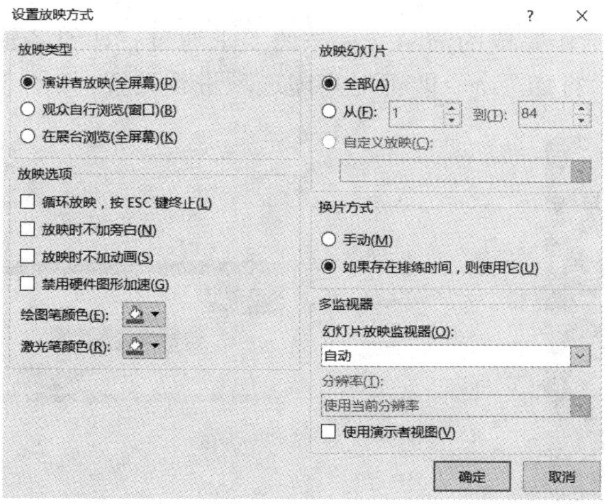

图 5-48　“设置放映方式”对话框

（3）根据需要设置好各个选项，单击“确定”按钮。

5.6.2　放映演示文稿

在 PowerPoint 2016 中执行以下操作之一，可以开始放映当前演示文稿：

单击演示文稿窗口右下角的“幻灯片放映” 按钮。

单击“幻灯片放映”选项卡“开始放映幻灯片”组中的“从头开始” 按钮。

单击“视图”选项卡“演示文稿视图”组中的“阅读模式” 按钮。

按下功能键 F5（注：Shift＋F5 可以从当前幻灯片开始放映）。

5.6.3　排练计时

在演示文稿的放映方面，PowerPoint 2016 还提供了“排练计时”功能。排练计时可以跟踪每张幻灯片的显示时间并相应地设置计时，为演示文稿估计一个放映时间，以用于自动放映。其操作方法为：

执行“幻灯片放映”选项卡中“设置”组的“排练计时”命令，在幻灯片放映视图中，系统会弹出“录制”窗格并自动记录幻灯片的切换时间，如图 5-49 所示。结束放映时或单击“录制”工具栏中的“关闭”按钮时，系统将弹出提示框，单击“是”按钮即可保存排练计时。若录制时需暂停，可单击暂停，如图 5-50 所示。如需继续录制，单击“继续录制”，若想要退出，则仍需单击“继续录制”，然后通过 Esc 或者结束。

图 5-49　“录制”窗格

图 5-50　“继续录制”提示框

5.6.4 打印演示文稿

打印演示文稿指将制作完成的演示文稿按照要求通过打印设备输出并呈现在纸上。切换到“文件”选项卡，单击“打印”命令即可对打印选项进行设置，如图 5-51 所示。

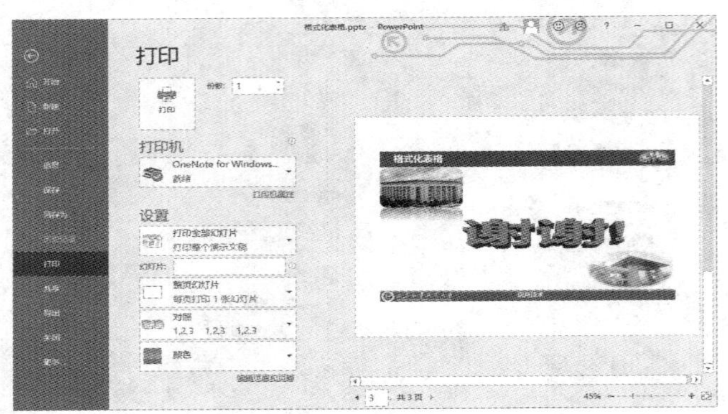

图 5-51 “打印”选项

（1）份数：用来设置打印的份数。

（2）打印机：若当前电脑安装了多台打印机，则可在其中选择用哪台进行打印。

（3）打印机属性：单击后会弹出“打印机属性”对话框，可在其中设置纸张大小和纸张的打印方向等。

（4）打印全部幻灯片：用来设置打印范围，单击后会弹出下拉列表，打印范围包括“全部幻灯片”“选中幻灯片”“当前幻灯片”和“自定义范围”。

（5）整页幻灯片：用来设置打印版式以及讲义幻灯片放置方式，单击后会弹出下拉列表，进行设置。

（6）编辑页眉和页脚：用来设置幻灯片的页眉页脚。单击后会弹出“页眉和页脚”对话框，如图 5-52 所示。

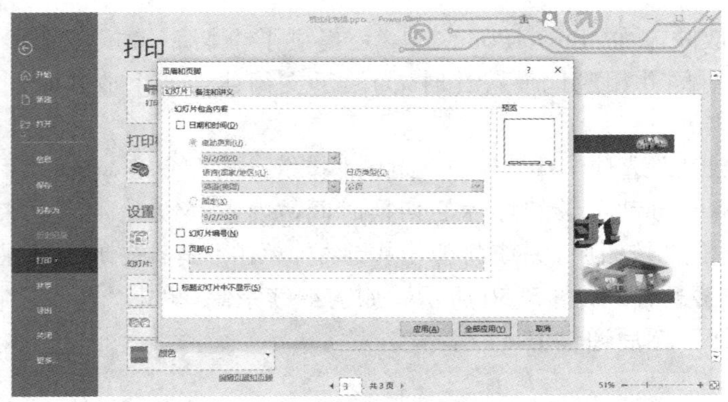

图 5-52 “页眉和页脚”对话框

其中，“日期和时间”包括两种，若选择“自动更新”则显示的日期为每次打开演示文稿的日期；若选择“固定”则显示的日期为设置的固定日期。若不想在标题幻灯片中显示页脚，则勾选“标题幻灯片中不显示”项。若想将整个演示文稿都进行页眉页脚设置，则需单击“全部应用”按钮；若只想设置当前幻灯片，则需单击“应用”按钮。

5.7 PowerPoint 2016 的其他功能

5.7.1 演示文稿的打包

1. 打包演示文稿

演示文稿可以打包到 CD 光盘(必须有刻录机或空白 CD 光盘),也可以打包到磁盘的文件夹。将演示文稿打包到磁盘某文件夹的操作步骤如下:

(1) 打开要打包的演示文稿,在“文件”选项卡中单击“导出”命令,再单击“将演示文稿打包成 CD”命令,如图 5-53 所示,出现“打包成 CD”对话框,如图 5-54 所示。

(2) 在对话框中提示了当前要打包的演示文稿。若要添加其他的演示文稿一起打包,则单击“添加”按钮,出现“添加文件”对话框,从中选择所要打包的文件即可,用户可根据自己的需求完成此操作。

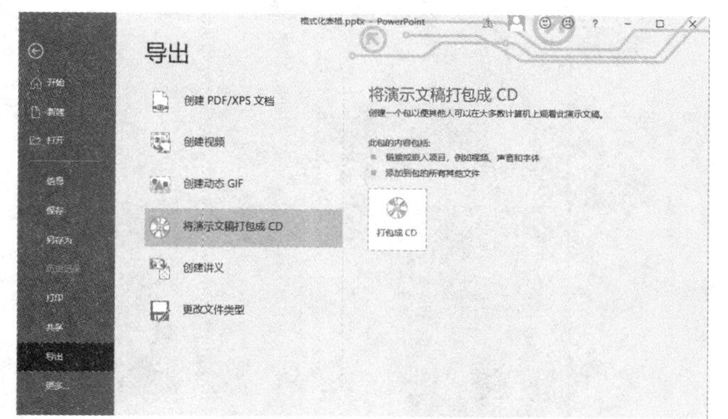

图 5-53 选择“将演示文稿打包成 CD”命令　　图 5-54 “打包成 CD”对话框

(3) 默认情况下打包应包含链接文件和 PowerPoint 播放器,若要修改此设置,可单击“选项”按钮,在弹出的对话框中进行设置,设置完毕,单击“确定”按钮,如图 5-55 所示。

(4) 在“打包成 CD”对话框中,单击“复制到文件夹”按钮。在弹出的对话框中可以指定文件夹的名称和存放位置,然后单击“确定”按钮,则系统开始打包并存放到指定的文件夹,如图 5-56 所示。

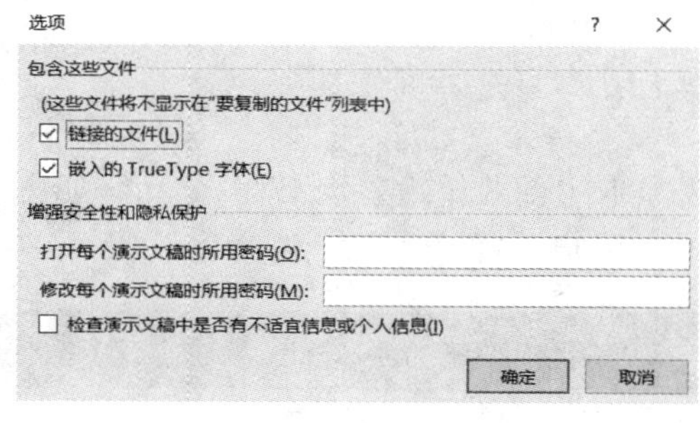

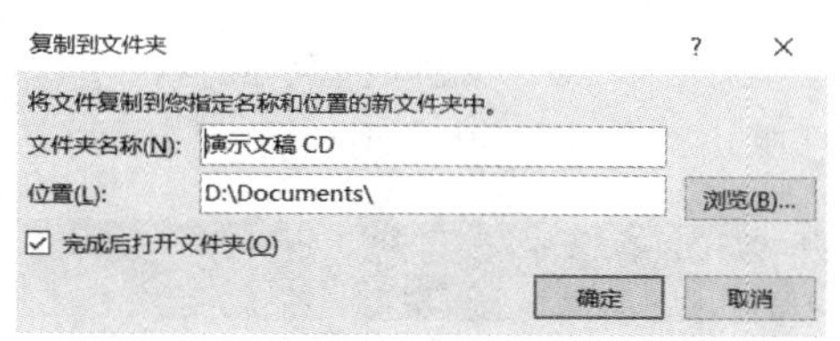

图 5-55 “选项”对话框　　图 5-56 “复制到文件夹”对话框

若已安装了光盘刻录设备,也可以打包到 CD,方法同上,只是要把步骤(4)改为:在光驱中放入空白光盘，在“打包成 CD”对话框中，单击“复制到 CD”按钮，出现“正在将文件复制到 CD”对话框，按提示操作即可。

2. 播放打包的演示文稿

（1）在资源管理器窗口中找到打包的文件夹（假设为 G:\ 演示文稿 CD）的子文件夹 Presentation-Package。

（2）在联网的情况下，双击该文件夹的 PresentationPackage. html 网页文件，在打开的网页上单击“Download Viewer”按钮，下载 PowerPoint 播放器 PowerPointViewer. exe 并安装。

（3）安装完成后，单击“开始”→“Microsoft PowerPoint Viewer”启动该播放器，出现“Microsoft PowerPoint Viewer”对话框，定位到打包文件夹，选择某演示文稿文件，单击“打开”按钮，即可放映演示文稿，用户可根据操作步骤完成演示文稿的放映。

5.7.2 共享演示文稿

PowerPoint 2016 使得用户能够与任何人在任何位置轻松共享演示文稿。打开要共享的演示文稿，在“文件”选项卡中单击“共享”命令，如图 5-57 所示。

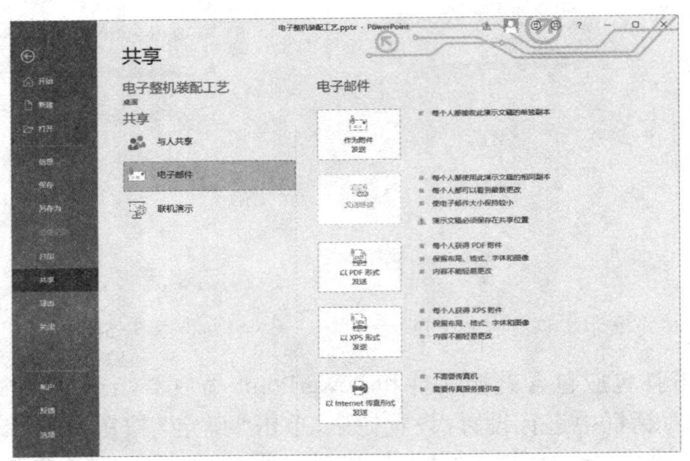

图 5-57 “共享”界面

在该对话框中有“与人共享”“电子邮件”“联机演示”以及“发布幻灯片”选项，用户可根据自己的需求来共享。

5.7.3 演示文稿的特色功能

PowerPoint 2016 的特色功能包含了“审阅”选项卡中的“开始墨迹书写”功能，如图 5-58 所示。单击“墨迹”，可出现一系列书写相关的选项供用户选择，如图 5-59 所示。

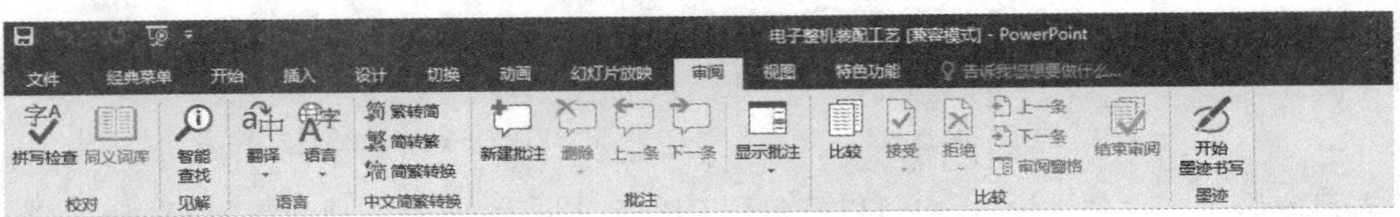

图 5-58 “开始墨迹书写”按钮

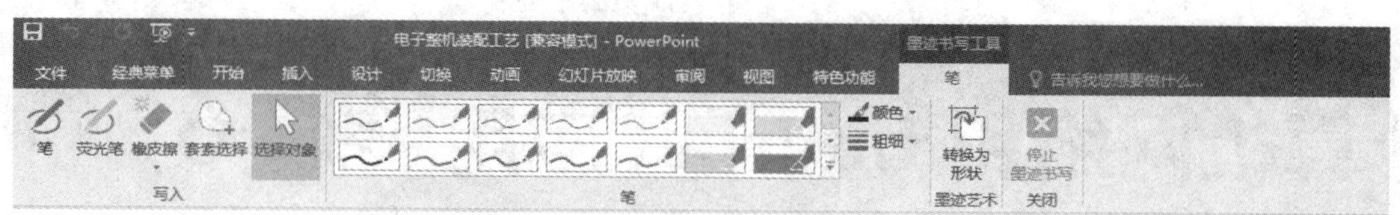

图 5-59　“墨迹书写工具 / 笔”选项卡

PowerPoint 2016 的特色功能选项还包含了 PDF 文件转换功能以及论文查重、文档翻译等功能，如图 5-60 所示。该功能可实现创建 PDF、常规设置以及特色功能，用户可根据自己的需求进行特色设置。

图 5-60　“特色功能”选项卡

CHAPTER 6

第6章 计算机网络和 Internet 应用

信息化社会的基础是计算机和互联计算机的信息网络。21世纪是信息化时代，作为计算机技术和通信技术相结合的产物，信息网络已成为十分重要的基础设施。在未来信息化社会里，人们必须学会在网络环境下使用计算机，通过网络进行交流，获得信息。

学习目标

1. 了解计算机网络产生的历史背景与发展阶段。
2. 掌握计算机网络的概念、特点。
3. 理解计算机网络的功能。
4. 掌握计算机网络的分类及常见的网络拓扑结构。
5. 理解计算机网络在信息时代中的应用。
6. 了解 Internet 产生和发展的历史背景。
7. 理解 Internet 的主要功能与服务。
8. 掌握 IP 地址的含义、表示方法和分类。
9. 了解 Internet 的接入方式。
10. 理解 Internet 的应用。

6.1 计算机网络基础

当前人类所处的是一个以计算机网络为核心的信息时代，信息是当今世界最重要的资源之一，它与物质及能源一起构成了三大资源支柱。与其他两类资源相比，信息资源最显著的特点是它在使用中非但不会损耗，反而会通过交流和共享得到增值。要充分地利用信息资源，就离不开处理信息和传输信息的高科技手段，处理信息的计算机和传输信息的互联计算机网络便是在这样的社会需求背景下成了信息时代的基础。人们可以借助计算机网络实现信息的交换和共享，广泛利用信息进行生产过程的控制和经济决策。如今计算机网络已经成为人们日常生活中必不可少的生产和生活工具，而计算机网络的发展水平也成为反映一个国家的计算机科学和通信技术水平，衡量其综合国力及现代化程度的重要标志之一。

6.1.1 计算机网络的产生与发展

计算机网络技术是计算机技术和通信技术相结合的产物，是正在推动社会信息化的技术革命。网络技术的进步正在对当前信息产业的发展产生着重要的影响。纵观计算机网络的发展历史可以发现，计算机网络与其他事物的发展一样，也经历了从简单到复杂、从低级到高级、从单机到多机的过程。在这一过程中，计算机技术和通信技术紧密结合，相互促进，共同发展，最终产生了计算机网络。计算机网络的发展大体上可以分为以下四个阶段：

1. 面向终端的通信网络阶段

1946 年，世界上第一台数字计算机 ENIAC 的问世是人类历史上划时代的里程碑，但最初的计算机数量稀少，并且十分昂贵。20 世纪 50 年代初，美国军方建立的半自动地面防空系统 SAGE（Semi-Automatic Ground Environment）将远距离的雷达和测控仪器所探测到的信息通过通信线路汇集到某个基地的一台 IBM 计算机上进行集中的信息处理，再将处理好的数据通过通信线路送回各自的终端设备。这种以单个计算机为中心、面向终端设备的网络结构，严格来讲，是一种联机系统，只是计算机网络的雏形，我们一般称之为第一代计算机网络。

在第一代计算机网络中，一台计算机与多台用户终端相连接，用户通过终端命令以交互的方式使用计算机系统，从而将单一计算机系统的各种资源分散到多个用户手中，极大地提高了资源的利用率，同时也极大地刺激了用户使用计算机的热情，但这种网络系统也存在两个缺点：一是其主机系统的负荷较重，既要承担数据处理任务，又要承担通信任务，导致系统响应时间过长；二是对远程终端来讲，一条通信线路只能与一个终端相连，通信线路的利用率较低。

2. 计算机互联阶段

随着计算机应用的发展以及计算机的普及和价格的降低，出现了多台计算机互联的需求。这种需求主要来自军事、科学研究、地区与国家经济信息分析决策、大型企业经营管理，希望将分布在不同地点且具有独立功能的计算机通过通信线路互联起来，彼此交换数据、传递信息。网络用户可以通过计算机使用本地计算机的软件、硬件与数据资源，也可以使用连网的其他地方的计算机软件、硬件与数据资源，以达到计算机资源共享的目的。

这一阶段研究的典型代表是美国国防部高级研究计划局（Advanced Research Projects Agency，ARPA）的 ARPANet（通常称为 ARPA 网）。因为 ARPANet 是世界上第一个实现了以资源共享为目的的计算机网络，所以人们往往将 ARPANet 作为现代计算机网络诞生的标志，现在计算机网络的很多概念都来自 ARPANet。

ARPANet 的研究成果对推动计算机网络发展的意义是十分深远的。在 ARPANet 的基础上，20 世纪 70～80 年代计算机网络发展十分迅速，出现了大量的计算机网络，仅美国国防部就资助建立了多个计算机网络。同时还出现了一些研究试验性网络、公共服务网络、校园网，如美国加利福尼亚大学劳伦斯原子能研究所的 OCTOPUS 网、法国信息与自动化研究所的 CYCLADES 网、国际气象监测网 WWWN、欧洲情报网 EIN 等。

总而言之，计算机网络发展的第二阶段所取得的成果对推动网络技术的成熟和应用极其重要，所研究的网络体系结构与网络协议的理论成果为以后网络理论的发展奠定了坚实的基础，很多网络系统经过适当修改与充实后至今仍在广泛使用。目前国际上应用广泛的 Internet 就是在 ARPANet 的基础上发展起来的。但是，20 世纪 70 年代后期，人们已经看到了计算机网络发展中出现的问题，即网络体系结构与协议的不统一限制了计算机网络自身的发展和应用。网络体系结构与网络协议标准必须走国际标准化的道路。

3. 网络互联阶段

随着社会的发展，需要各种不同体系结构的网络进行互联，但是由于不同体系的网络很难互联，因此，国际标准化组织在 1977 年设立了一个分委员会，专门研究网络通信的体系结构。1983 年该委员会提出了著名的开放系统互连参考模型（Open System Interconnection，OSI），开创了一个具有统一的网络体系结构、遵循国际标准化协议的计算机网络新时代。因此，我们把体系结构标准化的计算机网络称为第三代计算机网络。

OSI 标准使各种不同的网络互联、互相通信变为现实，实现了更大范围内的计算机资源共享。我国也于 1989 年在《国家经济系统设计与应用标准化规范》中明确规定选定 OSI 标准作为我国网络建设的标准。1990 年 6 月，ARPANet 停止运行。随之发展起来的国际 Internet 的覆盖范围已遍及全球，全球各种各样的计算机和网络都可以通过网络互联设备连入 Internet，实现全球范围内的数据通信和资源共享。

4.Internet **与高速网络阶段**

目前，计算机网络的发展正处于第 4 阶段。这一阶段计算机网络发展的特点是互联、高速、智能与更为广泛的应用。Internet 是覆盖全球的信息基础设施之一。对于用户来说，Internet 是一个庞大的远程计算机网络，用户可以利用 Internet 实现全球范围的信息传输、信息查询、电子邮件、语音与图像通信服务等功能。实际上，Internet 是一个用网络互联设备实现多个远程网和局域网互联的国际网，随着信息高速公路计划的提出和实施，Internet 迅猛发展起来，它将当今世界带入了以网络为核心的信息时代。

6.1.2 计算机网络概述

1. 计算机网络的基本概念

计算机网络是利用通信设备和线路将地理位置不同的、功能独立的多个计算机系统互联起来，以功能完善的网络软件（即网络通信协议、信息交换方式和网络操作系统等）实现网络中资源共享和信息传递的系统。计算机网络是计算机技术和通信技术紧密结合的产物，两者的迅速发展及相互渗透，形成了计算机网络技术。

2. 通信子网和资源子网

从功能上分，计算机网络系统可以分为通信子网和资源子网两大部分，通信子网提供数据通信的能力，资源子网提供网络上的资源以及访问的能力。图 6-1 是一个简单的计算机网络结构的示意图。

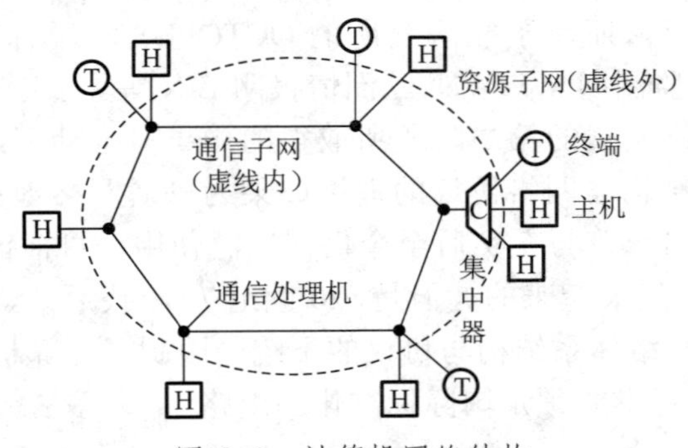

图 6-1 计算机网络结构

（1）通信子网。

通信子网由通信控制处理机（Communication Control Processor，CCP）、通信线路和其他网络通信设备组成，主要承担全网的数据传输、转发、加工、转换等通信处理工作。

通信控制处理机在网络拓扑结构中通常被称为网络节点。其主要功能一是作为主机和网络的接口，负责管理和收发主机和网络所交换的信息；二是作为发送信息、接收信息、交换信息和转发信息的通信设备，负责接收其他网络节点送来的信息，并选择一条合适的通信线路发送出去，完成信息的交换和转发功能。

通信线路是网络节点间信息传输的通道，通信线路的传输媒体主要有双绞线、同轴电缆、光纤、无线电波等。

（2）资源子网。

资源子网主要负责全网的数据处理业务，向全网用户提供所需的网络资源和网络服务。资源子网主要由主机（Host）、终端（Terminal）、终端控制器、联网外部设备以及软件资源和信息资源等组成。

主机是资源子网的重要组成单元，既可以是大型机、中型机、小型机，也可以是局域网中的微型计算机。主机是软件资源和信息资源的拥有者，一般通过高速线路和通信子网中的节点相连。终端是直接面向用户的交互设备。终端的种类很多，如交互终端、显示终端、智能终端、图形终端等。联网外部设备主要是指网络中一些共享设备，如高速打印机、绘图仪和大容量硬盘等。

6.1.3 计算机网络的功能

随着计算机网络技术的发展及应用需求层次的日益提高，计算机网络功能的外延也在不断扩大。归纳起来，计算机网络主要有以下功能：

1. 数据通信

数据通信是计算机网络最基本的功能。利用计算机，网络计算机之间可以快速可靠地传递数据、程序或文件。例如，人们可以收发电子邮件，发布新闻、消息，进行电子商务、远程教育、远程医疗，传递文字、图像、声音、视频等信息。

2. 资源共享

资源共享包括计算机硬件资源、软件资源和数据资源的共享。共享硬件资源可以避免贵重硬件设备的重复购置，提高硬件设备的利用率；共享软件资源可以避免软件开发的重复劳动与大型软件的重复购置，进而实现分布式计算的目标；共享数据资源可以促进人们相互交流，达到充分利用信息资源的目的。

3. 提高系统的可靠性

在单机使用的情况下，任何一个系统都可能发生故障，这样就会为用户带来不便。而当计算机联网后，各计算机可以通过网络互为后备，一旦某台计算机发生故障，则可由别处的计算机代为处理，还可以在网络的一些结点上设置一定的备用设备。这样计算机网络就能起到提高系统可靠性的作用了。更重要的是，由于数据和信息资源存放于不同的地点，因此可防止因故障而无法访问或由于灾害造成数据破坏。

4. 均衡负荷，分布处理

对于大型的任务或课题，如果都集中在一台计算机上，负荷太重，这时可以将任务分散到不同的计算机分别完成，或由网络中比较空闲的计算机分担负荷，各个计算机连成网络有利于共同协作进行重大科研课题的开发和研究。利用网络技术还可以将许多小型机或中型机连成具有高性能的分布式计算机系统，使它具有解决复杂问题的能力，从而大大降低费用。

5. 综合信息服务

计算机网络可以向全社会提供各种经济信息、科研情报、商业信息和咨询服务，如 Internet 中的 WWW 就是如此。

6.1.4 计算机网络的分类和拓扑结构

1. 计算机网络的分类

用于计算机网络分类的标准很多，如拓扑结构、应用协议、传输介质、数据交换方式等。但是，这些标准只能反映网络某方面的特征，不能反映网络技术的本质。最能反映网络技术本质特征的分类标准是网络的覆盖范围。按网络的覆盖范围可以将网络分为局域网(Local Area Network，LAN)、广域网(Wide Area Network，WAN)、城域网(Metropolitan Area Network，MAN)和国际互联网(Internet)，见表 6-1。

表 6-1 不同类型网络之间的比较

网络种类	覆盖范围	分布距离
局域网	房间	10 m
	建筑物	100 m
	校园	1 km
广域网	国家	100 km 以上
城域网	城市	10 km 以上
国际互联网	洲或洲际	1 000 km 以上

局域网(Local Area Network，LAN)是将较小范围的各种数据通信设备连接在一起实现资源共享和数据通信的网络(一般在几千米以内)。这个小范围可以是一个办公室、一座建筑物或近距离的几座建筑物。局域网传输速率高，可靠性好，适用各种传输介质，建网成本低。

城域网(Metropolitan Area Network，MAN)是一个将距离在几十千米以内的若干个局域网连接起来以实现资源共享和数据通信和网络。城域网通常使用与局域网相似的技术，但对媒介访问控制在实现方法上有所不同，它一般可将同一座城市内不同地点的主机、数据库以及 LAN 等相互联接起来。

广域网(Wide Area Network，WAN)是将距离较远的数据通信设备、局域网、城域网连接起，来实现资源共享和数据通信的网络。一般覆盖面比较大，一个国家，几个国家甚至于全球范围，如 Internet 可以说是一个最大的广域网。广域网的通信子网主要采用分组交换技术，常常借用传统的公共传输网(如电话网)，这就使广域网的数据传输相对较慢，传输误码率也较高。随着光纤通信网络的建设，广域网的速度将大大提高。

国际互联网(Internet)并不是一种具体的网络技术，而是将同类和不同类的物理网络(局域网、城域网、广域网)通过某种协议互联起来的一种高层技术。

2. 计算机网络的拓扑结构

把网络中的计算机等设备抽象为点，把网络中的通信媒体抽象为线，这样就形成了由点和线组成的几何图形，即采用拓扑学方法抽象出的网络结构，我们称之为网络的拓扑结构。计算机网络按拓扑结构可以分成总线型拓扑、环形拓扑、星形拓扑、树状拓扑和网状拓扑结构。

(1) 总线型拓扑。

总线型拓扑采用单一广播信道作为传输介质，所有主机(或站点)通过专门的连接器接到这根称为总线的公共信道上。因为所有站点共享一条公用的传输信息，所以一次只能由一个设备传输信号。通常采用分布式策略来确定哪个站点可以发送。总线型拓扑结构如图 6-2 所示。

图 6-2　总线型拓扑

总线型拓扑结构的优点是：结构简单，布线容易，站点扩展灵活方便，可靠性高。缺点是：故障检测和隔离较困难；总线负载能力较低；另外，分布式协议不能保证信息的及时传送，不具有实时功能，大业务量降低了网络速度。站点必须是智能的，要有介质访问控制功能，从而增加了站点的硬件和软件开销。

(2) 环形拓扑。

环形拓扑是一个包括若干节点和链路的封闭环，每个节点只与相邻的两个节点相连，如图 6-3 所示。

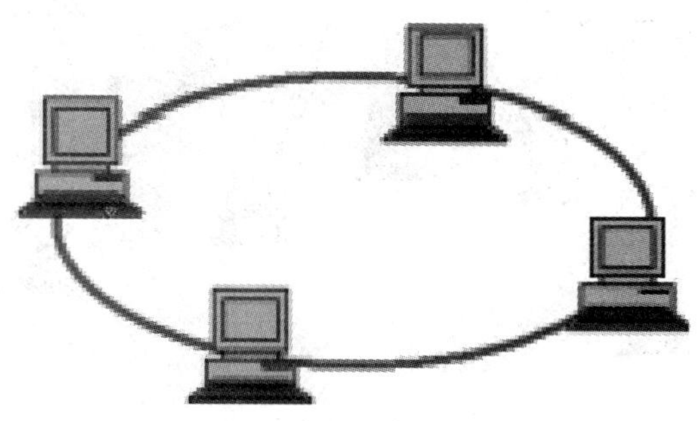

图 6-3　环形拓扑

在环形拓扑中，信息沿着环路按同一个方向传输，依次通过每一台主机。各主机识别信息中的目的地址，如与本机地址相符，则信息被接收下来。信息环绕一周后由发送主机将其从环上删除。

环形结构的优点：容易安装和监控，传输最大延迟时间是固定的，传输控制机制简单，实时性强。缺点：网络中任何一台计算机的故障都会影响整个网络的正常工作，故障检测比较困难，节点增加和删除不方便。

（3）星形拓扑。

星形拓扑是由各个节点通过专用链路连接到中央节点上而形成的网络结构，如图 6-4 所示。

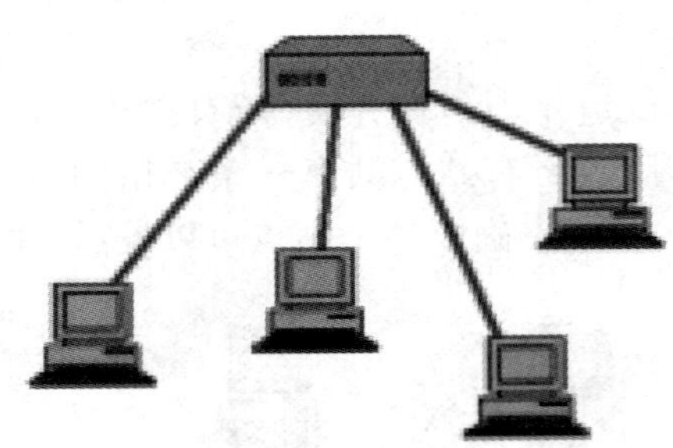

图 6-4　星形拓扑

在星形拓扑中，各节点计算机通过传输线路与中心节点连接，信息从计算机通过中央节点传送到网上的所有计算机。星形网络的特点是很容易在网络中增加新节点，数据的安全性和优先级容易控制。网络中的某一台计算机或者某一条线路的故障不会影响整个网络的运行。

星形结构的优点：传输速度快，误差小，扩容比较方便，易于管理和维护，故障的检测和隔离也很方便。缺点：中央节点是整个网络的瓶颈，必须具有很高的可靠性。中央节点一旦发生故障，整个网络就会瘫痪。另外，每个节点都要和中央节点连接，需要耗费大量的电缆。实际上都是采用交换机来构建的多级网络，形成扩展星形结构。

（4）树状拓扑。

树状拓扑是总线型和星形拓扑的扩展，形状像一棵倒置的树，顶端是树根。在树状拓扑中，树根接收各节点发送的数据，然后再广播发送到全网，如图 6-5 所示。

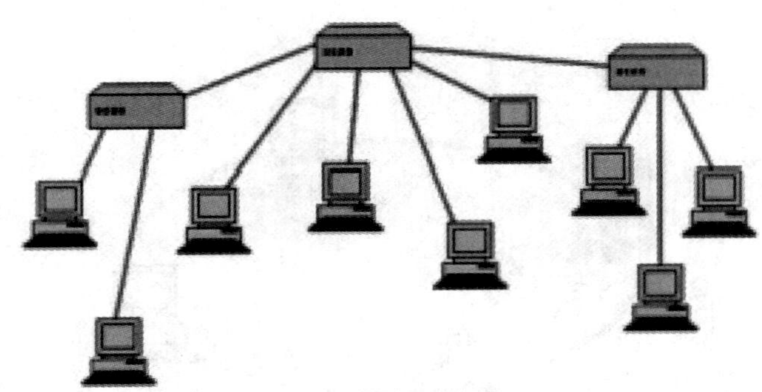

图 6-5　树状拓扑

这种结构的网络在扩容和容错方面都有很大优势，很容易将错误隔离在小范围内。这种网络依赖根节点，如果根节点出了故障，则整个网络将会瘫痪。

（5）网状拓扑。

网状拓扑由节点和连接节点的点到点链路组成，每个节点都有一条或几条链路同其他节点相连，如图 6-6 所示。

网状结构通常用于广域网中，优点是节点间路径多，局部的故障不会影响整个网络的正常工作，可靠性高，而且网络扩充和主机入网比较灵活、简单。但这种网络的结构和协议比较复杂，建网成本高。

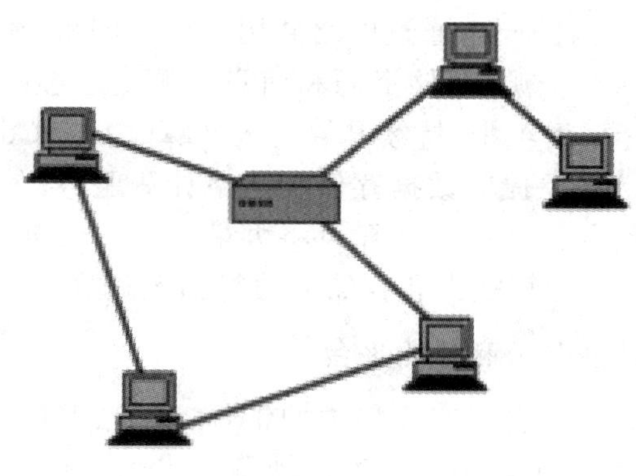

图 6-6　网状拓扑

6.1.5 计算机网络的应用

随着现代信息社会进程的推进及通信和计算机技术的迅猛发展，计算机网络的应用也越来越普及，如今计算机网络几乎深入社会各个领域。Internet 已成为家喻户晓的网络名称，我们讨论计算机网络时，不仅仅包括计算机网络提供的数据通信服务，还包括丰富的网络应用。网络，已经像水、电、煤气这些基础设置一样，成为我们生活中不可或缺的一部分。

1. 计算机网络为我们提供浏览信息和发布信息的平台

文本、声音、图像、视频；电子报纸、电子期刊、电子书籍；政治、经济、社会、生活、军事、体育、娱乐；浏览各类万维网网站，主动推送用户关注的内容，使用谷歌、百度等搜索引擎搜索感兴趣的信息。计算机网络以各种各样的形式和浏览手段向我们提供着各种各样的信息。而个人网站、博客、微博、电子公告栏等各种信息发布平台让信息时代的每个人不仅可以看，还可以畅所欲言，这是像报纸、广播、电视这些传统信息传媒无法实现的事情。

2. 计算机网络为我们提供通信和交流的平台

从早期兴起的电子邮件、网络电话，到今天以 QQ、MSN 为代表的各种即时通信工具，在网络世界里将人们的距离拉得越来越近。即时通信工具的用户不仅可以发送各种媒体形式的消息，还可以打电话和视频聊天；不仅可以实现一对一的交流，还可以实现讨论版、视频会议等形式的多人同时交互。2011 年，腾讯公司推出的网络社交软件“微信”已风靡整个华人世界，成为脸书（Facebook），推特（Twitter）等世界著名社交软件强有力的竞争对手，它集成了及时消息、短信留言、文件共享、信息发布、讨论版等多种功能，为我们的零距离交流提供了便捷。

3. 计算机网络为我们提供休闲和娱乐的平台

因特网提供了大量的音频和视频资源供用户下载后播放，用户也可以通过网络随时在线点播各种音频和视频节目。网络电视（IPTV）现在已成为传统有线电视最大的竞争对手。除此之外，网络还为我们提供了大量精彩的令人流连忘返的互动网络游戏，成为许多人（特别是年轻人）最为喜爱的娱乐活动之一。

4. 计算机网络为我们提供资源共享的平台

从过去通过文件传输软件共享远程文件服务器上的文件，到后来因特网上广泛流行的P2P文件共享；从最初办公室内的同事通过网络共用一台打印机，到今天所有联网计算机均可方便地共享网络中的多种计算资源、存储资源和信息资源。通过网络可共享的资源种类越来越丰富，共享方式越来越便捷。近年来，持续升温的云计算（Cloud Computing）通过网络以按需、易扩展的方式提供安全、快速、便捷的数据存储和网络计算服务，使人们能像使用自来水一样方便地使用网络中的各种资源。利用云计算可将大量的用户数据、应用软件和计算任务放置在“云”端，从而使用户终端的计算能力和存储能力得到无限放大。

5. 计算机网络为我们提供电子商务的平台

网络技术的发展使我们能够将现实世界中的银行、商场、书店、超市、火车站售票厅、股票交易所、拍卖市场等统统搬到网上。不用你辛苦地跑出去“货比三家”，通过方便地查询比较，瞬间就能把性价比最高的商品搜寻出来；不用去银行、火车站排长队，轻点鼠标就完成各类事务。应有尽有的电子商务让生活变得方便，让宅男宅女们“足不出户”的梦想成为现实。在网络时代，不会网上购物、网上购票、网上转账，将会发现生活变得越来越不便。如今不会网上打车的人们已经开始面临打车难的问题。

6. 计算机网络为我们提供远程协作的平台

计算机网络使得千里之遥的人们可以相互配合、协同工作。应用最为广泛的远程协作包括远程教育和远程医疗。远程教育打破了传统教育的时间、空间限制，身处全球各地的学生可以相聚在网上课堂，教师和学生可以共同完成一个公式的推导或是一个实验的演示。远程医疗让短缺的优秀医疗资源被充分利用，全球各地的心脏专家可以通过网络为一个患者提供专家答疑、远程会诊等服务，甚至可以共同指导一次心脏移植手术。

7. 计算机网络为我们提供网上办公的平台

通过计算机网络，政府部门的电子政务系统向公众提供了在线咨询、网上申报、审批、许可证申领、注册、年检、招商、投诉、举报等政府服务。大型公司通常拥有网上办公系统，以满足公司内部财务、税务、行政、资产等管理的需要。大学校园网上的办公系统通常包括选课、成绩单填报、网上评教评学、科研项目审批、报奖、科研经费报账、设备报修等。各种网上办公系统为我们提供了更加快捷、方便的服务。

计算机网络的用途数不胜数，并且随着技术的发展，计算机网络已从互联传统服务器、桌面计算机，到互联手机、个人数字助理等移动便携式计算设备，并逐步扩展到互联各种家用电器、环境传感器等非传统计算设备，甚至是所有可标识的“物”。以互联网为基础逐渐发展起来的物联网（Internet of Things）就是要实现“物物相连的互联网”，近几年越来越受到全球的广泛关注。物联网把感应器嵌入和装备到电网、铁路、桥梁、隧道、公路、建筑、供水系统、大坝、油气管道等各种物体中，然后将“物联网”与现有的互联网整合起来，实现人类社会与物理系统的整合。物联网的发展和成熟必将给我们的生活带来一次全新的变革。

计算机网络从根本上改变了人类的生活，在给我们带来极大便利的同时，也带来了一些不和谐的元素：肆意攻击正规网站的黑客，通过网络大肆传播的计算机病毒，利用网络窃取国家机密或实施诈骗的罪犯，以盈利为唯一目的缺少社会良知的色情网站经营者，在网络上流传的形形色色的谣言，沉溺于网络游戏、流连于网吧的青少年……但是，瑕不掩瑜，计算机网络给社会带来的积极作用毫无疑问远远多于消极作用。

6.2 Internet 基础

Internet 是目前世界上最大的计算机网络，确切地说是最大的全球互联网络，连接着全世界成千上万个网络。近 10 年来，Internet 向社会开放，已从单纯的研究工具演变为世界范围内个人及机构之间的重要信息交换工具。虽然 Internet 还只是人们所设想的"信息高速公路"的一个雏形，但从现在的发展和应用可以看到 Internet 对社会的巨大影响力。21 世纪是计算机与网络的时代，因此，掌握 Internet 基础知识是现代人必备的技能之一。

6.2.1 Internet 的产生和发展

1. Internet 的产生与发展

Internet 起源于美国国防部高级研究计划局于 1968 年主持的用于军事研究的计算机实验网 ARPANet，建网的初衷旨在帮助为美国军方工作的研究人员利用计算机进行信息交换。当时建立这个网络只是为了将美国的几个军事及研究用电脑主机连接起来。人们普遍认为就是 Internet 的雏形。

美国国家科学基金会（NSF）在 1985 开始建立 NSFNet。NSF 规划建立了 15 个超级计算中心及国家教育科研网，用于支持科研和教育的全国性规模的计算机网络 NSFNet，并以此作为基础，实现同其他网络的连接。NSFNet 称为 Internet 上主要用于科研和教育的主干部分，代替了 ARPANet 的骨干地位。

1989 年，MILNET（由 ARPANet 分离出来）实现和 NSFNet 的连接后，开始采用 Internet 这个名称。此后，其他部门的计算机相继并入 Internet，ARPANet 宣告解散。

20 世纪 90 年代初，商业机构开始进入 Internet，使 Internet 开始了商业化的新进程，也成为 Internet 大发展的强大推力。1995 年，NSFNet 停止运作，Internet 彻底商业化。

这种把不同网络连接在一起的技术的出现，使计算机网络的发展进入一个新的时期，形成由网络实体相互联接而构成的超级计算机网络，人们把这种网络形态称为 Internet。

2. Internet 在中国的发展

1989 年 9 月 20 日，钱天白教授发出我国第一封电子邮件"越过长城，通向世界"，揭开了中国人使用 Internet 的序幕。

Internet 在中国的发展可以粗略的划分为三个阶段：第一个阶段为 1987 到 1993 年，我国的一些科研部门通过 Internet 建立电子邮件系统，并在小范围内为国内少数重点高校和科研机构提供电子邮件服务。第二阶段为 1994 至 1995 年，这一阶段是教育科研网发展阶段。北京中关村地区及清华大学、北京大学组成的 NCFC 网于 1994 年 4 月开通了与国际 Internet 的 64 Kb/s 专线连接，同时还设立了中国最高域名（cn）服务器。这时，中国才算真正加入了国际 Internet 行列。此后又建成了中国教育和科研计算机网（China Educational Research Network，CERNet）。第三阶段是 1995 年以后，该阶段开始了商业应用。

下面分别介绍我国现有四大主干网络的基本情况。

（1）公用计算机互联网（ChinaNet）。

ChinaNet是由原邮电部组织建设和管理的。原邮电部与美国Sprint Link公司在1994年签署Internet互联协议，开始在北京、上海两个电信局进行Internet网络互联工程。ChinaNet现在有三个国际出口，分别在北京、上海和广州。

ChinaNet由骨干网和接入网组成。骨干网是ChinaNet的主要信息通路，包括八个地区网络中心和三十一个省市网络分中心；接入网是由各省内建设的网络节点形成的网络。

（2）中国教育和科研计算机网（CERNet）。

CERNet是1994年由原国家计委、国家教委批准立项，原国家教委主持建设和管理的全国性教育和科研计算机互联网络。该项目的目标是建设一个全国性的教育科研基础设施，把全国大部分高校连接起来，实现资源共享。它是全国最大的公益性互联网络。

CERNet已建成由全国主干网、地区网和校园网在内的三级层次结构网络。CERNet分四级管理，分别是全国网络中心、地区网络中心和地区主节点、省教育科研网、校园网。CERNet全国网络中心设在清华大学，负责全国主干网的运行管理。地区网络中心和地区主节点分别设在清华大学、北京大学、北京邮电大学、上海交通大学、西安交通大学、华中科技大学、华南理工大学、电子科技大学、东南大学、东北大学这10所高校，负责地区网的运行管理和规划建设。

CERNet还是中国开展下一代互联网研究的试验网络，它以现有的网络设施和技术力量为依托，建立了全国规模的IPv6实验网。CERNet在全国第一个实现了与国际下一代高速网Internet2的互联，目前国内仅有CERNet的用户可以顺利地直接访问Internet2。CERNet的建设加快了我国的信息基础建设，缩小了与先进国家在信息领域的差距，也为我国计算机信息网络建设起到了积极的示范作用。

（3）中国科技信息网（CSTNet）。

CSTNet是国家科学技术委员会联合全国各省市的科技信息机构，采用先进信息技术建立起来的信息服务网络，旨在促进全社会广泛的信息共享、信息交流。中国科技信息网络的建成对于加快中国国内信息资源的开发和利用、促进国际交流与合作起到了积极的作用，以其丰富的信息资源和多样化的服务方式为国内外科技界和高技术产业界的广大用户提供服务。

中国科技信息网是利用公用数据通信网为基础的信息增值服务网，在地理上覆盖全国各省市，逻辑上连接各部委和各省市科技信息机构，是国家科技信息系统骨干网，同时也是国际Internet的接入网。中国科技信息网从服务功能上是Intranet和Internet的结合。其Intranet功能为国家科委系统内部提供了办公自动化的平台以及国家科委、地方省市科委和其他部委和司局之间的信息传输渠道；其Internet功能则主要服务于专业科技信息服务机构，包括国家、地方省市和各部委科技信息服务机构。

中国科技信息网自1994年与Internet接通之后取得了迅速发展，目前已经在全国20余个省市建立网络节点。

（4）国家公用经济信息通信网络（金桥网，ChinaGBN）。

金桥网是建立在金桥工程上的业务网，支持金关、金税、金卡等"金"字头工程的应用。它是覆盖全国，实行国际联网，为用户提供专用信道、网络服务和信息服务的基干网。金桥网由吉通公司牵头建设并接入Internet。

3. Internet 的发展趋势

从 1996 年起，世界各国陆续启动下一代高速互联网络及其关键技术的研究。下一代互联网与现在使用的互联网相比，具有以下不同。

（1）规模更大。

下一代互联网将逐渐放弃 IPv4，启用 Ipv6 地址协议。Ipv6 地址空间由 Ipv4 的 32 位扩大到 128 位，2 的 128 次方形成了一个巨大的地址空间，未来的移动电话，电视、冰箱等信息家电都可以拥有自己的 IP 地址，一切都可以通过网络来控制，把人类带进真正的数字化时代。

（2）速度更快。

下一代互联网的网络传输率比现在提高 1 000 倍以上，这与目前的“宽带网”是两个截然不同的概念，下一代互联网强调的是端与端的绝对速度。2004 年 12 月 7 日，CERNet2 在北京与天津之间实现了 40 Gb/s 的传输速率，传输一本《辞海》的内容只需要一眨眼的时间。

（3）更安全。

目前的因特网因为种种原因，在体系设计上有一些不完善的地方，存在大量安全隐患，下一代互联网将在建设之初就从体系设计上充分考虑安全问题，使网络安全可控性、可管理性大大增强。

（4）更智能。

随着各种感知技术在互联网上的广泛应用，物联网技术飞速发展，使得互联网能够给我们提供更多、更智能、更易管理的应用。

6.2.2 Internet 的主要功能与特点

1. Internet 的主要功能

Internet 的主要功能基本上可以归为三类：资源共享、信息交流和信息的获取与发布。在网络上的任何活动都与这三个基本功能有关。

（1）资源共享。

充分利用计算机网络中提供的资源（包括软件、硬件和数据）是 Internet 建立的目标之一。计算机的许多资源是十分昂贵的，不可能为每个用户所拥有，如进行复杂运算的巨型计算机、大容量存储器、高速激光打印机等，但是用户可通过远程登录服务（Telnet）来共享网络计算机中的各类资源。如用户在家里或其他地方通过远程登录服务来访问单位的各种服务器，只要在这些服务器上拥有合法的账号，那么一旦登录到了服务器上，用户就可以在其权限范围内执行各种命令，这和坐在服务器前操作是完全一样的。

（2）信息交流。

Internet 网上交流的方式很多，最常见的是通过电子邮件进行交流。与打电话和发传真相比，电子邮件可以说是既便宜又方便，一封电子邮件通常只需在几分钟内就可以发送到世界任何和 Internet 相连的地方。

此外，Internet 还提供了很多人们可以自由进行学术交流的方式和场所。例如，网络新闻（USENet）就是一个由众多趣味相投的用户共同组织起来的进行各种专题讨论的公共网络场所，通常也称之为全球性的电子公告板系统（Bulletin Board System，BBS）。通过 USENet，用户可以发布公告、新闻、评论及各种文章供网上用户使用和讨论。网络当中的任何一个人都可以加入所感兴趣的小组中，和世界各地的同行们进行广泛交流。

Internet 还提供了很多实时的、多媒体通信手段。例如，人们可以使用一些实时通信软件（微软的 MSN Messenger、腾讯的 QQ 等）和朋友聊天，还可以利用音频、视频系统（声卡、麦克风、摄像头、视频卡等）实现在线欣赏音乐、实时语音通信和桌面视频会议等。

（3）信息的获取与发布。

Internet 是近年来出现的一种全新的信息传播媒体，为人们提供了一个了解世界、认识世界的窗口。Internet 实质上就是一个浩瀚的信息海洋，在 Internet 上，网络图书馆、网络新闻、网上超市、各类网络电子出版物等应有尽有。人们可以很方便地通过 WWW 方式来访问各类信息系统，获取有价值的信息资源。随着 Internet 的日益普及，许多政府部门、科研机构、企事业单位、高等学府都在 Internet 上设立了图文并茂、独具特色、内容不断更新的 WWW 网站，以此作为对外宣传自我、发展自我的重要手段。

随着 Internet 的不断发展和完善，今后 Internet 的功能还将不断增强，更多的信息服务会以 Internet 为媒体来进行，如远程教育、远程医疗、工业自动控制、全球情报检索与信息查询、电视会议、电子商务等。

2. Internet 的主要特点

（1）Internet 是由全世界众多的网络互联组成的国际 Internet。

组成 Internet 的计算机网络包括小规模的局域网、城市规模的局域网以及大规模的广域网。网络上的计算机包括 PC、工作站、小型机、大型机甚至巨型机。这些成千上万的网络和计算机通过电话线、高速专线、光缆、微波、卫星等通信介质连接在一起，在全球范围内构成了一个四通八达的网络。在这个网络中，其核心的几个最大的主干网络组成了 Internet 的骨架，这些主干网主要属于美国 Internet 的供应商（Internet Service Provider，ISP），如 GTE、MCI、Sprint 和 AOL 的 ANS 等。通过相互连接，主干网络之间建立起一个非常快速的通信线路，承担了网络上大部分的通信任务。由于 Internet 最早是从美国发展起来的，所以这些线路主要在美国交织，并扩展到欧洲、亚洲和世界其他地方。

（2）Internet 是世界范围的信息和服务资源宝库。

Internet 能为每一个入网的用户提供有价值的信息和其他相关的服务。通过 Internet, 用户不仅可以互通信息、交流思想，还可以实现全球范围的电子邮件服务、WWW 信息查询和浏览、文件传输服务、语音和视频通信服务等功能。目前，Internet 已成为覆盖全球的信息基础设施之一。

（3）组成 Internet 的众多网络共同遵守 TCP/IP。

TCP/IP 从功能、概念上描述 Internet, 由大量的计算机网络协议和标准的协议簇组成，但主要的协议是 TCP 和 IP。凡是遵守 TCP/IP 标准的物理网络，与 Internet 互联便成为全球 Internet 的一部分。

6.2.3 Internet 的地址结构

1. IP 地址

（1）IP 地址的概念。

Internet 是一个庞大的网络，在这个庞大的网络中进行信息交换的基本要求就是在网上的每台计算机、路由器等都要有一个唯一可标识的地址，就像日常生活中朋友间通信必须写明通信地址一样。Internet 上把为每台计算机指定的唯一的地址称为 IP 地址，也称网际地址。

IP 地址具有固定、规范的格式，它由 32 位二进制数组成，分成 4 组，其中每 8 位二进制数构成一组，这样，每组所能表示的十进制数的范围最大不超过 255，组与组之间用“. ”隔开。为了便于识别和表达，IP 地址以点分十进制形式表示，例如：11001010. 01110111. 00000010. 11000111 是一个 IP 地址，它对应的十进制数的 IP 地址为 202. 119. 2. 199。

IP 地址常用 A、B、C 三类，它们均由网络号和主机号两部分组成，规定每一组都不能用全 0 和全 1。通常全 0 表示网络本身的 IP 地址，全 1 表示网络广播的 IP 地址。为了区分类别，A、B、C 三类的最高位分别为 0、10、110，如图 6-7 所示。

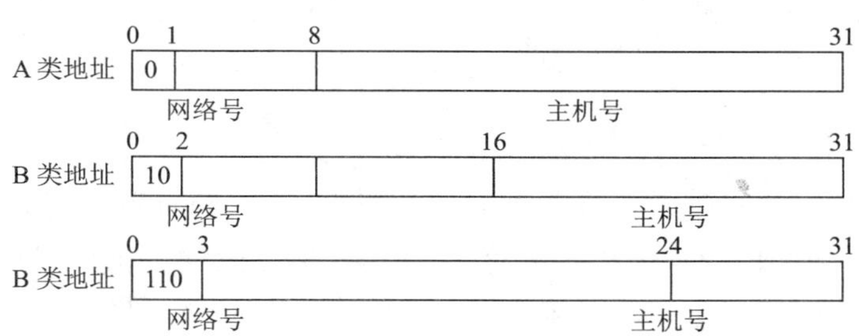

图 6-7　IP 地址编码示意图

A 类 IP 地址用前 8 位来标识网络号，余下 24 位标识主机号，最前面一位为“0”，这样，A 类 IP 地址所能表示的网络数范围为 0～127，但由于网络号为全 0 和全 1 及 127 的网址用作特殊用途，所以 A 类 IP 地址范围为 1. x. y. z～126. x. y. z。A 类 IP 地址通常用于大型网络。

B 类 IP 地址用前 16 位来标识网络号，余下 16 位标识主机号，最前面两位为“10”。网络号和主机号的数量大致相当，分别用两个 8 位来表示，第一个 8 位表示的数的范围为 128～191。B 类 IP 地址适用于中等规模的网络，每个网络所能容纳计算机数为 6 万多台。如各地区的网络管理中心。

C 类 IP 地址用前 24 位来标识网络号，余下 8 位标识主机号，最前面三位为“110”。网络号的数量要远大于主机号，如一个 C 类 IP 地址可连接 254 台主机。C 类 IP 地址的第一个 8 位表示的数的范围为 192～223。C 类 IP 地址一般适用于校园网等小型网络。

综上所述，从第一段的十进制数字即可分出 IP 地址的类别，见表 6-2。

表 6-2　A、B、C 类 IP 地址

地址类型	最高位	第一字节地址范围	地址结构	支持网络数	支持主机数
A 类	0	1～126	网 . 主 . 主 . 主	2^7-2	2^{24}-2
B 类	10	128～191	网 . 网 . 主 . 主	2^{14}	2^{16}-2
C 类	110	192～223	网 . 网 . 网 . 主	2^{21}	2^8-2

（2）子网掩码。

子网掩码是判断任意两台计算机的 IP 地址是否属于同一子网的根据。最简单的理解就是将两台计算机各自的 IP 地址与子网掩码进行 AND 运算后，如果得出的结果是相同的，则说明这两台计算机是处于同一个子网的，可以进行直接通信。

一般来说，一个单位 IP 地址获取的最小单位是 C 类（254 个主机地址），有的单位拥有 IP 地址却没有那么多的主机入网，造成 IP 地址浪费；有的单位不够用，造成 IP 地址紧缺。这样，我们有时可以根据需要把一个网络划分成更小的子网。为了进行子网划分，我们需要引入子网掩码的概念。子网掩码的表示方法与 IP 地址的相同，也是以 32 位二进制表示，用点分十进制表示。正常情况下子网掩码的地址为：网络位全为“1”，主机位全为“0”。故此有

A 类地址网络的子网掩码地址为：255.0.0.0。

B 类地址网络的子网掩码地址为：255.255.0.0。

C 类地址网络的子网掩码地址为：255.255.255.0。

可以利用主机位的一位或几位将子网进一步划分，缩小主机的地址空间而获得一个范围较小的、实际的网络地址（子网地址）。至于划出多少位给子网，主要视实际需要而定，这样 IP 地址就划分为“网络—子网—主机”三部分。

（3）IPv6。

随着电子技术和网络技术的发展，计算机网络已经进入人们的日常生活，现在很多东西都需要接入 Internet。IPv4 定义的有限地址空间将被耗尽，地址空间的不足必将影响互联网的进一步发展。为了扩大地址空间，拟通过 IPv6 重新定义地址空间。IPv6 采用 128 位地址长度，通常写作 8 组，每组为 4 个“十六进制数”，并用“:”隔开。例如：2001:t0db8:85a3:08d3:1314:8a3e:0370:7366 是一个合法的 IPv6 地址。如果 4 个数字都是零，可以省略。例如：2001:0db8:85a3:0000:0000:8a2e:0370:7366 等价于 2001:0db8:85a3::8a2e:0370:7366。

按保守方法估算，IPv6 实际可分配的地址大约相当于整个地球每平方米面积上可分配 1000 多个地址。与 IPv4 相比，IPv6 的主要优势体现在以下几方面：

① IPv6 具有更大的地址空间。IPv4 中规定 IP 地址长度为 32，即有 2^{32} 个地址；而 IPv6 中 IP 地址的长度为 128，即有 2^{128} 个地址。

② IPv6 使用更小的路由。IPv6 的地址分配一开始就遵循聚类的原则，这使得路由器能在路由表中用一条记录表示一片子网，大大减小了路由器中路由表的长度，提高了路由器转发数据包的速度。

③ IPv6 增加了增强的组播支持以及对流的控制，这使得网络上的多媒体应用有了长足发展的机会，为服务质量（QoS）控制提供了良好的网络平台。

④ IPv6 加入了对自动配置的支持。这是对 DHCP 的改进和扩展，使得网络（尤其是局域网）的管理更加方便和快捷。

⑤ IPv6 具有更高的安全性。在使用 IPv6 的网络中，用户可以对网络层的数据进行加密并对 IP 报文进行校验，极大地增强了网络的安全性。

2. Internet 域名系统

为了方便用户，Internet 在 IP 地址的技术上提供了一种面向用户的字符型主机命名机制，这就是域名系统，它是一种更高级的地址形式。

（1）域名系统与主机命名。

在 Internet 中，IP 地址是一组具有 32 位二进制长度的数字，用十进制表示时，也有 12 位整数，对于一般用户来说，要记住这类抽象数字的 IP 地址是十分困难的。为了向一般用户提供一种直观明了的主机识别符（在 Internet 中，计算机称为主机，而计算机名称为主机名），TCP/IP 协议专门设计了一种字符型主机命名机制，即给每一台主机一个有规律的名字（由字符串组成）。

（2）Internet 域名系统的规定。

Internet 制定了一组正式的通用标准代码作为第一级域名，见表 6-3。

表 6-3 一级域名的组织机构代码

域名代码	意 义	域名代码	意 义
com	商业机构	net	网络服务机构
edu	教育机构	org	非营利性组织
gov	政府部门	int	国际性组织
mil	军事部门	国家、地区代码	国家、地区

（3）中国互联网的域名规定。

根据已发布的《中国互联网络域名注册暂行管理方法》，中国互联网络的域名体系最高级为 cn。二级域名共 40 个，分为 6 个类别域名（ac、com、edu、gov、net、org）和 34 个行政区域名（如 bj、sh、tj 等）。二级域名中，除了 edu 的管理和运行由中国教育和科研计算机网络中心负责外，其余全部由中国互联网络信息中心（CNNIC）负责。

6.2.4 Internet 应用

目前，Internet 上所提供的服务功能已达到上万种，其中多数服务是免费提供的。随着 Internet 向商业化方向发展，很多服务被商业化的同时，所提供的服务种类也将进一步快速增长。从功能上说，Internet 所提供的服务基本上可以分为三类：共享资源、交流信息、发布和获取信息。下面介绍 Internet 的几种主要服务。

1. 电子邮件服务

电子邮件服务（又称 E-mail 服务）是目前因特网上使用最频繁的服务之一，它为因特网用户之间发送和接收信息提供了一种快捷、廉价的现代化通信手段。

（1）电子邮件的功能。

① 邮件的制作与编辑。

② 邮件的发送（可以发送给一个用户或同时发送给多个用户）。

③ 邮件通知（随时提示用户有邮件）。

④ 邮件阅读与检索（可按发件人、收件人、时间或标题检索已收到的邮件，并可反复阅读来信）。

⑤ 邮件回复与转发。

⑥ 邮件的处理（对收到的邮件可以转存、分类归档或删除）。

（2）电子邮件地址的格式。

由于 E-mail 是直接寻址到用户的，而不是仅仅到计算机，所有个人的名字或者有关说明也要编入 E-mail 地址中。Internet 的电子邮箱地址组成如下：

用户名 @ 电子邮件服务器名

它表示以用户名命名的邮箱是建立在符号 @（读作 at）后面说明的电子邮件服务器上的，该服务器就是向用户提供电子邮政服务的“邮局”机，如 liwen @ sdca. edu. cn。

（3）获取免费电子邮箱。

用户可以使用 WWW 浏览器免费获取电子邮箱，访问电子邮件服务。在电子邮件系统页面上输入用户的用户名和密码，即可进入用户的电子邮箱信箱，然后处理电子邮件。

目前许多网站都提供免费的邮件服务功能，用户可以通过这些网站收发电子邮件。免费电子邮箱服务大多在 Web 站点的主页上提供，申请者可以在此申请邮箱地址，各网站的申请方法大同小异。

2. 搜索引擎

搜索引擎其实也是一个网站，只不过该网站专门为用户提供信息检索服务，它使用特有的程序把因特网上的所有信息归类，以帮助人们在浩如烟海的信息海洋中搜索自己所需要的信息。常用的搜索引擎有百度（http://www.baidu.com/）、雅虎（http://www.yahoo.cn/）等。

在上网搜索之前，我们首先要搞清楚待查信息的关键字。可以先输入一个主关键字进行搜索，如果发现搜索到的结果太多或者没有用，说明这一个关键字不明确，在"高级搜索"中输入第二个关键字，再次搜索，一般就能查到所需要的信息。

3. 即时通信

即时通信是指能够及时发送和接收互联网消息等的业务。自 1998 年面世以来，特别是近几年来发展迅速，功能日益丰富，逐渐集成了电子邮件、博客、音乐、电视、游戏和搜索等多种功能，发展成集交流、资讯、娱乐、搜索、电子商务、办公协作和企业客户服务等为一体的综合化信息平台。

（1）网上聊天。

网上聊天就是在 Internet 上专门指定一个场所，为大家提供实时语音和视频交流，目前常用的聊天软件有 YY、QQ、UC 等。

（2）"网上寻呼"。

"网上寻呼"即 ICQ（I SeeK YOU），它采用客户机 / 服务器工作模式。在安装即时消息软件时，它会自动和服务器联系，然后给用户分配一个全球唯一的识别号码。ICQ 可自动探测用户的上网状态并可实时交流信息，其中，腾讯公司的 QQ 和微软公司的 MSN Messenger 软件的应用规模最大。

（3）IP 电话。

IP 电话（iPhone）也称网络电话，是通过 TCP/IP 协议实现的一种电话应用。它利用 Internet 作为传输载体，实现计算机与计算机、普通电话与普通电话、计算机与普通电话之间进行语音通信。

IP 电话能更有效地利用网络带宽，占用资源少，成本很低，但通过 Internet 传输声音的速率会受到网络工作状态的影响。

4. 网络音乐和网络视频

（1）网络音乐。

MIDI、MP3、Real Audio 和 WAV 等是歌曲的几种压缩格式，其中前三种是现在网络上比较流行的网络音乐格式。由于 MP3 体积小，音质高，采用免费的开放标准，使得它几乎成为网上音乐的代名词。

MP3（MPEG Audio Layer-3）是 ISO 下属的 MPEG 开发的一种以高保真为前提实现的高效音频压缩技术，它采用了特殊的数据压缩算法对原先的音频信号进行处理，可以按 12:1 的比例压缩 CD 音乐，以减小数码音频文件的大小，而音乐的质量却没有什么变化，几乎接近于 CD 唱盘的质量。

（2）视频点播（VOD）。

VOD 是 Video On Demand 的缩写，集交互式多媒体视频点播业务，是集动态影视图像、静态图片、声音、文字等信息于一体，为用户提供实时、高质量、按需点播服务的系统。它是一种以图像压缩技术、宽带通信网技术、计算机技术等现代通信手段为基础发展起来的多媒体通信业务。

VOD 是一种可以按用户需要点播节目的交互式视频系统，或者更广义一点讲，它可以为用户提供各种交互式信息服务，可以根据用户需要任意选择信息，并对信息进行相应的控制，如在播出过程中留言、发表评论，从而加强交互性，增加了用户与节目之间的交流。

5. 文件传输

文件传输协议（FTP）是 Internet 的常用服务之一，也采用客户机／服务器工作模式。在 Internet 上，通过 FTP 协议及 FTP 程序（服务器程序和客户端程序），用户计算机和远程服务器之间可以进行文件传输。

FTP 的工作原理为：首先用户从客户端启动一个 FTP 应用程序，与 Internet 中的 FTP 服务器建立连接，然后使用 FTP 命令，将服务器中的文件传输到本地计算机中（下载）。在权限允许的情况下，还可以将本地计算机中的文件传送到 FTP 服务器中（上传）。

匿名 FTP：匿名 FTP 服务器为普通用户建立了一个通用的账号名，即“anonymous”，在口令栏内输入用户的电子邮件地址，就可以连接到远程主机。

6. 流媒体应用

流媒体（Streaming Media）指在数据网络上按时间先后次序传输和播放的连续音／视频数据流。

以前人们在网络上看电影或听音乐时，必须先将整个影音文件下载并存储在本地计算机中，而流媒体在播放前并不下载整个文件，只将部分内容缓存，使流媒体数据流边传送边播放，这样就节省了下载等待时间和存储空间。

流媒体数据流具有三个特点：连续性、实时性、时序性（其数据流具有严格的前后时序关系）。目前基于流媒体的应用非常多，发展非常快，其应用主要有视频点播（VOD）、视频广播、视频监视、视频会议、远程教学、交互式游戏等。

7. 远程登录 Telnet

Telnet 是最早的 Internet 活动之一，用户可以通过一台计算机登录到另一台计算机上，运行其中的程序并访问其中的服务。

当登录上远程计算机后，你的电脑就仿佛是远程计算机的一个终端，可以用自己的计算机直接操纵远程计算机。

同 FTP 一样，使用 Telnet 需要有 Telnet 软件。Windows 操作系统就提供了内置的 Telnet 工具。当用 Telnet 登录进入远程计算机系统时，事实上启动了两个程序：一个叫 Telnet 客户程序，它运行在你的本地机上；另一个叫 Telnet 服务器程序，它运行在你登录的远程计算机上。

8. 电子公告牌与微博、微信

（1）电子公告牌（BBS）。

BBS 是一种电子信息服务系统，向用户提供一块公告电子白板，每个用户都可以在上面发布信息或提出看法。早期的 BBS 由教育机构或研究机构管理，现在多数网站都建立了自己的

BBS 系统，供网民通过网络来结交朋友、表达观点。

（2）微博（MicroBlog）。

微博是微博客的简称，是一个基于用户关系的信息分享、传播以及获取平台，用户可以通过 Web、WAP 以及各种客户端组建个人社区，以 140 字左右的文字更新信息，并实现即时分享。最早也最著名的微博是美国的 Twitter。2009 年 8 月，中国门户网站新浪推出“新浪微博”内测版，成为门户网站中第一家提供微博服务的网站，微博正式进入中文上网主流人群视野。据统计，至 2012 年第三季度，腾讯微博注册用户达到 5. 07 亿，至 2013 年上半年新浪微博注册用户达到 5. 36 亿，微博成为中国网民上网的主要活动之一。

（3）微信（WeChat）。

微信是腾讯公司于 2011 年 1 月 21 日推出的一款支持 Windows Phone、Android 及 iPhone 等平台的即时通信应用程序，是可以让用户通过智能手机客户端与好友分享文字与图片，并能分组聊天、语音、视频对讲的智能型手机聊天软件。

微信的用户发展势头迅猛，据第三方统计目前已经突破 5 亿大关，由于其交流和支付的便携性，用户数量还在迅猛增长。

9. 其他服务

（1）商业应用（Business Application）。

Internet 是一种不受时间和空间促进销售、推广技术、提供服务的非常有效的方法。厂商可以将产品的广告在网上发布，附带详细的图文资料，时效性强，费用经济。Internet 也是提供技术服务的极好方式。

（2）在线游戏（Online Game）。

在网络上，用户可以与一个远隔重洋的人下一盘棋，也可以与分布在世界各个角落的人玩多人游戏。

（3）虚拟现实（Virtual Reality）。

随着三维动画及虚拟现实的技术手段不断完善，在电脑世界里创造了越来越逼真的现实环境，形成了另一个时空观念。用户可以在这里交友、购物、玩游戏、旅游观光，从事现实的或虚拟的各项活动。

当然，除了以上几种服务之外，还有一种 Internet 最主要的服务方式就是 WWW 信息浏览。要了解这个服务，我们要深入了解一下万维网（WWW）。万维网上凝聚了 Internet 的精华，展示了 Internet 绚丽的一面。万维网独有的“链接”方式，使你只需要单击一下相关单词、图片或图标，就可以迅速从一个网站进入另一个网站。现在，每天都有新的网站出现，大量网页每时每刻都在更新。借助强大的浏览器软件，你可以在万维网上进行几乎所有的 Internet 活动。

CHAPTER 7

第7章 多媒体技术与应用

多媒体技术以数字技术为基础，融通信技术、广播技术和计算机技术等于一体，用于对声音、文字、图像、动画等进行处理。多媒体技术加速了计算机进入家庭和社会生活各个领域的速度。

学习目标

1. 掌握多媒体技术的概念及特点。
2. 掌握数字多媒体计算机系统的组成。
3. 掌握数字多媒体技术的应用领域。
4. 了解数字多媒体应用相关软件。

7.1 数字多媒体技术概述

7.1.1 数字多媒体的概念

能为信息传播提供平台的媒介就可以称为媒体(Media)。从广义上来说，媒体就是一切能携带信息的载体；从狭义上来说，在计算机领域中，媒体是指文字、声音、图形、图像、动画、视频等能在计算机中使用的载体，以及对它们进行加工、记录、显示、存储和传输的设备。按照国际电话电报咨询委员会(CCITT)的定义，媒体分为以下几种类型：

1. **感觉媒体**(Perception Media)

感觉媒体是能直接作用于人的感觉器官，使人产生直接感觉的一类媒体，如语言、文字、音乐、声音、图像、图形、动画。

2. **表示媒体**(Representation Media)

表示媒体是为了传送感觉媒体而人为研究出来的媒体。表示媒体定义信息的特征、说明信息的交换类型，一般以编码的形式描述，如文本编码、图像编码、声音编码、视频信号等。

3. **显示媒体**(Presentation Media)

显示媒体也称为呈现媒体，是进行信息输入和输出的媒体。例如，键盘、鼠标、扫描仪、话筒、摄像机等为输入媒体；显示器、音箱、打印机、投影仪等为输出媒体。

4. **存储媒体**(Storage Media)

存储媒体是用于存储表示媒体,也即存放感觉媒体数字化后的代码的媒体,如硬盘、U 盘、光盘、可移动硬盘等。存储媒体又称存储介质。

5. **传输媒体**(Transmission Media)

传输媒体即传输信息的物理设备,这类媒体包括各种导线、电缆、光缆、电磁波等。

有了媒体的定义,我们就可以给数字多媒体(Digital-Multimedia)技术下一个定义:多媒体技术是利用计算机、通信、广播电视技术把文字、图形、图像、动画、声音及视频媒体等信息数字化,将它们有机组合起来并建立起逻辑联系,能支持完成一系列交互式操作的信息技术。总之,多媒体技术是一种基于计算机的综合技术,包括数字信号处理技术、音频和视频压缩技术、计算机硬件和软件技术、人工智能和模式识别技术、网络通信技术等。

7.1.2 数字多媒体技术的特点

多媒体技术所处理的文字、声音、图像、图形等媒体是一个有机的整体,而非单个分离的信息类的简单堆积,多种媒体间无论在时间上还是在空间上都存在着联系,因此,多媒体技术的关键特性如下:

1. **多样性**

多样性指综合处理和利用多媒体信息,将不同形式的媒体集成到一个数字化环境中而实现的一种信息综合媒体,包括文本、图形、图像、动画、音频和视频等。如在计算机上播放电影,就实现了声音、图像、动画等多种媒体的综合。

2. **集成性**

集成性包括两方面的含义,一是指多媒体信息的集成,即文本、图像、动画、声音、视频等的集成;二是指操作这些媒体信息的设备和软件的集成。对于前者而言,各种信息媒体按照一定的数据模型和组织结构集成,在多任务系统下能够很好地协同工作,组合成为一个完整的多媒体信息,有较好的同步关系。后者强调了与多媒体相关的各种硬件和软件的集成,为多媒体系统的开发和实现建立一个理想的集成环境,提高了多媒体软件的生产力。

3. **交互性**

交互性是指在多媒体信息的传播过程中可实现人对信息的主动选择、使用、加工和控制,不再像传统信息媒体那样单向、被动地传播信息。交互性是多媒体技术有别于传统信息媒体的主要特性。多媒体技术的交互性为用户选择和获取信息提供了灵活的手段和方式。例如,传统电视系统的媒体信息是单向流通的,电视台播放什么内容,用户就只能接收什么内容;而交互电视的出现大大增加了用户的主动性,用户不仅可以坐在家里通过遥控器、机顶盒和屏幕上的菜单来收看自己点播的节目,还能利用它来购物、学习、经商和享受各种信息服务,进一步引导我们走向“足不出户可做天下事”的更为理想的境界。

4. **实时性**

实时性是指在人的感官系统允许的情况下进行的多媒体的处理和交互。当人们给出操作命令时,相应的媒体能够得到实时控制。各种媒体有机组合,在时空上紧密联系,同步、协调而成为一个整体。例如，声音及活动图像是实时的，多媒体系统提供同步和实时处理的能力，这样在人的感官系统允许的情况下进行多媒体交互，就好像面对面一样，图像和声音都是连续的。实时多媒体分布系统把计算机的交互性、通信的分布性和电视的真实性有机地结合在一起。

5. **易扩展性**

易扩展性可方便地与各种外部设备挂接，实现数据交换，监视控制等多种功能。此外，采用数字化信息有效地解决了数据在处理传输过程中的失真问题。

7.1.3 数字多媒体系统中的媒体元素

我们将多媒体技术处理的对象称为多媒体元素，是指多媒体应用中可提供给用户的媒体组成部分。目前主要包含文本、图形、图像、动画、声音、视频等。

1. **文本**

文本(Text)就是以文字和各种专用符号表达的信息形式，它是现实生活中使用最多的一种信息存储和传递方式，主要是对知识的描述性表示，是多媒体应用程序的基础。通过对文本显示方式的组织，多媒体应用系统可以更好地把信息传递给用户。

2. **图形图像**

图形(Graphic)一般是指通过绘图软件绘制的由直线、圆、圆弧、任意曲线等组成的画面，图形文件中存放的是描述生成图形的指令(图形的大小、形状及位置等)，以矢量图形文件形式存储。矢量图又称为向量图形，是由线条和图块组成的，当对矢量图进行放大后，图像仍能保持原来的清晰度，且色彩不失真。矢量图的文件大小与图像大小无关，只与图像的复杂程度有关，因此简单的图像所占的存储空间小。

图像(Image)是多媒体软件中最重要的信息表现形式之一，它是决定一个多媒体软件视觉效果的关键因素。图像是通过扫描仪、数字照相机、摄像机等输入设备捕捉的真实场景的画面，数字化后以位图格式存储。位图也叫作栅格图像，是由多个像素组成的，位图图像放大到一定倍数后，可以看到一个个方形的色块，整体图像也会变得模糊。位图的清晰度与像素的多少有关，单位面积内像素数目越多则图像越清晰，反之图像越模糊；对于高分辨率的彩色图像，用位图存储所需的存储空间较大。

3. **音频**

音频(Audio)除了包含音乐、语音外，还包括各种声音效果。将音频信号集成到多媒体中可以提供其他任何媒体不能取代的效果，不仅烘托气氛，而且增加活力。音频信息增强了对其他类型媒体所表达的信息的理解。

4. **动画**

动画(Animation)与运动着的图像有关，动画在实质上就是一幅幅静态图像的连续播放，因此特别适合描述与运动有关的过程，动画因此成为重要的媒体元素之一。电脑动画就动画性质而言，可分成帧动画和矢量动画。如果按照动画的表现形式分类，则可分为二维动画、三维动画和变形动画。存储动画的文件格式有 FLC、MMM、GIF、SWF 等。

5. 视频

视频(Video)是图像数据的一种,若干有联系的图像数据连续播放就形成了视频。计算机视频是数字信号,视频图像可以来自录像带、摄像机等视频信号源的影像,这些视频图像使多媒体应用系统功能更强、更精彩。视频文件的存储格式有 AVI、MPG、MOV 等。

7.1.4 数字多媒体技术的应用领域

多媒体技术的应用领域非常广泛,几乎遍布各行各业以及人们生活的各个角落。由于多媒体技术具有直观、信息量大、易于接受和传播迅速等显著的特点,因而应用领域的拓展也十分迅速。随着国际互联网的兴起,多媒体技术也渗透到国际互联网上,并随着网络的发展和延伸,不断地成熟和进步。

1. 教育领域

教育领域是应用多媒体技术最早的领域,也是进展最快的领域。通过电子教案、形象教学、模拟交互过程、网络多媒体教学、仿真工艺过程等多种媒体方式,以最容易的形式使人们接受教育,增加学习的主动性和趣味性。

2. 商业广告领域

多媒体技术被广泛应用在影视商业广告、公共招贴广告、大型显示屏广告、市场广告、企业广告中,利用多媒体技术制作的广告不同于普通的平面广告,它可以调动人们的视觉、听觉、感觉,所以在商业广告中占有绝对的优势,如图 7-1 所示。

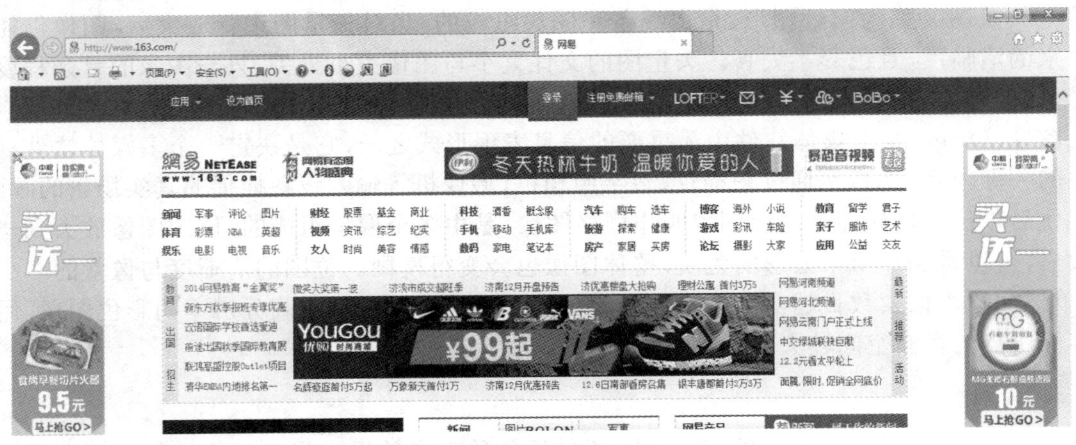

图 7-1　网易商业广告

3. 影视娱乐领域

多媒体技术在影视娱乐业作品的制作和处理上被广泛采用,主要应用于电影特技,变形效果,电视、电影或卡通混编特技,演艺界 MTV 特技制作,三维成像模拟特技,仿真游戏,特殊视觉和听觉效果合成和制作等方面。

4. 互联网领域

多元化信息自由发展和国际互联网的迅猛发展,在很大程度上促进了多媒体技术的发展,同时多媒体技术的发展也进一步推动了互联网的繁荣。互联网领域的多媒体技术主要应用于现代网络远程教育、网络广告、远程网络诊疗、基于网络的虚拟现实等方面。当前用于互联网的多媒体技术，可以分为媒体处理与编码技术、多媒体系统技术、多媒体信息组织与管理技术、多媒体通信网络技术、多媒体人机接口与虚拟现实技术以及多媒体应用技术六个方面。

7.2 数字多媒体计算机系统的组成

多媒体计算机系统不是单一的技术，而是多种信息技术的集成，是把多种技术综合应用到一个计算机系统中，实现信息输入、信息处理、信息输出等多种功能。一个完整的多媒体计算机系统由多媒体计算机硬件和多媒体计算机软件两部分组成。

1. 多媒体计算机硬件

多媒体计算机的主要硬件除了常规的硬件如主机、硬盘驱动器、显示器、网卡之外，还有音频信息处理硬件、视频信息处理硬件及光盘驱动器等部分。

（1）音频卡（Sound Card）。

音频卡用于处理音频信息，它可以把话筒、录音机、电子乐器等输入的声音信息进行模数转换（A/D）、压缩等处理，也可以把经过计算机处理的数字化的声音信号通过还原（解压缩）、数模转换（D/A）后用音箱播放出来，或者用录音设备记录下来。

（2）视频卡（Video Card）。

视频卡用来支持视频信号（如电视）的输入与输出。

（3）采集卡。

采集卡能将电视信号转换成计算机的数字信号，便于使用软件对转换后的数字信号进行剪辑处理、加工和色彩控制。还可将处理后的数字信号输出到录像带中。

（4）扫描仪。

扫描仪将摄影作品、绘画作品或其他印刷材料上的文字和图像，甚至实物，扫描到计算机中，以便进行加工处理。

（5）光驱。

光驱分为只读光驱（CD-ROM）和可读写光驱（CD-R、CD-RW），其中可读写光驱又称刻录机。光驱用于读取或存储大容量的多媒体信息。

2. 多媒体计算机软件

多媒体软件的任务是使用户能够方便、有效地组织调度多媒体数据，让硬件处理相应的媒体数据，实现音频、视频同步，真正实现多媒体的信息表达方式。多媒体软件分为以下五大类：

（1）多媒体驱动程序。

多媒体驱动程序是多媒体计算机软件中直接和硬件打交道的软件。它完成设备的初始化，以及各种设备操作、设备关闭等。驱动软件一般常驻内存，每种多媒体硬件都需要一个相应的驱动软件。

（2）多媒体操作系统。

多媒体操作系统简言之就是具有多媒体功能的操作系统。多媒体操作系统必须具备对多媒体数据和多媒体设备的管理和控制功能，具有综合使用各种媒体的能力，能灵活地调度多种媒体数据并能进行相应的传输和处理，且使各种媒体硬件和谐地工作。

目前，流行的多媒体操作系统主要有以Windows系列为代表的个人、办公多媒体操作系统，以UNIX系列为代表的网络多媒体操作系统，以及苹果机的Mac OS等。

（3）多媒体数据处理软件。

多媒体数据处理软件是专业人员在多媒体操作系统之上开发的。在多媒体应用软件制作过程中，对多媒体信息进行编辑和处理是十分重要的，多媒体素材制作的好坏直接影响到整个多媒体应用系统的质量。多媒体数据处理软件主要包括字处理软件、绘图软件、图像处理软件、动画制作软件、声音编辑软件以及视频编辑软件。

（4）多媒体数据准备软件。

多媒体数据准备软件是用于采集、加工多媒体数据的软件。如视频采集、声音录制、图像扫描、动画制作等软件及对声、文、图、像进行加工处理的软件。

（5）多媒体创作工具。

多媒体创作工具是用来帮助应用开发人员提高开发工作效率的软件。它们大体上都是一些应用程序生成器，将各种媒体素材按照超文本节点和链结构的形式进行组织，形成多媒体应用系统。Authorware、Director、Multimedia Tool Book等都是比较有名的多媒体创作工具。

7.3 数字多媒体应用相关软件简介

7.3.1 图像处理软件

图像处理是用计算机对图像进行分析，以达到所需结果的技术，又称影像处理。图像处理一般指数字图像处理，数字图像是用数码相机、扫描仪等设备经过采样和数字化得到的能够在计算机中存储的图像。常见的处理有图像数字化、图像形态尺寸调整、图像色彩调整、图像修复复原、图像压缩存储和图像格式转换等。多媒体产品制作、平面广告设计、教育教学中，经常会用到图像处理技术。

1. 图像文件处理

图像文件按存储方式可分为两大类：一类为位图文件，另一类为矢量图文件。位图文件以点阵形式存储，这些点可以进行不同的排列和染色以构成图样，从而真实、细腻地反映图片的层次、色彩。缺点是文件的存储需要较大的空间，图像放大后常会出现马赛克现象。一般，位图适合描述照片等高质量的图片，常见的位图格式为BMP。矢量图像在数学上定义为一系列有线连接的点，矢量图中的图形元素称为对象，每个对象都是一个自成一体的实体，它具有颜色、形状、轮廓、大小和屏幕位置等属性。矢量图的特点是文件存储量小，并且任意缩放不会改变图像质量，也不会变形，适合于工程制图、文字设计、标志设计和版式设计等。常见的矢量图的文件格式有DWG、DXB、DXF等。

2. 图形图像的文件格式

（1）BMP格式。

采用位映射存储格式，除了图像深度可选以外，不采用其他任何压缩，因此，BMP文件所占用的空间很大。BMP文件的图像深度可选为1 bit、4 bit、8 bit及24 bit。BMP图像的扫描顺序是从左到右、从上到下，Windows 环境中运行的图形图像软件都支持 BMP 图像格式。

（2）JPEG 格式。

JPEG 格式是所有压缩格式中最卓越的。它是一种有损压缩格式，在图像文件压缩时将不易被人眼察觉的图像颜色删除，这样有效地控制了 JPEG 在压缩时的损失数据量，从而达到较大的压缩比。而它的色数量高达 24 位，所以被广泛应用于 Internet 上的 HomePage 或者 Internet 上的图片库。

（3）PSD 格式。

PSD 格式是 Photoshop 软件的专用格式，它能保存图像数据的每一个小细节，可以存储成 RGB 或 CMYK 色彩模式，也能自定义颜色数目进行存储。它可以保存图像中各图层中的效果和相互关系，各层之间相互独立，以便于对单独的层进行修改和制作各种特效。其唯一的缺点是存储的图像的文件特别大。

（4）PCX 格式。

PCX 格式是 ZSoft 公司在开发图像处理软件 PaintBrush 时开发的一种格式，存储格式从 1 位到 24 位。它是经过压缩的格式，占用磁盘空间较少，并具有压缩及全彩色的优点。

（5）CDR 格式。

CDR 格式是图形设计软件 CorelDRAW 的专用格式，属于矢量图，最大的优点是“体重”很轻，便于再处理。

（6）DXF 格式。

DXF 格式是三维模型设计软件 AutoCAD 的专用格式，文件小，所绘制的图形尺寸、角度等数据十分准确，是建筑设计的首选。

（7）TIFF 格式。

TIFF 格式是最常用的图像文件格式。它既能用于 MAC，也能用于 PC。这种格式的文件是以 RGB 的全彩色模式存储的，并且支持通道。

（8）EPS 格式。

这是由 Adobe 公司专门为存储矢量图形而设计的，用于在 PostScript 输出设备上打印。它可以在各软件之间使文件进行相互转换。

（9）GIF 格式。

GIF 格式的文件是 8 位图像文件，几乎所有的软件都支持该格式。它能存储成背景透明化的图像形式，所以这种格式的文件大多用于网络传输，并且可以将多张图像存成一个档案，形成动画效果。但最大的缺点是，它只能处理 256 种色彩。

（10）AI 格式。

AI 格式是一种矢量图形格式，在 Illustrator 中经常用到。它可以把 Photoshop 软件中的路径转化为“*.AI”格式，然后在 Illustrator、CorelDRAW 中打开并对其进行颜色和形状的调整。

3. 图像处理的相关概念

（1）分辨率。

分辨率一般分为图像分辨率和输出分辨率两种。前者用图像每英寸显示的像素数表示，分辨数值越大，则图像质量越好；后者衡量输出设备的精度，以输出设备（如显示器）每英寸的像素数表示，如显示器分辨率 1 024×768，其中 1024 就代表显示器横向像素数为 1 024，纵向像素数为 768。

（2）色彩模式。

色彩模式是把色彩表示成数据的一种方法。一般情况下计算机处理的色彩模式有以下两种：

① RGB 模式。

RGB 模式是基于可见光的原理而制订的，R 代表红色，G 代表绿色，B 代表蓝色。根据光的合成原理，不同的颜色的色光相混合可以产生另一种色光。其中 R、B、G 这三种最基本的色光以不同的强度相混合可以产生人眼所能看见的所有色光。所以 RGB 模式也叫加色模式。在 RGB 模式中，图像中每一个像素的颜色由 R、G、B 三种颜色混合而成。如果规定每一种颜色分别用一个字节（8 位）表示其强度变化，则 R、G、B 三色就会各自有 256 级不同强度的变化，各颜色分量的强度值在 0 时为最暗，在 255 时为最亮，这样的规定使每一像素表现颜色的能力达到 24 位（8×3），所以 8 位的 RGB 模式图像一共可表现出 14 677 余万种颜色。

② HSB 模式。

HSB 模式基于人类对颜色的感觉，也是最接近人眼观察颜色的一种模式。H 代表色相，S 代表饱和度，B 代表亮度。

色相：人眼能看见的纯色及可见光光谱的单色。在 0～360° 的标准色轮上，色相是按位置度量的，如红色为 0，绿色为 120°，蓝色为 240° 等。

饱和度：即颜色的纯度或强度。饱和度表示色相中灰度成分所占比例，用 0%～100%（完全饱和）来度量。

亮度：颜色的明亮程度，通常用 0%（黑）～100%（白）的百分比来度量。色相、饱和度、亮度是学习图像处理的常用概念。

4. 常见的图像处理软件

（1）Photoshop。

Photoshop 是 Adobe 公司旗下最为出名的图像处理软件之一，集图像扫描、编辑修改、图像制作、广告创意，图像输入与输出于一体的图形图像处理软件，深受广大平面设计人员和电脑美术爱好者的喜爱。

（2）ACDSee。

ACDSee 是 ACD Systems 开发的一款数字资产管理、图片管理编辑工具软件，提供良好的操作界面，简单人性化的操作方式，优质的快速图形解码方式，支持丰富的 RAW 格式，强大的图形文件管理功能等。

（3）光影魔术手。

光影魔术手是一款针对图像画质进行改善提升及效果处理的软件；简单、易用，不需要任何专业的图像技术，就可以制作出专业胶片摄影的色彩效果，其具有许多独特之处，如反转片效果、黑白效果、数码补光、冲版排版等；且其批量处理功能非常强大，是摄影作品后期处理、图片快速美容、数码照片冲印整理时必备的图像处理软件，能够满足绝大部分人照片后期处理的需要。

（4）Illustrator。

Adobe Illustrator，常被称为“AI”，是一种应用于出版、多媒体和在线图像的工业标准矢量插画的软件。作为一款非常好的矢量图形处理工具，该软件主要应用于印刷出版、海报书籍排版、专业插画、多媒体图像处理和互联网页面的制作等，也可以为线稿提供较高的精度和控制，适合设计任何小型到大型的复杂项目。

（5）CorelDRAW。

该图像软件是一套屡获殊荣的图形、图像编辑软件，它包含两个绘图应用程序：一个用于矢量图及页面设计，一个用于图像编辑。这套绘图软件组合带给用户强大的交互式体验，使用户可以创作出多种富于动感的特殊效果，以及点阵图像即时效果在简单的操作中就可得到实现而不会丢失当前的工作。通过 CorelDraw 的全方位设计及网页功能，CorelDraw 插图可以融合到用户现有的设计方案中，灵活性十足。该软件套装更为专业设计师及绘图爱好者提供简报、彩页、手册、产品包装、标识、网页及其他；该软件提供的智慧型绘图工具以及新的动态向导可以充分降低用户的操控难度，使用户能更加容易、精确地创建物体的尺寸和位置，减少点击步骤，节省设计时间。

7.3.2 视频处理软件

随着多媒体技术的快速发展和广泛应用，视频应用已经是多媒体技术的一个非常重要的方面。视频画面的信息量大，表现场景复杂，需要专门的软件对其进行加工和处理。视频处理技术主要包括视频采集与捕获、视频编辑处理和视频的输出。

1. 视频处理概述

将录制好的视频，通过视频采集卡捕获并且存储在计算机中，使用专门的视频处理软件进行编辑、剪辑、增加特效等，使视频可观赏性增强的技术，称为视频处理技术。下面首先了解一下常见的视频文件格式。

（1）AVI 格式。

AVI（Audio Video Interleaved）即音频视频交错格式，是将语音和影像同步组合在一起的文件格式。它对视频文件采用了一种有损压缩方式，但压缩比较高，因此尽管画面质量不是太好，但其应用范围仍然非常广泛。AVI 支持 256 色和 RLE 压缩。AVI 信息主要应用在多媒体光盘上，用来保存电视、电影等各种影像信息。

（2）MPEG 格式。

MPEG 是运动图像压缩算法的国际标准，现已被几乎所有的 PC 平台共同支持。MPEG 采用有损压缩算法，在保证影像质量的基础上减少运动图像中的冗余信息，从而达到高压缩比的目的。MPEG 压缩标准是针对运动图像而设计的，其基本方法是：在单位时间内采集并保存第一帧信息，然后只存储其余帧相对第一帧发生变化的部分，从而达到压缩的目的。MPEG 压缩效率很高，同时图像和音响的质量也非常好，并且在计算机上有统一的标准格式，兼容性好。

（3）MOV 格式。

MOV 格式是苹果公司创立的一种视频格式，用来保存音频和视频信息。MOV 格式支持 25 位彩色，支持领先的集成压缩技术，提供 150 多种视频效果，并配有提供了 200 多种 MIDI 兼容音响和设备的声音装置。在很长的一段时期里，它都是只在苹果公司的 MAC 上存在，后来才发展到支持 Windows 平台的计算机。MOV 格式因具有跨平台、存储空间要求小等技术特点，得到业界的广泛认可，事实上它已成为目前数字媒体软件技术领域的工业标准。

（4）ASF 格式。

微软公司推出的 Advanced Streaming Format（ASF，高级流格式），也是一个在 Internet 上实时传播多媒体的技术标准，ASF 的主要优点包括：本地或网络回放、可扩充的媒体类型、部件下载和扩展性等。ASF 应用的主要部件是 NetShow 服务器和 NetShow 播放器。有独立的编码器将媒体信息编译成 ASF 流，然后发送到 NetShow 服务器，再由 NetShow 服务器将 ASF 流发送给网络上的所有 NetShow 播放器，从而实现单路广播或多路广播。这和 Real 系统的实时转播大同小异。

（5）WMV 格式。

WMV 又是一种独立于编码方式的在 Internet 上实时传播多媒体的技术标准，微软公司希望用其取代 QuickTime 之类的技术标准以及 WAV、AVI 之类的文件扩展名。WMV 的主要优点包括：本地或网络回放、可扩充的媒体类型、部件下载、可伸缩的媒体类型、流的优先级化、多语言支持、环境独立性、丰富的流间关系和扩展性等。

（6）RM 格式。

RM（Real Media）格式是由 Real Networks 公司开发的一种能够在低速率的网上实时传输音频和视频信息的流式文件格式，可以根据网络数据传输速率的不同制定不同的压缩比，从而实现在低速率的广域网上进行影像数据的实时传送和实时播放，是目前因特网上最流行的跨平台的客户机／服务器结构流媒体应用格式。RM 格式共有 Real Audio、Real Video 和 Real Flash 三类文件。Real Audio 用来传输接近 CD 音质的音频数据的文件；Real Video 用来传输连续视频数据的文件；Real Flash 则是 Real Networks 公司与 Macromedia 公司新近合作推出的一种高压缩比的动画格式。

（7）DivX 格式。

DivX 是目前 MPEG 最新的视频压缩、解压技术。DivX 是一种对 DVD 造成最大威胁的新生的视频压缩格式。这是因为 DivX 是为了打破 ASF 的种种协定而发展出来的，由 Microsoft MPEG-4V3 改进而来，并同样使用了 MPEG-4 的压缩算法。播放这种编码，对机器的要求不高。

2. 常见的专业视频处理软件

视频处理技术在视频后期合成、特效制作等方面发挥着巨大作用，利用各种视频处理软件可以实现对视频的编辑处理，专业视频处理软件有以下几种：

（1）Premiere PRO。

Adobe 公司推出的基于非线性编辑设备的视／音频编辑软件 Premiere 已经在影视制作领域取得了巨大的成功，现在被广泛应用于电视台、广告制作、电影剪辑等领域，成为 PC 和 MAC 平台上应用最为广泛的视频编辑软件。它可以与其他 Adobe 软件紧密集成，组成完整的视频设计解决方案。

（2）After Effects。

After Effects 是 Adobe 公司推出的运行于 PC 和 MAC 上的专业级影视合成软件，也是目前最为流行的影视后期合成软件，适用于从事设计和视频特技的机构，包括电视台、动画制作公司、个人后期制作工作室以及多媒体工作室。而在新兴的用户群中，如网页设计师，使用 After Effects 的人也越来越多。

（3）Media Studio Pro。

Media Studio Pro 主要的编辑应用程序有 Video Editor（类似 Premiere 的视频编辑软件）、Audio Editor（音效编辑）、CG Infinity、Video Paint，内容涵盖了视频编辑、影片特效、2D 动画制作，是一套整合性完备、面面俱到的视频编辑套餐式软件。它在 Video Editor 和 Audio Editor 的功能和概念上与 Premiere 相差不大，最主要的不同在于 CG Infinity 与 Video Paint 在动画制作与特效绘图方面的程序不同。

（4）Combustion。

Combustion 是贝尔科技集团在 BIRTV2000 展会上推出的 Discreet 公司的视觉效果制作系统。它是一个在 NT 和 MAC 平台上解决用户所需要的工作效率和可视性的强劲的视觉特效合成软件，具有极为强大的特效合成和创造能力。Combustion 为用户提供了一个完善的设计方案，包括动画、合成和创造具有想象力的图像。它可以在无损状态下进行工作，在画笔和合成环境中完成复制的效果，在 3D 合成环境中应用艺术的视频节目和优越的动态跟踪、键控和色彩校正。

（5）Shake。

Shake 被称为最有前途的特效合成软件。Shake 的功能非常强大，具有许多特色。它同 Digtal Fusion 一样，采用面向流程的操作方式，提供了具有专业水准的校色、抠图、跟踪、通道处理等功能。

3. 非专业视频处理软件

（1）Movie Maker。

Movie Maker 是 Windows 附带的一个影视剪辑小软件，功能比较简单，可以组合镜头、声音，加入镜头切换的特效，只要将镜头片段拖入就行，非常简单，适合家用摄像后的一些小规模的处理。

（2）Ulead Video Studio（会声会影）。

会声会影是完全针对家庭娱乐、个人纪录片制作的简便型编辑视频软件。会声会影采用目前最流行的“在线操作指南”的步骤引导方式来处理各项视频、图像素材，它分为开始、捕获、故事板、效果、覆叠、标题、音频、完成八大步骤，并将操作方法与相关的配合注意事项以帮助文件显示出来，称为“会声会影指南”，用户通过会声会影指南引导处理各项视频、图像素材，简单易学。

（3）狸窝全能视频转换器。

狸窝全能视频转换器是一款功能强大、界面友好的全能型音视频转换及编辑工具。狸窝全能视频转换器可以在大多数流行视频格式之间任意相互转换，如将 RM、RMVB、VOB、DAT、VCD、SVCD、ASF、MOV、QT、MPEG、WMV、FLV、MKV、MP4、3GP、DivX、XviD、AVI 等视频文件编辑转换为手机、MP4 机等移动设备支持的音视频格式。

7.3.3 音频处理软件

1. 音频文件格式

（1）WAV 格式。

WAV 是 Microsoft Windows 本身提供的音频格式，由于 Windows 本身的影响力，这个格式已经成为事实上的通用音频格式。目前所有的音频播放软件和编辑软件都支持这一格式，并将该格式作为默认文件保存格式之一。

（2）MP3 格式。

MP3 是 Fraunhofer-IIS 研究所的研究成果。MP3 是第一个实用的有损音频压缩编码。在 MP3 出现之前，一般的音频编码即使以有损方式进行压缩，能达到 1:4 的压缩比例已经非常不错了。但是，MP3 可以实现 1:10 甚至 1:12 的压缩率，这使得 MP3 迅速地流行起来。MP3 之所以能够达到如此高的压缩率，同时又能保持相当不错的音质，是因为利用了知觉音频编码技术，也就是利用了人耳的特性，削减音乐中人耳听不到的部分，同时尝试尽可能地维持原来的声音质量。几乎所有的音频编辑工具都支持打开和保存 MP3 文件。

（3）Real Media。

随着因特网的发展出现了 Real Media，这种文件格式几乎成了网络流媒体的代名词。RA、RMA 这两种文件类型就是 Real Media 中用于存储音频的两种文件格式。它是由 Real Networks 公司发明的，特点是可以在网络环境不太好的情况下，提供足够好的音质，以便用户在线聆听。由于 Real Media 是从极差的网络环境下发展起来的，所以 Real Media 的音质较差，包括在高比特率的时候。由于 Real Media 的用途是在线聆听，并不适于编辑，所以相应的处理软件并不多。

（4）Windows Media。

Windows Media 也是一种网络流媒体技术，本质上与 Real Media 是相同的，但 Real Media 是有限开放的技术，而 Windows Media 则没有公开任何技术细节。由于微软公司的影响力，支持 Windows Media 的软件非常多。虽然 Windows Media 也是用于聆听用途，不能编辑，但几乎所有的 Windows 平台的音频编辑工具都对它提供了读 / 写支持。

（5）MIDI 格式。

MIDI 技术最初并不是为了计算机发明的，该技术最初应用在电子乐器上，用来记录乐手的弹奏，以便以后重播。不过在计算机里面引入了支持 MIDI 合成的声音卡之后，MIDI 正式成为一种音频格式。由于 MIDI 具有的优点和特殊性，因此可以相信这是一种在相当长的时间里都会继续存在的技术。普通的 MIDI 文件许多播放器都支持，但要达到好的效果就必须安装软波表。

（6）AAC 格式。

AAC 是高级音频编码的缩写，是由 Fraunhofer IIS-A、杜比和 AT&T 共同开发的一种音频格式，是 MPEG-2 规范的一部分。AAC 所采用的运算法则与 MP3 的运算法则有所不同，AAC 通过结合其他的功能来提高编码效率。AAC 的音频算法在压缩能力上远远超过了以前的一些压缩算法（如 MP3 等）。它还同时支持多达 48 个音轨、15 个低频音轨、更多种采样率和比特率、多种语言的兼容能力、更高的解码效率。总之，AAC 可以在比 MP3 文件缩小 30%的前提下提供更好的音质。

2. 常见的专业音频处理软件

（1）Sound Forge。

Sound Forge 是 Sonic Foundry 公司的产品，软件名称就是“声音熔炉”的意思，也就是说，把声音放入这个软件里，应能把它锻造成想要的样子。它在音乐和游戏音效制作领域应用广泛，只能对单个音乐文件进行编辑，不能进行多轨音频处理。

（2）Audition。

Adobe Audition 的前身是 CoolEdit，是美国 Adobe Systems 公司开发的一款多轨录音和音频处理软件。它集成了几乎全部主流音乐工作站软件的功能，可以完成音频录制和提取、声音编辑、混音、效果处理、降噪等工作，还可以为视频作品配音、制作流行歌曲，并与同类软件协同工作，完成音乐的创作过程。Audition 的工作模式有编辑、多轨和 CD 三种，其中最常用的是编辑和多轨模式。

3. 非专业音频处理软件

（1）Windows 自带的“录音机”。

“录音机”是 Windows 为用户提供的一种具有语音录制功能的工具。用“录音机”录制音频文件时，一次能录制的时间为 60 秒，此文件的类型为 WAV 格式。

（2）GlodWave。

GlodWave 是一款比较流行的音频编辑和处理软件。利用该软件可以进行录音、编辑、合成数字声音，结果可以保存为 WAV 或 MP3 格式。使用该软件也可以复制、剪切和粘贴声音，因为在工作窗口中能够直接看到声音的波形，所以复制和粘贴都很方便。

（3）Audio Converter。

Audio Converter 全能音频转换器支持目前所有流行的音频、视频格式，如 MP3、MP2、OGG、APE、WAV、WMA、AVI、RM、RMVB、ASF、MPEG、DAT、3GP、MP4、FLV、MKV、MOD、MTS 等。更为强大的是，该软件能从视频格式中提取出音频文件，并支持批量转换，支持从 CD 光盘中转换输出流行音频格式。

7.3.4 动画处理软件

传统的动画片事实上是把一幅幅静态图片按照一定的速度顺序播放，此时人眼感觉不到画面中间的停顿，所以图片中的人物好像动起来了。多媒体技术的出现简化了动画片的制作过程，并且提高了动画片的质量。下面介绍常用的动画制作软件。

1. Flash

Flash 是美国 Macromedia 公司设计开发的交互式矢量图形编辑与动画制作软件，可集成多种媒体素材，包括图像、文字、声音、视频等。Flash 动画广泛应用于多媒体网站制作、广告制作、多媒体课件制作中，此外还有制作 MTV、游戏、贺卡、动画短片等多种用途。与其他平面动画制作软件相比，Flash 有突出的特点：Flash 中图形的基础是矢量图形，动画作品占用空间极小；Flash 动画采用流技术，下载时间短；Action Script 脚本语言使 Flash 具有强大的交互功能。因此，Flash 特别适用于创建通过互联网和其他多媒体程序使用的矢量图形和动画素材。

2. GIF Animator

GIF Animator 是一款很方便的 GIF 动画制作软件，由 Ulead Systems Inc. 创作。它不但可以把一系列图片保存为 GIF 动画格式，还能产生 20 多种 2D 或 3D 的动态效果，足以满足制作网页动画的要求。

3. 3D Studio Max

3D Studio Max 简称为 3DS Max 或 MAX，是 Discreet 公司开发的（后被 Autodesk 公司合并）基于 PC 系统的三维动画渲染和制作软件，其前身是基于 DOS 操作系统的 3D Studio 系列软件。在 Windows NT 出现以前，工业级的 CG 制作被 SGI 图形工作站所垄断。3D Studio Max ＋ Windows NT 组合的出现一下子降低了 CG 制作的门槛，首先开始运用在电脑游戏中的动画制作，后更进一步开始参与影视片的特效制作等。

4. Maya

Autodesk Maya 是美国 Autodesk 公司出品的世界顶级的三维动画软件，应用对象是专业的影视广告、角色动画、电影特技等。Maya 功能完善，工作灵活，易学易用，制作效率极高，渲染真实感极强，是电影级别的高端制作软件。

以数字媒体、网络技术与文化产业相融合而产生的数字媒体产业，正在世界各地高速成长。数字媒体产业的迅猛发展，得益于数字媒体技术不断突破产生的引领和支持。数字媒体技术正是融合了数字信息处理技术、计算机技术、数字通信和网络技术等的交叉学科和技术领域。

CHAPTER 8

第 8 章 人工智能基础

人工智能正在深刻地改变着我们的世界并影响着我们的生活，通过过去几十年的努力，人工智能已经获得了长足的发展，并且在多个行业得到了成功的应用，机器学习是继专家系统之后人工智能应用的又一重要研究领域，也是人工智能和神经计算的核心研究课题之一，本章最后给出了一个典型的机器学习应用案例。

学习目标

1. 理解人工智能的基本概念。
2. 了解人工智能的发展历程。
3. 了解人工智能在行业中的应用。
4. 理解机器学习、深度学习与人工智能的关系。
5. 理解机器学习的一般流程和原理。

8.1 什么是人工智能

人工智能（Artificial Intelligence，AI）是研究、开发用于模拟、延伸和扩展人的智能的理论、方法、技术及应用系统的一门新的技术科学。人工智能是计算机科学的一个分支，它企图了解智能的实质，并生产出一种新的能以人类智能相似的方式做出反应的智能机器，该领域的研究包括机器人、语言识别、图像识别、自然语言处理和专家系统等。人工智能从诞生以来，理论和技术日益成熟，应用领域也不断扩大，可以设想，未来人工智能带来的科技产品，将会是人类智慧的“容器”。人工智能可以对人的意识、思维的信息过程进行模拟。人工智能不是人的智能，但能像人那样思考、也可能超过人的智能。

关于人工智能，学界有很多不同的定义，这些定义从不同的角度来对人工智能进行描述，下面列出一些关于人工智能的定义：

定义 1 智能机器：能够在各类环境中自主地或交互地执行各种拟人任务（Anthropomorphic Tasks）的机器。

定义 2 人工智能（学科）：人工智能（学科）是计算机科学中涉及研究、设计和应用智能机器的一个分支。它的近期主要目标在于研究用机器来模仿和执行人脑的某些智力功能，并开发相关理论和技术。

定义 3 人工智能（能力）：人工智能（能力）是智能机器所执行的通常与人类智能有关的智

能行为，如判断、推理、证明、识别、感知、理解、通信、设计、思考、规划、学习和问题求解等思维活动。

定义 4 人工智能：是一种使计算机能够思维，使机器具有智力的激动人心的新尝试(Haugeland，1985)。

定义 5 人工智能：是那些与人的思维、决策、问题求解和学习等有关活动的自动化(Bellman，1978)。

定义 6 人工智能：是用计算模型研究智力行为(Charniak 和 McDermott，1985)。

定义 7 人工智能：是研究那些使理解、推理和行为成为可能的计算(Winston，1992)。

定义 8 人工智能：是一种能够执行需要人的智能的创造性机器的技术(Kurzwell，1990)。

定义 9 人工智能：研究如何使计算机做事让人过得更好(Rick 和 Knight，1991)。

定义 10 人工智能：是一门通过计算过程力图理解和模仿智能行为的学科(Schalkoff，1990)。

定义 11 人工智能：是计算机科学中与智能行为的自动化有关的一个分支(Luger 和 Stubblefield，1993)。

其中，定义 4 和定义 5 涉及拟人思维，定义 6 和定义 7 与理性思维有关，定义 8 和定义 9 涉及拟人行为，定义 10 和定义 11 与拟人理性行为有关。

8.2 人工智能发展历史

人工智能的发展是以硬件与软件为基础的，经历了漫长的发展历程。特别是 20 世纪 30 年代和 40 年代的智能界，发生了两件重要的事情：数理逻辑和关于计算的新思想。以维纳(Wiener)、弗雷治、罗素等为代表对发展数理逻辑学科的贡献以及丘奇(Church)、图灵和其他一些人关于计算本质的思想，对人工智能的形成产生了重要影响。

人工智能从 20 世纪 50 年代诞生至今经历了不同的发展阶段，有发展高峰期也有低谷期，每个阶段的技术侧重点都不同，但总体趋势是向更加智能、更加深化的方向发展。

1. 20 世纪 50 年代

1950 年：Alan Turing 发表了“计算机器和智能”，提出了模仿游戏的想法，即一个考虑机器是否可以思考的问题。这一建议后来称为图灵测试，其测量机器(人工)智能。图灵的发展测试了机器的思考能力。图灵测试成为人工智能哲学的重要组成部分，人工智能在机器中讨论智能、意识和能力。

1952 年：计算机科学家亚瑟•塞缪尔(Arthur Samuel)开发了一种跳棋计算机程序，他是第一个独立学习如何玩游戏的人。

1955 年：约翰•麦卡锡(John McCarthy)和一群人创建了一个关于“人工智能”研讨会的提案。1956 年，当研讨会举行时，这个词的正式诞生归功于麦卡锡。

1955 年：Allen Newell (研究员)、Herbert Simon (经济学家)和 Cliff Shaw (程序员)共同撰写了第一个人工智能计算机程序“逻辑理论家”。

1958 年：McCarthy 开发了 Lisp，这是人工智能研究中最受欢迎且最受青睐的编程语言。

1959 年：塞缪尔在谈到编程计算机以比编写程序的人更好地进行国际象棋游戏时创造了“机器学习”一词。

2. 20 世纪 60 年代

人工智能领域的创新在 20 世纪 60 年代迅速发展。新的编程语言，机器人和自动机，研究以及描绘人工智能生物的电影的出现越来越受欢迎。这极大地突出了人工智能在 20 世纪下半叶的重要性。

1961 年：乔治•德沃尔（George Devol）发明的工业机器人 Unimate 成为第一个在新泽西州通用汽车装配线上工作的机器人。它的职责包括从装配线运输压铸件并将零件焊接到汽车上——这一任务对人类来说是危险的。

1961 年：计算机科学家兼教授 James Slagle 开发了 SAINT（符号自动 INTegrator），这是一个启发式问题解决方案，其重点是新生微积分中的符号整合。

1964 年：计算机科学家 Daniel Bobrow 创建了 STUDENT，一个用 Lisp 编写的早期 AI 程序，解决了代数词问题，被认为是人工智能自然语言处理的早期里程碑。

1965 年：计算机科学家兼教授 Joseph Weizenbaum 开发了 ELIZA，这是一个交互式计算机程序，可以用英语在功能上与英语交谈。Weizenbaum 的目标是证明人工智能思维与人类思维之间的沟通是“肤浅的”，但发现许多人将拟人化特征归因于伊丽莎。

1966 年：由 Charles Rosen 在其他 11 人的帮助下开发的机器人 Shakey 是第一个通用移动机器人，也被称为“第一个电子人”。

1968 年：由 Stanley Kubrick 执导的科幻电影《2001 太空漫游》发行。它具有 HAL（启发式编程的算法计算机），是一个有感知的计算机。HAL 控制航天器的系统并与船员交互，与他们交谈，好像 HAL 是人，直到故障以负面方式改变 HAL 的相互作用。

1968 年：计算机科学兼教授 Terry Winograd 创建了早期自然语言计算机程序 SHRDLU。

3. 20 世纪 70 年代

与 20 世纪 60 年代一样，20 世纪 70 年代让位于加速发展，尤其是机器人。然而，20 世纪 70 年代的人工智能面临着诸多挑战，如政府对人工智能研究的支持减少。

1970 年：WABOT-1，第一个拟人机器人，在日本早稻田大学建造。它的功能包括可移动的肢体，能够看到和交谈的能力。

1973 年：应用数学家詹姆斯•莱特希尔向英国科学理事会报告了人工智能研究的状况，他提到“迄今为止，该领域的任何一部分都没有发现当时承诺的重大影响”，这导致英国政府减少了对人工智能研究的支持。

1977 年：导演乔治•卢卡斯的电影《星球大战》发行。这部电影采用了 C-3PO，这是一个人形机器人，被设计为协议机器人，能够流畅地播放超过 700 万种的通信形式。作为 C-3PO 的伴侣，这部电影还采用了 R2-D2 这样一个小型的机器人，它无法进行人类语言（C-3PO 的逆转）交流；相反，R2-D2 与电子蜂鸣声通信。其功能包括小型维修和副驾驶星际战斗机。

1979 年：斯坦福推车，一个被遥控的、配备电视的移动机器人，由当时的机械工程研究生詹姆斯•L•亚当斯于 1961 年发明。在大约 5 个小时内，它成功地越过了一个没有人为干扰的充满椅子的房间，使其成为最早的自动驾驶汽车的例子之一。

4. 20 世纪 80 年代

人工智能的快速增长一直持续到 20 世纪 80 年代。尽管人工智能背后的进步和兴奋，谨慎包围了不可避免的“人工智能冬季”，这是一个资金减少和人工智能兴趣减低的时期。

1980 年：WABOT-2 在日本早稻田大学建成。

1981 年：日本国际贸易和工业部为第五代计算机项目拨款 8.5 亿美元，该项目的目标是开发可以交谈、翻译语言、解释图片和表达人性化推理的计算机。

1984 年：由史蒂夫•巴伦执导的电影《电影梦》发行。该电影的情节主要为男人、女人和名为“埃德加”的有感知的个人电脑之间的三角恋。

1984 年：在人工智能促进协会（AAAI）上，Roger Schank（AI 理论家）和 Marvin Minsky（认知科学家）警告人工智能冬季，人工智能研究的兴趣和资金将首先减少。他们的警告在三年内实现了。

1986 年：梅赛德斯－奔驰在 Ernst Dickmanns 的指导下，建造并发布了一辆配备摄像头和传感器的无人驾驶厢式货车。该货车能够在没有其他障碍物和人类驾驶员的道路上行驶，速度高达 88.5 km/h。

1988 年：计算机科学家和哲学家 Judea Pearl 发表了“智能系统中的概率推理”。Pearl 还发明了贝叶斯网络，这是一种“概率图形模型”，通过有向无环图（DAG）表示变量及其依赖关系。

1988 年：两位聊天机器人 Jabberwacky 和 Cleverbot（20 世纪 90 年代发布）的程序员和发明者 Rollo Carpenter 开发了 Jabberwacky“以有趣和幽默的方式模拟自然人类聊天”。这是通过聊天机器人与人沟通的 AI 示例。

5. **20 世纪 90 年代**

千禧年即将结束，但这种预期只会助长人工智能在其持续的增长阶段。

1995 年：计算机科学家理查德•华莱士开发了聊天机器人 ALICE（人工语言互联网计算机实体），灵感来自 Weizenbaum 的 ELIZA。ALICE 与 ELIZA 的区别在于增加了自然语言样本数据收集。

1997 年：计算机科学家 Sepp Hochreiter 和 Jürgen Schmidhuber 开发了长短期记忆（LSTM），这是一种用于手写和语音识别的递归神经网络（RNN）架构。

1997 年：由 IBM 开发的国际象棋电脑 Deep Blue 成为第一个赢得国际象棋比赛并与卫冕世界冠军相匹敌的系统。

1998 年：Dave Hampton 和 Caleb Chung 发明了 Furby，这是第一款儿童玩具机器人。

1999 年：与 Furby 一致，索尼推出了 AIBO（人工智能 Robot），这是一种价值 2000 美元的机器人宠物狗，通过与环境、所有者和其他 AIBO 的互动来“学习”。其功能包括能够理解和响应 100 多个语音命令并与其人类所有者进行通信。

6. **2000 年到 2010 年**

新的千禧年正在进行中，正如预期的那样，创造了更多的人工智能生物以及关于人工智能概念的创意媒体（特别是电影）。

2000 年：Y2K 问题，也称为 2000 年问题，是一类与 2000 年 1 月 1 日开始的电子日历数据的格式化和存储相关的计算机错误。鉴于所有的互联网软件和程序都是在 20 世纪初创建的，一些系统很难适应 2000 年（及以后）的新年格式。以前，这些自动化系统只需要改变一年中的最后两位数字；现在，所有四位数字都必须切换——对技术和使用它的人来说是一个挑战。

2000 年：Cynthia Breazeal 教授开发了 Kismet，一种能够识别和模拟情绪的机器人。它的结构像人脸、眼睛、嘴唇、眼睑和眉毛。

2000 年：本田发布了 ASIMO，一种人工智能的人形机器人。

2001 年：由史蒂文•斯皮尔伯格执导的科幻电影 AI 人工智能发布。这部电影是在一个充满未来主义的反乌托邦社会中进行的，并追随大卫，这是一个先进的人形儿童，具有拟人化的感受，包括爱的能力。

2002 年：i-Robot 发布了 Roomba，一种自动机器人真空吸尘器，可在避开障碍物的同时进行清洁。

2004 年：NASA 的机器人探索漫游者精神和机遇在没有人为干预的情况下导航火星的表面。

2004 年：由 Alex Proyas 执导的科幻电影 *I Robot* 发行。该影片探讨了人类与机器人共生的伦理难题。

2006 年：Oren Etzioni、Michele Banko 和 Michael Cafarella 创造了“机器阅读”这一术语，将其定义为对文本的无监督自主理解。

2009 年：谷歌秘密开发了一款无人驾驶汽车。到 2014 年，它通过了内华达州的自驾车测试。

7. 2010 至今

从 2010 年开始，人工智能已经融入我们的日常生活中。我们使用具有语音助理的智能手机和具有“智能”功能的计算机，我们大多数人都认为这是理所当然的。人工智能不再是一个白日梦，并且已经有一段时间了。

2010 年：ImageNet 推出了他们年度 AI 对象识别竞赛的 ImageNet 大规模视觉识别挑战赛（ILSVRC）。

2010 年：微软推出了 Kinect for Xbox 360，这是第一款使用 3D 摄像头和红外探测跟踪人体运动的游戏设备。

2012 年：Jeff Dean 和 Andrew Ng（谷歌研究人员）通过向 YouTube 视频展示 1 000 万张未标记图像，培训了一个拥有 16 000 个处理器的大型神经网络来识别猫的图像（尽管没有提供背景信息）。

2013 年：来自卡内基梅隆大学的研究团队发布了 Never Ending Image Learner（NEIL），这是一种可以比较和分析图像关系的语义机器学习系统。

2015—2017 年：谷歌 DeepMind 的 AlphaGo，一个玩棋盘游戏 Go 的计算机程序，击败了各种（人类）冠军。

2016 年：一个名为 Sophia 的人形机器人由 Hanson Robotics 创建。她被称为第一个“机器人公民”。Sophia 与以前的类人生物的区别在于她与真实的人类相似，能够看到（图像识别），做出面部表情，并通过人工智能进行交流。

2017 年：Facebook 人工智能研究实验室培训了两个“对话代理”（聊天机器人），以便相互沟通，以学习如何进行谈判。然而，随着聊天机器人的交谈，他们偏离了人类语言（用英语编程）并发明了自己的语言来相互交流——在很大程度上展示了人工智能。

2018 年：阿里巴巴（中国科技集团）语言处理 AI 在斯坦福大学的阅读和理解测试中超越了人类的智慧。阿里巴巴的语言处理在一组 10 万个问题中得分为“82. 44”，而人类的为“82. 30”。这是一次狭隘的失败，但仍然是失败。

2018 年：谷歌开发了 BERT，这是第一个“双向，无监督的语言表示，可以使用转移学习在各种自然语言任务中使用。”

2018 年：三星推出虚拟助手 Bixby。Bixby 的功能包括语音，用户可以在这里与它们交谈并提出问题和建议；视觉，Bixby 的视觉能力置于相机应用程序中，可以看到用户看到的内容（即对象识别、搜索、购买、翻译、标识别）；Home，Bixby 使用基于应用程序的信息来帮助用户使用和交互（如天气和健身应用程序）。

8.3 人工智能的应用领域

1. 问题求解

人工智能的第一个大成就是发展了能够求解难题的下棋（如国际象棋）程序，它包含问题的表示、分解、搜索与归纳等。

2. 逻辑推理与定理证明

逻辑推理是人工智能研究中最持久的子领域之一，特别重要的是要找到一些方法，只把注意力集中在一个大型数据库中的有关事实上，留意可信的证明，并在出现新信息时适时修正这些证明。

定理证明的研究在人工智能方法的发展中曾经产生过重要影响。例如，采用谓词逻辑语言的演绎过程的形式化有助于更清楚地理解推理的某些子命题。许多非形式的工作，包括医疗诊断和信息检索都可以和定理证明问题一样加以形式化。因此，在人工智能方法的研究中定理证明是一个极其重要的论题。

我国人工智能大师吴文俊院士提出并实现了几何定理机器证明的方法，被国际上承认为“吴氏方法”，是定理证明的又一标志性成果。

3. 自然语言理解

语言处理也是人工智能的早期研究领域之一，并引起了进一步的重视。语言的生成和理解是一个极为复杂的编码和解码问题。

一个能理解自然语言信息的计算机系统看起来就像一个人一样需要有上下文知识以及根据这些上下文知识和信息用信息发生器进行推理的过程。理解口头的和书写语言的计算机系统所取得的某些进展，其基础就是有关表示上下文知识结构的某些人工智能思想以及根据这些知识进行推理的某些技术。

4. 自动程序设计

对自动程序设计的研究不仅可以促进半自动软件开发系统的发展，而且也使通过修正自身数码进行学习（即修正它们的性能）的人工智能系统得到发展。程序理论方面的有关研究工作对人工智能的所有研究工作都是很重要的。

自动程序设计研究的重大贡献之一是作为问题求解策略的调整概念。研究发现，对程序设计或机器人控制问题，先产生一个不费事的有错误的解，然后再修改它（使它正确工作），这种做法一般要比坚持要求第一个解就完全没有缺陷的做法有效得多。

5. 专家系统

一般地说，专家系统是一个智能计算机程序系统，其内部具有大量专家水平的某个领域知识与经验，能够利用人类专家的知识和解决问题的方法来解决该领域的问题。

发展专家系统的关键是表达和运用专家知识，即来自人类专家的并已被证明对解决有关领域内的典型问题是有用的事实和过程。

6. 机器学习

学习是人类智能的主要标志和获得知识的基本手段;机器学习(自动获取新的事实及新的推理算法)是使计算机具有智能的根本途径;机器学习还有助于发现人类学习的机理和揭示人脑的奥秘。学习是一个有特定目的的知识获取过程,其内部表现为新知识结构的不断建立和修改,而外部表现为性能的改善。

7. 神经网络

神经网络处理直觉和形象思维信息,具有比传统处理方式好得多的效果。

神经网络已在模式识别、图像处理、组合优化、自动控制、信息处理、机器人学和人工智能的其他领域获得日益广泛的应用。

8. 机器人学

人工智能研究日益受到重视的另一个分支是机器人学,其中包括对操作机器人装置程序的研究。这个领域所研究的问题,从机器人手臂的最佳移动到实现机器人目标的动作序列的规划方法,无所不包。目前已经建立了一些比较复杂的机器人系统。

机器人和机器人学的研究促进了许多人工智能思想的发展。

智能机器人的研究和应用体现出广泛的学科交叉,涉及众多的课题,机器人已在各领域获得越来越普遍的应用。

9. 模式识别

人工智能所研究的模式识别是指用计算机代替人类或帮助人类感知模式,是对人类感知外界功能的模拟,研究的是计算机模式识别系统,也就是使一个计算机系统具有模拟人类通过感官接受外界信息、识别和理解周围环境的感知能力。

10. 机器视觉

实验表明,人类接受外界信息的 80% 以上来自视觉,视觉对人类是非常重要的。

机器视觉或计算机视觉已从模式识别的一个研究领域发展为一门独立的学科;在视觉方面,已经给计算机系统装上电视输入装置以便能够“看见”周围的东西。

机器视觉的前沿研究领域包括实时并行处理、主动式定性视觉、动态和时变视觉、三维景物的建模与识别、实时图像压缩传输和复原、多光谱和彩色图像的处理与解释等。

8.4 人工智能和机器学习、深度学习

8.4.1 人工智能:从概念提出到走向繁荣

1956 年,几个计算机科学家相聚在达特茅斯会议,提出了“人工智能”的概念,梦想着用当时刚刚出现的计算机来构造复杂的、拥有与人类智慧同样本质特性的机器。其后,人工智能就一直萦绕于人们的脑海之中,并在科研实验室中慢慢孵化。之后的几十年,人工智能一直在两极反转,或被称作人类文明耀眼未来的预言,或被当成技术疯子的狂想扔到垃圾堆里。直到

2012 年之前，这两种声音还在同时存在。

2012 年以后，得益于数据量的上涨、运算力的提升和机器学习新算法（深度学习）的出现，人工智能开始大爆发。据领英发布的《全球 AI 领域人才报告》显示，截至 2017 年一季度，基于领英平台的全球 AI（人工智能）领域技术人才数量超过 190 万，仅国内人工智能人才缺口达到 500 多万。

人工智能的研究领域也在不断扩大，图 8-1 展示了人工智能研究的各个分支，包括专家系统、机器学习、进化计算、模糊逻辑、计算机视觉、自然语言处理推荐系统等。

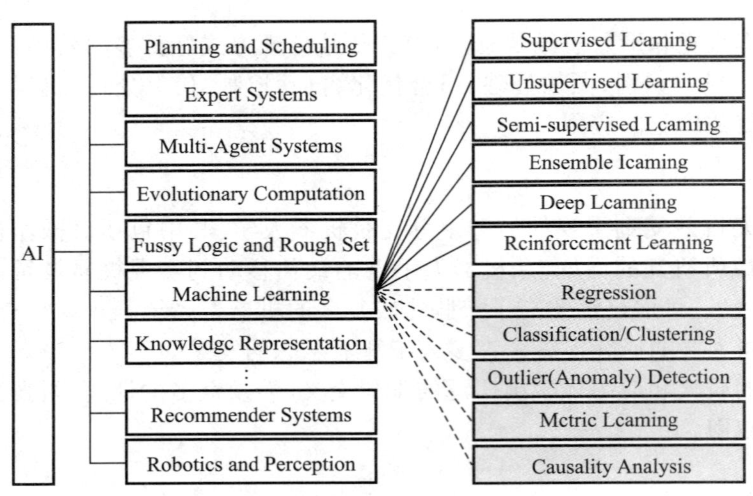

图 8-1　人工智能研究分支

但目前的科研工作都集中在弱人工智能这部分，并很有希望在近期取得重大突破，电影里的人工智能多半都是在描绘强人工智能，而这部分在目前的现实世界里难以真正实现（通常将人工智能分为弱人工智能和强人工智能，前者让机器具备观察和感知的能力，可以做到一定程度的理解和推理，而强人工智能让机器获得自适应能力，解决一些之前没有遇到过的问题）。

弱人工智能有希望取得突破，是如何实现的，“智能”又从何而来呢？这主要归功于一种实现人工智能的方法——机器学习。

8.4.2 机器学习：一种实现人工智能的方法

机器学习最基本的做法，是使用算法来解析数据、从中学习，然后对真实世界中的事件做出决策和预测。与传统的为解决特定任务、硬编码的软件程序不同，机器学习是用大量的数据来“训练”，通过各种算法从数据中学习如何完成任务。

举个简单的例子，当我们浏览网上商城时，经常会出现商品推荐的信息。这是商城根据你往期的购物记录和冗长的收藏清单，识别出这其中哪些是你真正感兴趣，并且愿意购买的产品。这样的决策模型，可以帮助商城为客户提供建议并鼓励产品消费。

机器学习直接来源于早期的人工智能领域，传统的算法包括决策树、聚类、贝叶斯分类、支持向量机、EM、Adaboost 等。从学习方法上来分，机器学习算法可以分为监督学习（如分类问题）、无监督学习（如聚类问题）、半监督学习、集成学习、深度学习和强化学习。

传统的机器学习算法在指纹识别、基于 Haar 的人脸检测、基于 HoG 特征的物体检测等领域的应用基本达到了商业化的要求或者特定场景的商业化水平，但每前进一步都异常艰难，直到深度学习算法的出现。

8.4.3　深度学习：一种实现机器学习的技术

深度学习本来并不是一种独立的学习方法，其本身也会用到有监督和无监督的学习方法来训练深度神经网络。但由于近几年该领域发展迅猛，一些特有的学习手段相继被提出（如残差网络），因此越来越多的人将其单独看作一种学习的方法。

最初的深度学习是利用深度神经网络来解决特征表达的一种学习过程。深度神经网络本身并不是一个全新的概念，可大致理解为包含多个隐含层的神经网络结构。为了增强深度神经网络的训练效果，人们对神经元的连接方法和激活函数等方面做了相应的调整。其实，有不少想法早年间也曾有过，但由于当时训练数据量不足、计算能力落后，因此，最终的效果不尽如人意。

深度学习摧枯拉朽般地实现了各种任务，使得似乎所有的机器辅助功能都变为可能。无人驾驶汽车，预防性医疗保健，甚至是更好的电影推荐，都近在眼前，或者即将实现。

8.4.4　人工智能、机器学习、深度学习的区别和联系

机器学习是一种实现人工智能的方法，深度学习是一种实现机器学习的技术。我们就用最简单的方法——同心圆，可视化地展现出三者的关系，如图 8-2 所示。

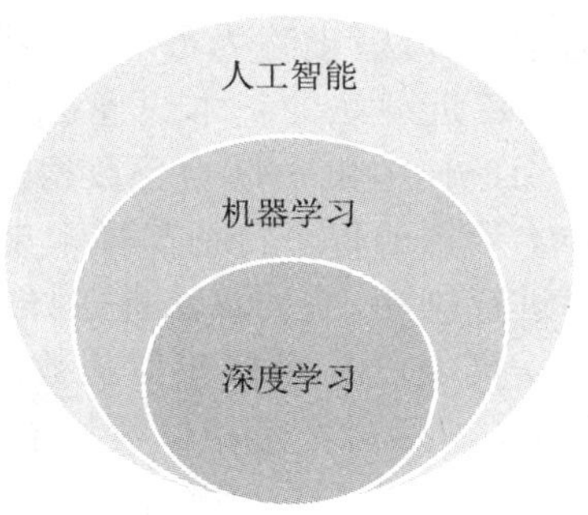

图 8-2　三者关系示意图

概括地说，人工智能目前主要用于描述一些可以进行智能化行为的设备或机器，机器学习是它的子集，而深度学习又是机器学习的一个子集。如图 8-2 所示，最外层的是人工智能，中间层是机器学习，最里层是深度学习。换句话说，机器学习和深度学习属于人工智能范畴，但人工智能不一定是机器学习或深度学习。

人工智能是让机器能够像人一样理性思考和行动的科学。所谓理性，是指最大化地实现预定目标、只关心做什么决策而非思考过程。我们关心的目标是以结果的效用表达的，所以理性就意味着最大化期望的效用。

机器学习则是人工智能的一个分支，构建和研究从数据中学习和预测的方法，能够避免传统人工智能的缺陷，自动地通过数据来学习出潜在的模式规律，达成人工智能。它的领域广阔，涉及包括计算机科学、概率统计、最优化、线性代数等不同领域的工具和想法。我们所熟知的人脸检测、链接预测、文本／文档分类（诸如邮件检测）都是机器学习的典型例子。

深度学习本来并不是一种独立的学习方法，其本身也会用到监督学习和无监督学习方法来训练深度神经网络。神经网络是一种机器学习方法，能自动提取模式特征。神经网络分为输入层、隐藏层和输出层。按照神经网络中间层的层数，可以分为浅神经网络和深度神经网络。浅神经网络训练起来更快速，关于网络结构的决策更简单，理论上只要中间层神经元和连接足够多，即可模仿任何函数。深度神经网络训练耗时更大，关于网络结构的决策复杂，足以做到任意复杂的事情，并且能得到更有意义的特征。由于近年来该领域发展迅猛，一些特有的学习手段相继被提出（如残差网络），因此越来越多的人将其单独看作一种学习方法。它主要应用于互联网、安防、

金融、智能硬件、医疗、教育等行业，人脸技术、图像识别、智能监控、文字识别、语义分析等领域。

8.5 机器学习初体验

人工智能系统处理的是各种各样的数据：图像、声音、文字、视频等。数据(data)是信息的载体。机器学习就是从数据中自动分析获得模型，并利用模型对未知数据进行预测的过程。

机器学习分为有监督学习和无监督学习两大类。其中，有监督学习是对具有概念标记(分类)的训练样本进行学习，以尽可能对训练样本集外的数据进行标记(分类)预测。这里，所有的标记(分类)是已知的，分类、回归都是有监督学习的内容。无监督学习是对没有概念标记(分类)的训练样本进行学习，以发现训练样本集中的结构性知识。这里，所有的标记(分类)是未知的。因此，训练样本的歧义性高。常见的无监督学习算法是聚类。

本节以分类算法中的比较容易理解的K近邻算法为例，让读者对机器学习的基本流程进行初步体验。

8.5.1 算法介绍

K近邻(K-Nearest Neighbors，KNN)算法由F. Cover等于1967年提出，是一种有监督的机器学习算法，被称为最简单的机器学习算法。

K近邻法的基本原理：给定一个样本数据集合，里面每个样本都有确定的标签类别，即我们知道样本集中每一个数据与所属分类的对应关系。在输入没有标签的测试数据后，将测试样本数据的每个特征与样本集中数据对应的特征进行比较，求出二者之间的距离，然后根据距离进行排序，依据算法提取样本最相似数据(最近邻)的分类标签。一般来说，我们只选择样本数据集中前K个最相似的数据，这就是K近邻算法中K的出处，通常K是不大于20的整数。最后，选择K个最相似数据中出现次数最多的分类，作为新数据的分类。

K近邻算法步骤如下：

(1) 计算已知类别数据集中的点与当前点之间的距离。

(2) 按照距离递增次序排序。

(3) 选取与当前点距离最小的K个点。

(4) 确定前K个点所在类别的出现频率。

(5) 返回前K个点所出现频率最高的类别作为当前点的预测分类。

8.5.2 算法要点

1. 计算步骤

(1) 算距离。

给定测试对象，计算它与训练集中的每个对象的距离。

(2) 找邻居。

圈定距离最近的K个训练对象，作为测试对象的近邻。

(3) 做分类。

根据这K个近邻归属的主要类别，来对测试对象分类。

2. 相似度的衡量

距离越近应该意味着这两个点属于一个分类的可能性越大，但距离不能代表一切，有些数据的相似度衡量并不适合用距离。

相似度衡量方法包括欧式距离、夹角余弦等。简单应用中，一般使用欧氏距离，但对于文本分类来说，使用余弦来计算相似度比欧式距离更合适。用空间内两个点的距离来度量，距离越大，表示两个点越不相似。距离的选择有很多，通常用比较简单的欧式距离。

下面是一些常用的距离量计算公式：

（1）欧氏距离。

$$d_{euc}(x,y)=[\sum_{j=1}^{d}(x_j-y_j)^2]^{\frac{1}{2}}=[(x-y)(x-y)^T]^{\frac{1}{2}}$$

（2）马氏距离。

马氏距离能够缓解由于属性的线性组合带来的距离失真，是数据协方矩阵。

$$d_{mah}(x,y)=\sqrt{(x-y)\Sigma^{-1}(x-y)^T}$$

（3）曼顿距离。

$$d_{man}(x,y)=\sum_{j=1}^{d}|x_j-y_j|$$

（4）切比雪夫距离。

$$d_{che}(x,y)=\max_j(|x_j-y_j|)$$

（5）闵氏距离。

r 取值为 2 时：曼哈顿离；r 取值为 1 时：欧式距离。

$$d_{min}(x,y)=\left(\sum_{j=1}^{d}(x_j-y_j)^r\right)^{\frac{1}{r}},r\geqslant 1$$

（6）平均距离。

$$d_{ave}(x,y)=\left[\frac{1}{d}\sum_{j=1}^{d}(x_j-y_j)^2\right]^{\frac{1}{2}}$$

（7）弦距离。

$\|\cdot\|_2$ 表示 2- 范数，即 $\|x\|_2=\sqrt{\sum_{j=1}^{d}x_j^2}$

$$d_{chord}(x,y)=\left(2-2\frac{\sum_{j=1}^{d}x_jy_j}{\|x\|_2\|y\|_2}\right)^{\frac{1}{2}}$$

（8）测地距离。

$$d_{geo}(x,y)=\arccos\left(1-\frac{d_{chord}(x,y)}{2}\right)$$

3. 类别的判定

（1）简单投票法。

少数服从多数，近邻中哪个类别的点最多就分为该类。

（2）加权投票法。

根据距离的远近，对近邻的投票进行加权，距离越近则权重越大（权重为距离平方的倒数）。

8.5.3 实战演练

1. 数据准备

利用一个手写数字“先验数据”集（也叫样本集），使用 KNN 算法来实现对手写数字的自动识别。

先验数据(训练数据)集:

(1) 数据维度比较大,样本数比较多。

(2) 数据集包括数字 0 ~ 9 的手写体。

(3) 每个数字大约有 200 个样本。

(4) 每个样本保持在一个 txt 文件中。

手写体图像本身的大小是32×32的二值图,转换到txt文件保存后,内容也是32×32数字,取值为 0 或者 1,如图 8-3 所示。

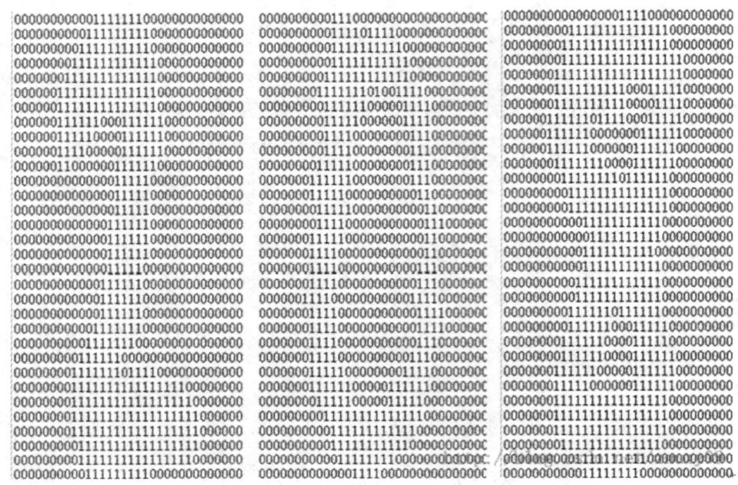

图 8-3　手写数字二值图

数据集压缩包解压后有两个目录:

(1) 目录 trainingDigits: 存放的是大约 2 000 个训练数据。

(2) 目录 testDigits: 存放大约 900 个测试数据。

2. 模型分析

本案例可以用 KNN 算法来实现。基于手写数字样本数据的特点,在使用 KNN 分类方法实现之前,应重点考虑以下几个因素:

(1) 手写体因为每个人,甚至每次写的字都不会完全精确一致,所以,识别手写体的关键是“相似度”。

(2) 既然是要求样本之间的相似度,那么,首先需要将样本进行抽象,将每个样本变成一系列特征数据(即特征向量)。

(3) 手写体在直观上就是一个个的图片,而图片是由上述图示中的像素点来描述的,样本的相似度其实就是像素的位置和颜色之间的组合的相似度。因此,将图片的像素按照固定顺序读取到一个个的向量中,即可很好地表示手写体样本。

(4) 抽象出了样本向量,以及相似度计算模型,即可应用 KNN 来实现。

3. Python 代码实现

下面的 KNN.py 脚本文件是用 Python 编程语言来实现的 KNN 思想,当然也可以尝试使用别的编程语言实现,对算法实现感兴趣的同学可以参考以下代码:

```
############################################
# kNN: k Nearest Neighbors

# 参数：    inX: vector to compare to existing dataset(1xN)
#           dataSet: size m data set of known vectors(NxM)
#           labels: data set labels(1xM vector)
#           k: number of neighbors to use for comparison

# 输出：    多数类
############################################

from numpy import *
import operator
import os

# KNN 分类核心方法
def kNNClassify(newInput, dataSet, labels, k):
    numSamples = dataSet.shape[0] # shape[0] 代表行数
    ## step 1: 计算欧氏距离
    # tile(A, reps): 将 A 重复 reps 次来构造一个矩阵
    # the following copy numSamples rows for dataSet
    diff = tile(newInput,(numSamples,1)) -dataSet # Subtract element-wise
    squaredDiff = diff ** 2 # squared for the subtract
    squaredDist = sum(squaredDiff, axis =1) # sum is performed by row
    distance = squaredDist ** 0.5
    ## step 2: 对距离排序
    # argsort( ) 返回排序后的索引
    sortedDistIndices = argsort(distance)
    classCount = {} # 定义一个空的字典
    for i in xrange(k):
    ## step 3: 选择 k 个最小距离
        voteLabel = labels[sortedDistIndices[i]]
    ## step 4: 计算类别的出现次数
        # when the key voteLabel is not in dictionary classCount, get()
        # will return 0
        classCount[voteLabel] = classCount. get(voteLabel, 0) + 1
```

```
    ## step 5：返回出现次数最多的类别作为分类结果
    maxCount = 0
    for key, value in classCount.items( ):
        if value > maxCount:
        maxCount = value
        maxIndex = key

    return maxIndex

# 将图片文件存储内容转换为向量
def  img2vector(filename):
    rows = 32
    cols = 32
    imgVector = zeros((1, rows * cols))
    fileIn = open(filename)
    for row in xrange(rows):
      lineStr = fileIn.readline( )
      for col in xrange(cols):
        imgVector[0, row * 32 + col] = int(lineStr[col])

    return imgVector

# 加载数据集
def loadDataSet( ):
    ## step 1：读取训练数据集
    print "---Getting training set. . . "
    dataSetDir = 'E: /Python/ml/knn/'
    trainingFileList = os.listdir(dataSetDir + 'trainingDigits') # 加载测试数据
    numSamples = len(trainingFileList)

    train_x = zeros((numSamples, 1024))
    train_y = []
    for i in xrange(numSamples):
        filename = trainingFileList[i]

        # get train_x
        train_x[i, :] = img2vector(dataSetDir + 'trainingDigits/%s' % filename)

        # get label from file name such as "1_18.txt"
        label = int(filename.split('_')[0]) # return 1
        train_y. append(label)
```

```
    ## step 2: 读取测试数据集
    print "---Getting testing set..."
    testingFileList = os.listdir(dataSetDir + 'testDigits') # load the testing set
    numSamples = len(testingFileList)
    test_x = zeros((numSamples, 1024))
    test_y = []
    for i in xrange(numSamples):
        filename = testingFileList[i]

        # get train_x
        test_x[i, :] = img2vector(dataSetDir + 'testDigits/%s' % filename)

        # get label from file name such as "1_18.txt"
        label = int(filename.split('_')[0]) # return 1
        test_y. append(label)

    return train_x, train_y, test_x, test_y

# 主流程
def testHandWritingClass( ):
    ## step 1:加载数据

    print "step 1: load data..."
    train_x, train_y, test_x, test_y = loadDataSet()
    ## step 2: 模型训练 .

    print "step 2: training..."
    pass
    ## step 3: 测试
    print "step 3: testing..."
    numTestSamples = test_x.shape[0]
    matchCount = 0
    for i in xrange(numTestSamples):
    predict = kNNClassify(test_x[i], train_x, train_y, 3)
    if predict == test_y[i]:
    matchCount += 1
    accuracy = float(matchCount) / numTestSamples

    ## step 4: 输出结果
    print "step 4: show the result..."
    print 'The classify accuracy is: %.2f %%' %(accuracy * 100)
```

测试非常简单,只需要在命令行中输入:

```
import kNN
kNN. testHandWritingClass( )
```

输出结果如下:

```
step 1: load data...
---Getting training set...
---Getting testing set...
step 2: training...
step 3: testing...
step 4: show the result...
The classify accuracy is: 98.84%
```

至此,一个完整的机器学习分类任务就完成了,我们看到分类准确率还是很高的,这里的数据集来自 sklearn 中自带的手写数字数据集。